JN164137

# 熊本の目鑑橋（めがねばし）345

# はじめに

砥用の霊台橋を初めて見たのは、私が20歳のとき。その「大きさ、古さ、美しさ」に感動したのを契機に、余暇を利用して熊本県内めがね橋探訪を始めた。

めがね橋は予期した以上の数が各地に架設されていた。せっかくのこと、記録に残そうと5万分の1の地図を購入し、赤鉛筆で所在地を記入していくと、その数は１００から２００と増えていった。

阿蘇火山博物館の池辺伸一郎副館長（現館長）の講演を聞いたのはその頃。太古の昔、阿蘇の大噴火で噴出された火砕流堆積物は、四方八方へ広がり、冷えて熔結凝灰岩となり、加工しやすいので石造物に利用されているとの話。たまたま、めがね橋の分布図を作成していた私は、火砕流堆積物の広がりとそっくり重なるのに驚くと同時に、そうなのかと合点がいった。

後日、池辺さんと一緒に美里（みさと）町や山都（やまと）町を巡って、緑川流域のめがね橋用材が熔結凝灰岩であることを確認した。

肥後熊本藩時代に架設されためがね橋に興味を持った熊本大学工学部の小林一郎教授は「架設条件に政治、経済、技術の３つがそろっている」と話された。私は「それに資材を付け加えたい」と私見を述べた。以後、めがね橋を語るときは、この４条件を意識している。

熊本県内の目鑑橋架設年表を作成したとき、細川の殿様が治めた領域は１００基以上の架設数で、人吉藩や幕府直轄の地は皆無に近い。明治維新以後はそのような偏りはない。

これは、肥後熊本藩が藩主、重賢公時代の宝暦の改革で、地域のことは地域に任せるといって、惣庄屋に各手永のことを任せた結果である。惣庄屋は、道路や用水路等の整備を推進し、橋架設などの土木工事の旗振り役を務めた。

宝暦の改革後50年は、土木事業の成果は僅少。それは寸志が集まらず工事費不足。そこで藩は請免（うけめん）制という年貢率を引き下げる減税対策に出ると、これが功を奏して寸志が集まるようになり、１８００年頃より土木事業が活発になり成果が見える。

以上が「政治・経済」の条件について。

めがね橋架設プロジェクトチームで、技術者は大工と石工が主。大工は支保工製作を担当し、石工は輪石や壁石を加工し、支保工上に積んでいく。熊本県内でめがね橋架設に従事した、記録に残る石工人数は、私の調査では１４０名。ほかに記録に載らなかった数多くの石工がいたと思う。また、設計や測量に携わった人も必要なはず。架設記念碑を見ると、関係者の名が列記されていて興味深い。

資材のことを石材中心に述べると、熔結凝灰岩使用が最多。人吉・球磨地方は、加久藤カルデラからの熔結凝灰岩。また、熊本市島崎の石神山や、水俣周辺は肥薩火山類の安山岩。それに、天草や有明海、八代海沿岸は天草で採石した砂岩が多用されている。

話題をめがね橋に変えよう。何十年か前に、当時熊本大学工学部の堀内清治教授（故人）からの話で「ローマ人は建造物を評価する基準を3つ持っていて、一に堅牢、二に実用性、三に姿形の美しさ」と聞いた。県内に散在する数多くの石造アーチ橋を評価するのに、身びいきでなく客観的な目で見てほしいと願う。

以上、日頃考えていることを述べてみたけれど、この一冊を手にして県内の石造めがね橋探訪の一助になりますれば幸甚。

平成28年6月

霊台橋

# 目次


はじめに

凡例

熊本県北部

県北のめがね橋分布図　16

1 木郷橋（阿蘇郡高森町）　五ヶ瀬川水系　18

2 木郷水路橋（阿蘇郡高森町）　〃

3 下番橋（上益城郡山都町）　〃　19

4 瀬戸坂下目鑑橋（上益城郡山都町）　〃

5 石尾野橋（阿蘇郡産山村）　大野川水系　20

6 湊橋（阿蘇郡産山村）　〃

7 栃の木橋（阿蘇郡産山村）　〃　21

8 小園橋（阿蘇郡産山村）　〃

9 川久保橋（阿蘇郡産山村）　〃　22

10 椿ノ塔橋（阿蘇郡小国町）　筑後川水系　23

11 通浄橋（阿蘇郡小国町）　〃

12 蓬莱橋（阿蘇郡小国町）　〃　24

13 鯛之田橋（阿蘇郡小国町）　〃

14 岩本橋（荒尾市）　関川水系　25

15 十蓮寺橋（荒尾市）　関川水系　26

16 山添めがね橋（玉名郡南関町）　〃

17 転び石めがね橋（玉名郡南関町）　〃　27

18 藤の木下橋（玉名郡南関町）　〃　28

19 藤の木上橋（玉名郡南関町）　〃

20 はんじゃくみの目鑑橋（玉名郡南関町）　〃　29

■コラム「石橋を叩いて渡る必要なし」

21 八幡橋（荒尾市）　菜切川水系　30

23 秋丸眼鏡橋（玉名市）　菊池川水系

22 高瀬目鏡橋（玉名市）　〃　31

24 石貫車橋（玉名市）　〃　32

26 谷の橋（熊本市北区植木町）　〃

25 豊岡の眼鏡橋（熊本市北区植木町）　〃　33

27 円台寺鉄道橋（熊本市北区植木町）　〃　34

28 滴水橋（熊本市北区植木町）　〃

29 麻扱場橋（玉名郡南関町）　〃　35

30 竈門橋（玉名郡和水町）　〃

31 久米野橋（玉名郡和水町）　〃　36

32 上板楠神社橋（玉名郡和水町）　〃

33 六四郎橋（玉名郡和水町）　〃　37

34 鬼丸眼鏡橋（玉名郡和水町）　〃

35 平山橋（山鹿市）　〃　38

36 湯山橋（山鹿市）　菊池川水系
37 小原橋（山鹿市）　〃　39
38 東深倉橋（玉名郡和水町）　〃
39 坂田橋（山鹿市）　〃　40
40 坂田川橋（山鹿市）　〃
41 石村八幡宮前橋（山鹿市）　〃　41
42 丸山橋（山鹿市鹿北町）　〃
43 勝負瀬橋（山鹿市鹿北町）　〃　42
44 水天宮二号橋（山鹿市鹿北町）　〃　43
45 水天宮一号橋（山鹿市鹿北町）　〃
46 高井川橋（山鹿市鹿北町）　〃　44
47 弁天橋（山鹿市鹿北町）　〃
48 女田橋（山鹿市鹿北町）　〃　45
49 上麻生橋（山鹿市鹿北町）　〃
50 板曲橋（山鹿市鹿北町）　〃　46
51 田中橋（山鹿市鹿北町）　〃
52 湯町橋（山鹿市）　〃　47
53 大坪橋（山鹿市）　〃　48
54 杉稲荷神社橋（山鹿市）　〃　49
55 方保田橋（山鹿市）　〃
56 厳島神社門前橋（山鹿市）　〃　50
57 山鹿温泉鉄道橋（山鹿市鹿本町）　〃

58 三十六の目鑑橋（熊本市北区植木町）　菊池川水系　51
59 正院目鑑橋（熊本市北区植木町）　〃
60 桃源橋（熊本市北区植木町）　〃　52
61 後川辺橋（合志市）　〃
62 竹迫橋（合志市）　〃　53
63 弘化橋（菊池郡大津町）　〃
64 洞口橋（山鹿市菊鹿町）　〃　54
65 駒返橋（山鹿市菊鹿町）　〃
66 山内橋（山鹿市菊鹿町）　〃　55
67 確巌矼（山鹿市菊鹿町）　〃
68 迫間橋（菊池市）　〃　56
69 綿打橋（菊池市）　〃　57
70 仲好橋（菊池市）　〃
71 雪野橋（菊池市）　〃　58
72 龍門橋（菊池市）　〃
73 虎口橋（菊池市）　〃　59
74 長野橋（菊池市）　〃　60
75 鳳来橋（菊池市）　〃
76 相生橋（菊池市）　〃　61
77 岩下橋（菊池市）　〃
78 立門橋（菊池市）　〃　62
79 竹之牧橋（菊池市）　〃　64

80 永山橋（菊池市） 菊池川水系

熊本県中部

県央のめがね橋分布図 66
81 鮎帰橋（熊本市西区河内町） 河内川水系 68
82 中松尾橋（熊本市中央区） 坪井川水系
83 明八橋（熊本市中央区） 〃 69
84 明十橋（熊本市中央区） 〃 70
85 入道水眼鏡橋（菊池郡菊陽町） 〃
86 古閑原眼鏡橋（菊池郡菊陽町） 〃 71
87 井手上橋〈塔の迫橋〉（菊池郡大津町） 〃
88 大願寺橋（菊池郡大津町） 〃 72
89 松古閑橋（菊池郡大津町） 〃
90 光尊寺橋（菊池郡大津町） 〃 73
91 地蔵橋（菊池郡大津町） 〃
■コラム「渡・根・留とは」 74
92 大井手橋（熊本市中央区） 白川水系 75
93 井口眼鏡橋（菊池郡菊陽町） 〃
94 上津久礼眼鏡橋（菊池郡菊陽町） 〃 76
95 樋口橋（菊池郡大津町） 〃
96 不動谷橋（菊池郡大津町） 〃 77
97 栗木家入口橋（菊池郡大津町） 〃
98 舞堂橋（阿蘇郡南阿蘇村） 白川水系 78
99 銭瓶橋〈床瀬川橋〉（阿蘇郡南阿蘇村） 〃
100 殿塚橋（阿蘇市） 〃 79
101 天神橋（阿蘇市） 〃
102 濁川橋（阿蘇郡南阿蘇村） 〃 80
103 仮屋橋（阿蘇郡南阿蘇村） 〃 81
104 尾道橋〈栃ノ木橋〉（阿蘇郡南阿蘇村） 〃
105 松畑橋（阿蘇郡南阿蘇村） 〃 82
106 深谷尻橋（阿蘇郡南阿蘇村） 〃
107 尻無の橋（阿蘇郡南阿蘇村） 〃 83
108 鶴の谷橋（阿蘇郡南阿蘇村） 〃
109 西の谷川橋（阿蘇郡南阿蘇村） 〃 84
110 御宮橋（阿蘇郡南阿蘇村） 〃
111 八坂神社祇園橋（阿蘇郡南阿蘇村） 〃 85
112 円林寺橋〈明神池橋〉（阿蘇郡南阿蘇村） 〃
113 倶利伽羅谷橋（阿蘇郡南阿蘇村） 〃 86
114 白川吉見神社橋（阿蘇郡南阿蘇村） 〃
115 雀堀橋（阿蘇郡南阿蘇村） 〃 87
117 下鶴橋〈下休目鑑橋〉（宇城市豊野町） 緑川水系
116 船場橋（宇土市） 〃 88
118 山崎橋〈駄渡し目鑑橋〉（宇城市豊野町） 〃 89
119 薩摩の渡し（目鑑橋）（宇城市豊野町） 〃

120 三由橋（宇城市豊野町） 緑川水系 90
121 丸林橋（宇城市豊野町） 〃
122 西馬場筋眼鏡橋〈水前寺公園内の反橋〉（熊本市中央区） 〃 91
123 柳水橋（上益城郡益城町） 〃
125 門前川目鑑橋（上益城郡御船町） 〃 92
124 中道橋（上益城郡御船町） 〃 93
126 茶屋ノ本橋（上益城郡御船町） 〃
127 下津留橋（上益城郡御船町） 〃 94
128 下梅木橋（上益城郡御船町） 〃
129 下鶴（眼鏡）橋（上益城郡御船町） 〃 96
130 堀切橋（上益城郡御船町） 〃 98
131 長迫橋（上益城郡御船町） 〃
132 下境目自然石橋（上益城郡御船町） 〃 99
136 山中橋（上益城郡山都町） 〃
133・134・135 八勢目鑑橋、八勢小橋、八勢水路橋（上益城郡御船町） 〃 100
■コラム「道と川が交差するところ」 102
137 吹野橋（上益城郡御船町） 〃 103
138 木鷺野橋（上益城郡山都町） 〃 104
139 瀬戸橋（上益城郡山都町） 〃
140 滑川橋（上益城郡山都町） 〃 105

141 立野橋（上益城郡山都町） 緑川水系
142 金内橋（上益城郡山都町） 〃 106
143 中島井手目鑑橋（上益城郡山都町） 〃
144 鹿生野橋（上益城郡山都町） 〃 107
145 夕尺橋（上益城郡山都町） 〃
146 簗の樋門橋（上益城郡甲佐町） 〃 109
147 大祇神社橋（上益城郡甲佐町） 〃
148 堂迫橋（上益城郡甲佐町） 〃 110
149 尾北目鑑橋（上益城郡甲佐町） 〃
150 安平御手洗橋（上益城郡甲佐町） 〃 111
151 かよい橋（上益城郡甲佐町） 〃
152 広瀬川平橋（上益城郡甲佐町） 〃 112
153 広瀬目鑑橋（上益城郡甲佐町） 〃
154 西ノ鶴橋（下益城郡美里町） 〃 114
155 井竿橋（下益城郡美里町） 〃
156 白岩橋（下益城郡美里町） 〃 115
157 中岳橋（下益城郡美里町） 〃
158 樋渡水路橋（下益城郡美里町） 〃 116
159 桑野橋（下益城郡美里町） 〃
160 下用来橋（下益城郡美里町） 〃 117
161 松尾橋（上益城郡山都町） 〃
162 申和橋〈下柚木橋〉（上益城郡山都町） 〃 118

| 番号 | 橋名（所在地） | 水系 | 頁 |
| --- | --- | --- | --- |
| 163 | 石堂橋（上益城郡山都町） | 緑川水系 | 119 |
| 164 | とどろ橋（上益城郡山都町） | 〃 | |
| 165 | 瀬峯橋（上益城郡山都町） | 〃 | 120 |
| 166 | 堅志田橋（下益城郡美里町） | 〃 | |
| 167 | 風呂橋（下益城郡美里町） | 〃 | 122 |
| 168 | 小筵橋（下益城郡美里町） | 〃 | |
| 170 | 年禰橋（下益城郡美里町） | 〃 | 123 |
| 171 | 小岩野橋（下益城郡美里町） | 〃 | |
| 169・178 | 二俣橋、二俣福良渡（橋）（下益城郡美里町） | 〃 | 124 |
| 172 | 機織橋（下益城郡美里町） | 〃 | 126 |
| 173 | 妙見橋（下益城郡美里町） | 〃 | |
| 174 | 椿橋〈不動岩目鑑橋〉（下益城郡美里町） | 〃 | 127 |
| 175 | 木早川内橋（下益城郡美里町） | 〃 | |
| 176 | 古米橋（下益城郡美里町） | 〃 | 128 |
| 177 | 小市野橋（下益城郡美里町） | 〃 | |
| 179 | 馬門橋（下益城郡美里町） | 〃 | 129 |
| 180 | 告乗橋（下益城郡美里町） | 〃 | |
| 181 | 大窪橋（下益城郡美里町） | 〃 | 130 |
| 182 | 岩清水橋（下益城郡美里町） | 〃 | 131 |
| 183 | 舞鹿野田橋（下益城郡美里町） | 〃 | |
| 184 | 小夏橋（下益城郡美里町） | 〃 | 132 |
| 185 | 上小夏橋（下益城郡美里町） | 〃 | |
| 186 | 平成未来橋（下益城郡美里町） | 緑川水系 | 133 |
| 187 | 耳取橋（下益城郡美里町） | 〃 | |
| 188 | 新鍵ノ戸橋（下益城郡美里町） | 〃 | 134 |
| 189 | 鍵ノ戸橋（下益城郡美里町） | 〃 | |
| 190 | 志道原橋（下益城郡美里町） | 〃 | 135 |
| 191 | ゆきぞの橋（下益城郡美里町） | 〃 | |
| 193 | 霊台橋（下益城郡美里町） | 〃 | 136 |
| 192 | 内山橋（下益城郡美里町） | 〃 | 138 |
| 194 | 県橋（下益城郡美里町） | 〃 | |
| 195 | 雄亀滝橋（下益城郡美里町） | 〃 | 139 |
| 196 | 浜町橋（上益城郡山都町） | 〃 | |
| 198 | 通潤橋（上益城郡山都町） | 〃 | 140 |
| 197 | えのは橋（上益城郡山都町） | 〃 | 142 |
| 199 | 聖橋〈男成川目鑑橋〉（上益城郡山都町） | 〃 | |
| 200 | 男成橋（上益城郡山都町） | 〃 | 143 |
| 201 | 貫原橋（上益城郡山都町） | 〃 | |
| 202 | 舞鶴橋（上益城郡山都町） | 〃 | 144 |
| 203 | 平原橋（宇土市） | 網津川水系 | |
| 204 | 馬門橋（宇土市） | 〃 | 145 |
| 205 | 馬立橋（宇土市） | 〃 | 146 |
| 206 | 網引橋（宇土市） | 〃 | |
| 207 | タカフネ橋（宇土市） | 〃 | 147 |

| No. | 橋名 | 水系 | 頁 |
| --- | --- | --- | --- |
| 208 | 猪白橋〈猪伏橋〉（宇土市） | 網津川水系 | |
| 209 | 夏越神社橋〈寺内橋〉（宇城市三角町） | 郡浦川水系 | 148 |
| 210 | 専行寺門前橋（宇城市三角町） | 〃 | |
| 211 | 底江若宮神社橋〈底江のめがね橋〉（宇城市三角町） | 底江川水系 | 149 |
| 212 | 宮下橋〈大岳下の橋〉（宇城市三角町） | 大口川水系 | |
| 213 | 宮ノ前橋〈大岳上の橋〉（宇城市三角町） | 〃 | 150 |
| 214 | 松合（眼鑑）橋（宇城市不知火町） | 春の川水系 | |
| 215 | 須ノ前橋（宇城市不知火町） | 浦谷川水系 | 151 |
| 216 | 鴨籠橋（宇城市不知火町） | 〃 | |
| 217 | 誉ヶ丘橋（宇城市豊野町） | 大野川水系 | 152 |
| 218 | 鐙ヶ鼻水越橋（宇城市豊野町） | 〃 | |
| 219 | 宮小路橋（宇城市松橋町） | 〃 | 153 |
| 220 | 有馬田橋〈上内田橋〉（宇城市松橋町） | 〃 | |
| 221 | 内田橋（宇城市松橋町） | 〃 | 154 |
| 222 | 娑婆神橋・上の橋（宇城市小川町） | 八枚戸川水系 | |
| 223 | 寿太郎橋（宇城市小川町） | 砂川水系 | 156 |
| 224 | 墓田橋（八代郡氷川町） | 〃 | |
| 225 | 本山新開橋（八代郡氷川町） | 〃 | 157 |
| 226 | 塔の瀬石橋（宇城市小川町） | 〃 | |
| 227・228 | 筒田橋、龍ノ鼻橋（宇城市小川町） | 緑川水系 | 158 |
| 229 | 三反田橋（宇城市小川町） | 砂川水系 | 159 |
| 230 | 吹野橋（宇城市小川町） | 砂川水系 | |
| 231 | 新吹野橋（宇城市小川町） | 〃 | 160 |
| 232 | 城ノ原橋（八代郡氷川町） | 氷川水系 | |
| 233 | 新開橋（八代市東陽町） | 〃 | 161 |
| 234 | 重見橋（八代市東陽町） | 〃 | |
| 235 | 松山橋（八代市東陽町） | 〃 | 162 |
| 236 | 仁田尾橋（八代市東陽町） | 〃 | |
| 237 | 館原橋（八代市東陽町） | 〃 | 163 |
| 238 | 岩本橋（八代市東陽町） | 〃 | |
| 239 | 今屋敷橋（八代市東陽町） | 〃 | 164 |
| 240 | 山口橋（八代市東陽町） | 〃 | |
| 241 | 鶴下村中橋（八代市東陽町） | 〃 | 165 |
| 242 | 蓼原橋（八代市東陽町） | 〃 | |
| 244 | 谷川橋（八代市東陽町） | 〃 | 166 |
| 245 | 笠松橋（八代市東陽町） | 〃 | 167 |
| 243 | 美生橋（八代市東陽町） | 〃 | 168 |
| 246 | 鹿路橋（八代市東陽町） | 〃 | |
| 247 | 鍛冶屋下橋（八代市東陽町） | 〃 | 169 |
| 248 | 鍛冶屋中橋（八代市東陽町） | 〃 | |
| 249 | 鍛冶屋上橋（八代市東陽町） | 〃 | 170 |
| 250 | 大久保自然石橋（八代市東陽町） | 〃 | |
| 251 | 五反田水路橋（八代市東陽町） | 〃 | 171 |

252 琵琶の古閑橋（宇城市小川町） 氷川水系
253 椎屋橋（八代市東陽町） 〃 172
254 平山橋（八代市東陽町） 〃
255 塩平橋（八代市泉町） 〃 173
256 本屋敷橋（八代市泉町） 〃 174
257 小谷橋（八代市泉町） 〃
258 中尻橋（八代市泉町） 〃 175
259 古閑橋（八代市泉町） 〃
260 広瀬橋（八代市泉町） 〃 176
261 沢無田橋（八代市泉町） 〃
262 土生谷川橋（八代市泉町） 〃 177
263 糸原橋（八代市泉町） 〃
264 落合橋（八代市泉町） 〃 178
265 たけのこ橋（八代市泉町） 〃
266 高原橋（八代市泉町） 〃 179
267 鑑内橋（八代市鏡町） 鏡川水系
268 郡代御詰所目鑑橋（八代郡氷川町） 〃 180
269 明神社目鑑橋（八代郡氷川町） 〃


熊本県南部


県南のめがね橋分布図 182
270 下深水上橋（八代市坂本町） 球磨川水系 184
271 小崎眼鏡橋（八代市坂本町） 球磨川水系
272 藤本天満宮橋（八代市坂本町） 〃 185
273 橋詰橋（球磨郡球磨村） 〃
274 石水寺門前眼鏡橋（人吉市） 〃 186
275・276 堤谷・上の橋、堤谷・下の橋〈内布橋〉（球磨郡球磨村） 〃 187
277 矢黒神社橋（人吉市） 〃 188
278 禊橋（人吉市） 〃
279 城本橋（人吉市） 〃 189
280 義人橋（人吉市） 〃
282～286 西目林道第1号～第5号橋（人吉市） 〃 190
281 桂橋（人吉市） 〃 191
287 谷ノ平橋（人吉市） 〃
288 大塚高橋（人吉市） 〃 192
289 森下橋（球磨郡山江村） 〃
290 柴笠の眼鏡橋（人吉市） 〃 193
291 橋谷橋（球磨郡相良村） 〃
292 柳田下橋（人吉市） 〃 194
293 立岩貫眼鏡橋（球磨郡あさぎり町） 〃
294 大正橋（球磨郡あさぎり町） 〃 195
295 岳の堂橋（球磨郡あさぎり町） 〃
296 昭和橋（球磨郡多良木町） 〃 196

297 古町橋（球磨郡湯前町） 球磨川水系
298 下町橋〈権現橋〉（球磨郡湯前町） 〃 197
299 汗の原親水公園西の橋（球磨郡水上村） 〃
300 汗の原親水公園東の橋（球磨郡水上村） 〃 198
301 敷川内橋（八代市） 流藻川水系
302 茶碗焼橋（八代市） 〃 199
303 床並めがね橋（八代市） 二見川水系
304 新免目鑑橋（八代市） 〃 200
305 赤松第一号眼鏡橋（八代市） 〃 201
306 大平古橋（八代市） 〃 202
307 大平新橋（八代市） 〃
308 小薮目鑑橋（八代市） 〃 203
309 須田目鑑橋（八代市） 〃
■コラム『車一切通遍可良須』の碑」 204
310 橋本眼鏡橋（葦北郡芦北町） 田浦川水系 205
311・312 門口眼鏡橋・門口小橋（葦北郡芦北町） 〃
313 塩屋眼鏡橋（葦北郡芦北町） 宮ノ浦川水系 206
314 野添眼鏡橋（葦北郡芦北町） 小田浦川水系
315 山本家門前橋（葦北郡芦北町） 佐敷川水系 207
316 清瀧神社橋（葦北郡芦北町） 〃
317 瀬戸橋（葦北郡芦北町） 〃 208
318 梅木鶴橋（葦北郡芦北町） 〃
319 中園橋（葦北郡芦北町） 佐敷川水系 209
320 橋本橋（葦北郡芦北町） 湯浦川水系
321 新村眼鏡橋（葦北郡津奈木町） 津奈木川水系 211
322 浜眼鏡橋〈濵村目鑑橋〉（葦北郡津奈木町） 〃
323 中村眼鏡橋（葦北郡津奈木町） 〃 212
324 寺前眼鏡橋（葦北郡津奈木町） 〃
325 内野眼鏡橋（葦北郡津奈木町） 〃 213
327 中尾眼鏡橋（葦北郡津奈木町） 〃
326 重盤岩眼鏡橋（葦北郡津奈木町） 〃 214
328 金山眼鏡橋（葦北郡津奈木町） 〃 215
329 大迫下の竹木家入口橋（水俣市） 小津奈木川水系
330 上原めがね橋（水俣市） 〃 216
331 瀬戸眼鏡橋〈前田めがね橋〉（葦北郡津奈木町） 〃
332 隈迫めがね橋（水俣市） 〃 217
333 陣内橋〈新町目鑑橋〉（水俣市） 水俣川水系
334 坂口橋（水俣市） 坂口川水系 218
335 冷水橋（水俣市） 袋川水系
336 境橋（水俣市） 境川水系 219
337 市ノ瀬橋（天草市） 広瀬川水系
338 山口の施無畏橋（天草市） 町山口川水系 220
339 志安橋（天草市） 亀川水系 221

340 蓮河橋（天草市） 亀川水系 222
341 楠浦の眼鏡橋（天草市） 方原川水系 222
342 平尾橋（天草市） 〃 223
343 轟橋（天草市） 一町田川水系 223
344 芦刈橋（天草市） 〃 224
345 無量寺橋（天草市） 久玉川水系 224
その他① 遊水橋・踊水橋・花漣橋（上益城郡山都町） 緑川水系 225
その他② 白髪山天然石橋（八代市東陽町） 氷川水系 225
◆「めがね橋はなぜ壊れないか」 226
あとがき 228
撮影を終えて 230
◆コラム「技を受け継ぐ」 232
資料編
熊本の目鑑橋一覧 235
熊本の目鑑橋 架設年表 267

# 凡例

## 本文および写真

（1）本書では熊本県内を県北、県央、県南の3地域に分け、それぞれ流域別に橋を紹介した。掲載の順番は原則として下流から上流になっている。解説文および写真は、基本的に平成26年6月から同28年6月にかけて現地取材して書き下ろし、また撮影した（古写真など一部を除く）ものである。

（2）現在は石造りアーチ橋のことを「眼鏡橋」と表記することが多い。石造りアーチ本体が川面に映って円を描くので「眼鏡橋」と呼ぶのだが、肥後熊本藩の古文書には文化年間から「目鑑橋」と表記され、「石橋」は桁（けた）橋のことを指している。ちなみに大分では「車橋」と称し、鹿児島では「太鼓橋」と言う。熊本の表記で例外は、「高瀬目鏡橋」と書き、「化巌矼」「確巌矼」もある。「矼（こう）」は中国で石造アーチ橋のこと。

本書では熊本県内の河川や池に架設された橋を収録したので、書名は古文書にある「目鑑橋」を使用したが、本文中では状況に応じて「目鏡橋」「眼鏡橋」「めがね橋」など使い分けた。

（3）橋名は、親柱や標柱などに明記してあるもの以外は古文書類、所在地の市町村への問い合わせや近隣住民への聞き取りなどで確認したものを使用した。複数の名称が使われているものは代表的な名称を表記し、それ以外は文中で紹介するなどした。

また、文化財に指定されているものは、原則として熊本県文化課が作成した「熊本県の石橋一覧」（平成25年4月1日現在）をもとに、該当する市町村に確認し、文化財名となっている名称、種別を採用した。

山鹿市菊鹿町にある確巖矼の架橋碑

（4）「橋」の読みは比較的新しい橋の場合、橋の親柱に漢字名とひらがな名が併記されていることが多く、ひらがな表記では「○○はし」としているのをよく見かける。ただ、本書では「通潤橋」や「霊台橋」、水路橋や鉄道橋など、「きょう」と読む以外は一般的な読み方である「ばし」で統一した。

（5）橋の所在地については行政上、小字が消失しているケースも多く、大字だけでは位置が分かりづらい。そのため、一般に住民生活上は小字が地区の呼び名として今日も使われていることも考慮し、現在の地図にない小字名を付したものもある。

（6）橋長や橋幅などデータについては、日本の石橋を守る会の調査結果を基に、著者が監修したものである。自治体等が公表している数値との差も一部見られるが、橋の現状によって再調査が難しいものも多く、本書では著者監修の数値で統一した。

## 各部の名称

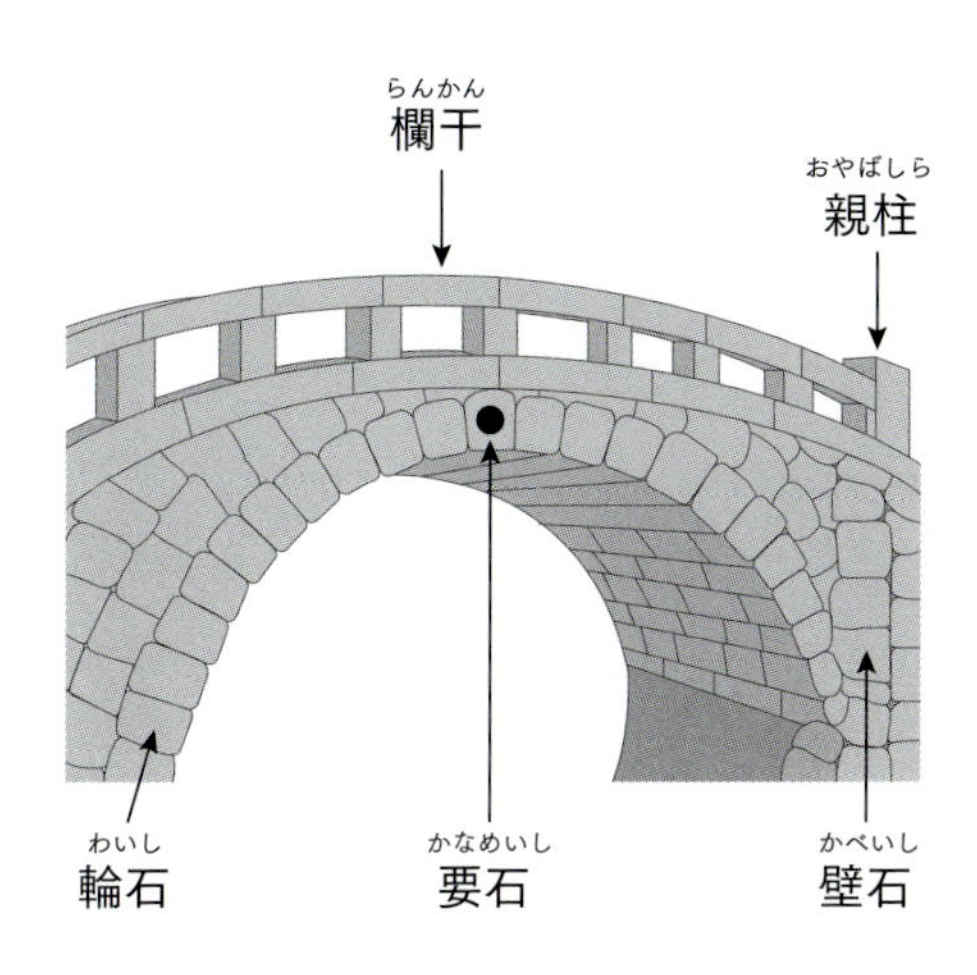


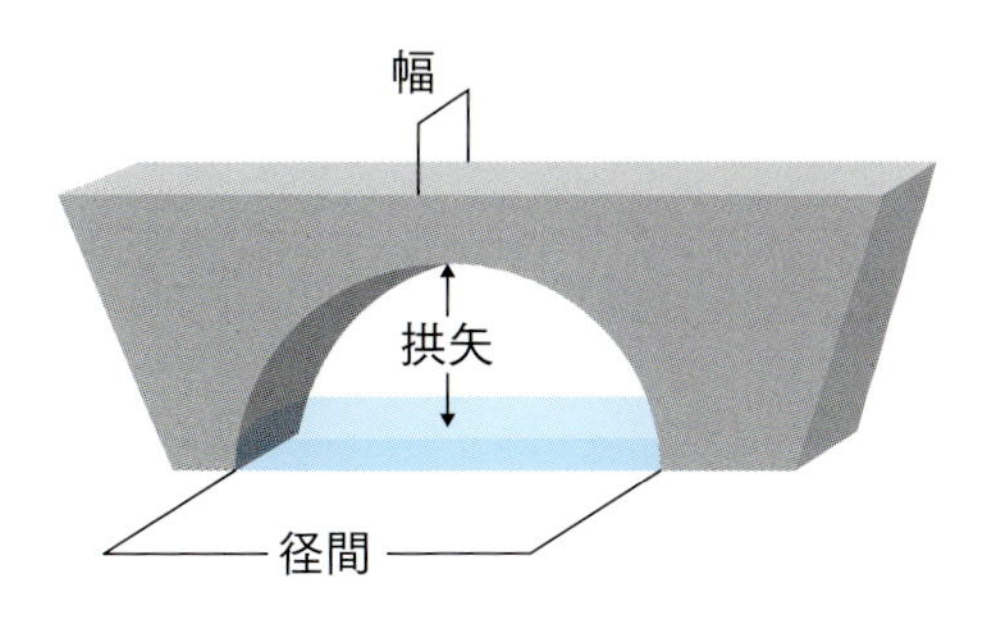

## 石造アーチ橋の数え方

（1）物理的には、石積みが連続しない単一石造アーチ橋を1基と数えた。

（2）石積みが連続もしくは断続している石造アーチ橋は、下を流れる河川・用排水・沼池の水が同一の場合は1基と数え、異なる場合は2基ないし3基と数えた。例えば、断続アーチの八勢目鑑橋は、大アーチ下は八勢川、小アーチ下は東上野灌漑用水が流れるので2基となる。ちなみに、熊本県土木部の見解は道路管理面からの視点で、このようなケースは1基と数えている。

（3）解体し移設復元した石造アーチ橋は、架設当時の状況で数えた。

（4）平成26年1月以降に解体した橋は、解体時期を明記した。

## 周辺図

本書で紹介した石橋については、現地観察のための補助的資料として目鑑橋周辺の略地図を添付した。略地図の作成に当たっては、国土地理院発行の2万5千分の1地形図、『大改訂　熊本県万能地図』（熊本日日新聞社、２０１２年）を参考にした。

### 地図記号

市町村界
駅 JR
駅 九州新幹線
駅 私鉄
インターチェンジ（I.C.） サービスエリア（SA） パーキングエリア（PA） トンネル 高速道路
道路番号 57 トンネル 国道
道路番号 22 トンネル 主要地方道
道路番号 218 トンネル 一般県道
トンネル 一般道路
その他の道路
河川

市役所
町村役場
学校
保育園・保育所
警察署・交番・駐在所
消防署・分署・出張所
郵便局・簡易郵便局
神社
寺院
ダム
発電所・変電所

工場
山頂
GS ガソリンスタンド
城・城跡
温泉・鉱泉
キャンプ場
指示点
滝

# 熊本県北部

うきは市
日田市
玖珠町
九重町
小国町
阿
蘇
郡
由布市
南小国町
大 分 県
竹田市
産 山 村
菊池市
阿蘇市
大 津 町
菊 池 郡
菊陽町
阿 蘇 郡
高 森 町
西 原 村
南阿蘇村
益城町
高千穂町
上 益 城 郡
山都町
御船町
宮
崎
県
甲 佐 町
五ヶ瀬町
美 里 町
下 益 城 郡
市

県北のめがね橋分布図
長崎県
大川市
大木町
筑後市
八女市
福岡県
柳川市
みやま市
和水町
玉名郡
山鹿市
大牟田市
南関町
荒尾市
玉名郡
長洲町
玉名市
玉東町
北区
合志
有明海
熊本市
西区
中央区
南区
嘉島
宇土市
宇城市
上天草市
八代郡
氷川町
八代海

## 1 木郷橋（きごうばし）

阿蘇郡高森町草部（くさかべ）［五ヶ瀬川水系］

国道325号沿いの奥阿蘇キャンプ場入り口の三差路を県道218号上色見草部線に入り、木郷川を渡る地点に架設。下流側は輪石や壁石が見え、アーチも大きい。それに比べて上流側はコンクリートで覆われ、さらに拡幅されて石組みは見えない。大正10（1921）年に拡幅したと近くの住民。

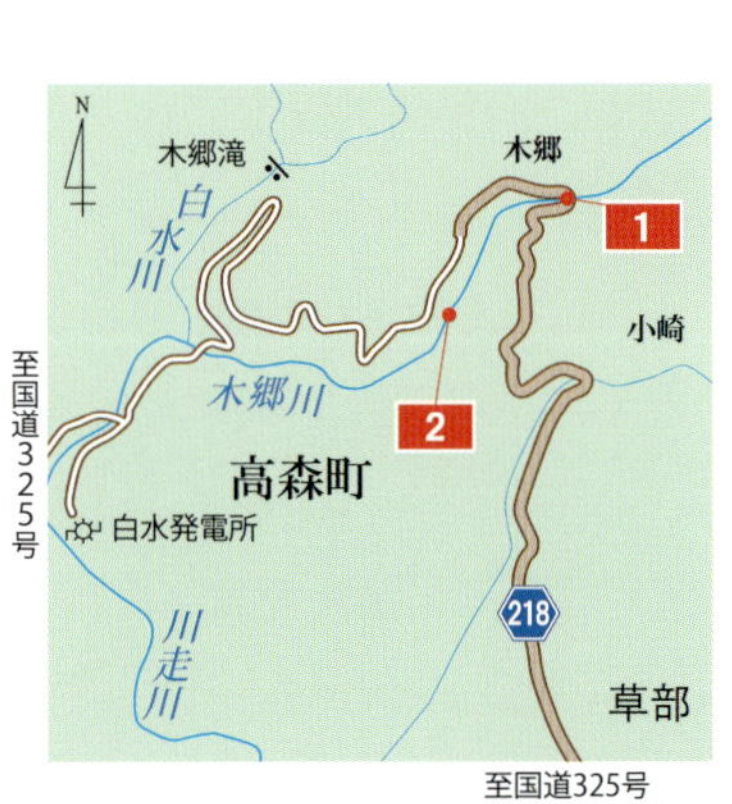


下流側は輪石や壁石が見える

■架設年　1906（明治39）年
■橋長11m　橋幅6.1m　径間6.1m

## 2 木郷水路橋（きごうすいろきょう）

阿蘇郡高森町草部［五ヶ瀬川水系］

木郷橋の下流150m地点に架かる水路橋。当時の草部村長、後藤廣太氏の企画で川走川支流の白水川に貯水池設置、水路を開削し社倉（しゃくら）地区へ導水。草部や芹口地帯の水田化が実現した。石造単一アーチ上部には石造通水路を設置した。昭和58（1983）年に石造アーチ部はコンクリート補強された。水路橋より南へ約3㎞地点に鎮座する草部吉見（くさかべよしみ）神社近くに白水井路記念碑と頌徳碑（しょうとく）あり。

橋上に石造通水路を設置

■架設年　1915（大正4）年
■橋長19.5m　橋幅1.7m　橋高6m　径間8m

## 3 下番橋（かばんばし）

上益城郡山都町滝上（たきがみ）［五ヶ瀬川水系］

かつては五ヶ瀬川の三河橋に向かう通り路だった

熊本・阿蘇方面からこの地に来た人が、五ヶ瀬川に架かる三河橋（流失）に向かう通路として架けられた小橋。元は土橋であったのを町の有力者が出資して石造めがね橋にしたと案内板に記されている。延岡に至る日向往還の一部。

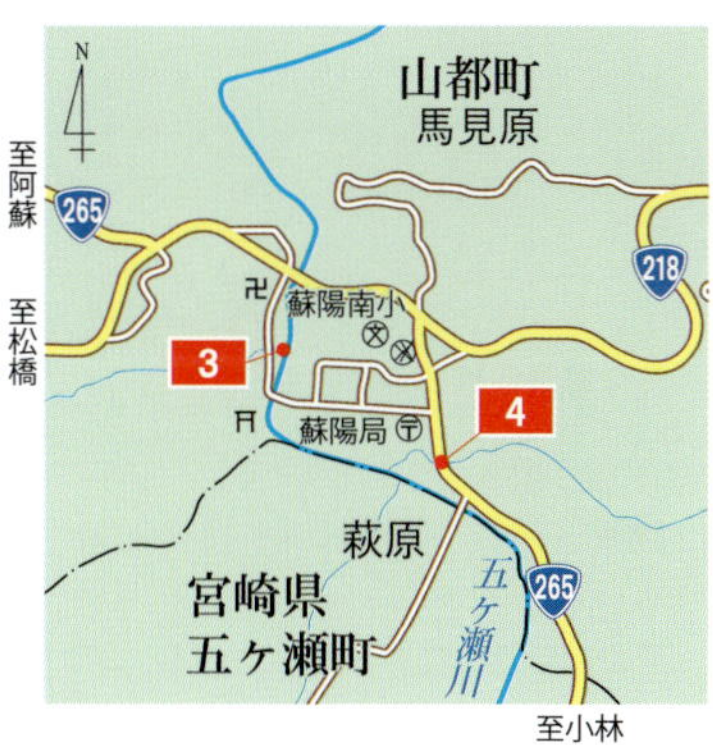


町指定有形文化財

■架設年 1835(天保6)年
■橋長5.7m 橋幅3.2m 径間2.9m

## 4 瀬戸坂下目鑑橋（せとさかしためがねばし）

上益城郡山都町馬見原（まみはら）［五ヶ瀬川水系］

気付かず通り過ぎてしまう道下の小さな橋

かつての日向往還の宿場町、馬見原の町並みから両国橋へ向かう下り坂の途中、細い流れが潜る暗渠（あんきょ）が目印。今は立て札があるから分かるが、昔は道路下に小さい目鑑橋があるとは思わず、ほとんどの人が気付かずに通り過ぎていた。

■架設年 1855(嘉永7・安政元)年
■橋長4.5m 橋幅3.3m 橋高3.5m 径間1.8m

# 5 石尾野橋（いしおのばし）

阿蘇郡産山村産山 石尾野［大野川水系］

両岸には上下流共に縦長の鞘石垣を設置

■架設年 1923(大正12)年
■橋長17.6m　橋幅3.16m　橋高6.6m　径間9.2m
(地図はＰ22)

**メモ** **鞘石垣**　下の部分ほど幅が広がっている、刀の鞘のように面が反っている石垣

湊橋より1・5km程下流に架かる。2段の礎石の上に45列の輪石がアーチを構成。両岸には上下流共に縦長の鞘(さや)石垣を設置してある。路面は昭和32(1957)年に鉄筋コンクリートで拡幅工事された。現在、すぐ上流に新橋が出来、石尾野橋は農作業専用道となった。

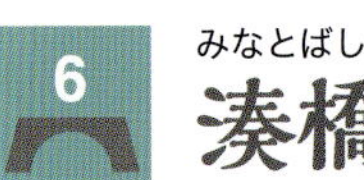

# 6 湊橋（みなとばし）

阿蘇郡産山村産山 小園［大野川水系］

橋の北東側に架設碑と親柱が保存されている

■架設年 1889(明治22)年
■施工者　八代種山石工・遠坂岩吉ほか3人、産山石工1人
■橋長20m　橋幅5.6m
(地図はＰ22)

村内最大の橋は明治22年、産山川に架設された。石工頭の北種山(きたたねやま)（現東陽町）の遠坂岩吉は要石を納めた後倒れ、遺体は戸板に乗せて種山へ運び埋葬したという（子孫談）。橋の北東側に架設碑と親柱を保存。昭和の終わり頃に輪石1個が落下の恐れありというので橋裏はセメント被覆されている。側面は観察可能だ。

## 7 とちのきばし 栃の木橋

阿蘇郡産山村産山　南谷［大野川水系］

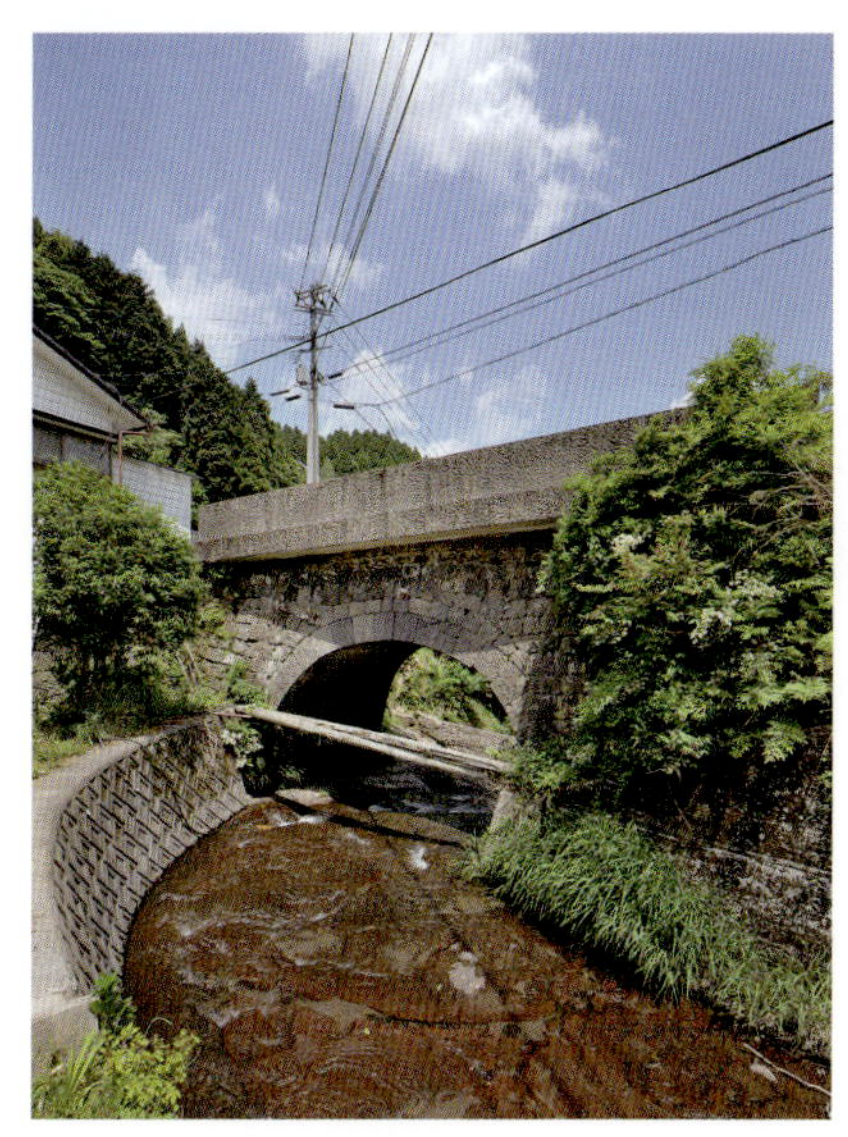

赤茶色の岩盤上に構築された頑丈な橋

赤茶色の岩盤上に構築された頑丈な橋。右岸基礎部分はコンクリートで被覆されているが、左岸側基礎や輪石裏は観察できる。輪石は18列で要石は2列に見える。川は茱萸（ぐみ）川。道路は旧県道131号笹倉久住線。

■1899(明治32)年　■施工者　野田寅蔵
■橋長12.2m　橋幅1.1m　橋高6m　径間6.5m
(地図はＰ22)

## 8 こぞのばし 小園橋

阿蘇郡産山村産山　小園［大野川水系］

左岸下流側の階段を降りると滝壷上に橋が見える

湊橋の架設地点から産山川沿いにさかのぼると、村道の田尻方面と御湯舟（おゆぶね）方面への分岐点に架かる。橋を眺めるには左岸下流側の手すり付き階段を降りると滝壷上に小園橋を仰ぎ見ることができる。石工は野田寅蔵。元産山村長の井山国一さんは野田さんのことを「戦前に見たことがあり、眼鏡をかけた小柄な人でした」と語っていた。

■架設年　1916(大正5)年
■施工者　野田寅蔵
■橋長10.3m　橋幅3.4m　橋高5.1m　径間6.5m
(地図はＰ22)

9

かわくぼばし
# 川久保橋

阿蘇郡産山村産山 乙宮［大野川水系］

産山川最上流の橋

■架設年　1935（昭和10）年　■施工者　野田寅蔵
■橋長20m　橋幅3.6m　橋高9.6m　径間16m

メモ **布積み**　方形の石を横方向に目地が通るようにして積む工法
**練積み**　石と石を粘土やモルタルなどで接合して積む工法

産山川最上流の橋。村道御湯舟乙宮（おゆぶねおとみや）線に昭和10年に架設された。石工は野田寅蔵。左岸上流側の細い道を河原へ降りると幅広い橋裏がハンググライダーみたいに見える。両岸中腹部の岩に基礎石2段設置、その上に扁平アーチ。輪石は23㎝×51㎝の細厚67個。要石やや厚く壁石は布（ぬの）積み。石材の接合面はすべて練（ねり）積み。

## 10 椿ノ塔橋

つばきのとうばし

阿蘇郡小国町下城［筑後川水系］

国道212号を北上、小国町中心地を抜けて下城小学校前を過ぎ、簗瀬トンネル第2、第1を通過した後、右側に九電の送水路1号沈砂池の地点。余り水が杖立川へ落下する上に石造アーチ架設。金網越しにアーチがやっと見える。

金網越しにアーチがやっと見える

■架設年　1912(明治45・大正元)年
■橋長5.2m　橋幅4.4m
橋高3.3m(上流側)　径間2.17m

## 11 通浄橋

つうじょうばし

阿蘇郡小国町宮原［筑後川水系］

旧役場跡地の西側通路を南へ少し行くと、水路にめがね橋が架かり、渡ると善正寺の山門。道路側親柱、右に通浄寺、左に「大正十一年八月架設」の刻字。山門側には橋の架設費用を喜捨した鎗水（やりみず）要・サチ夫妻の名が見える。

橋を渡ると善正寺の山門

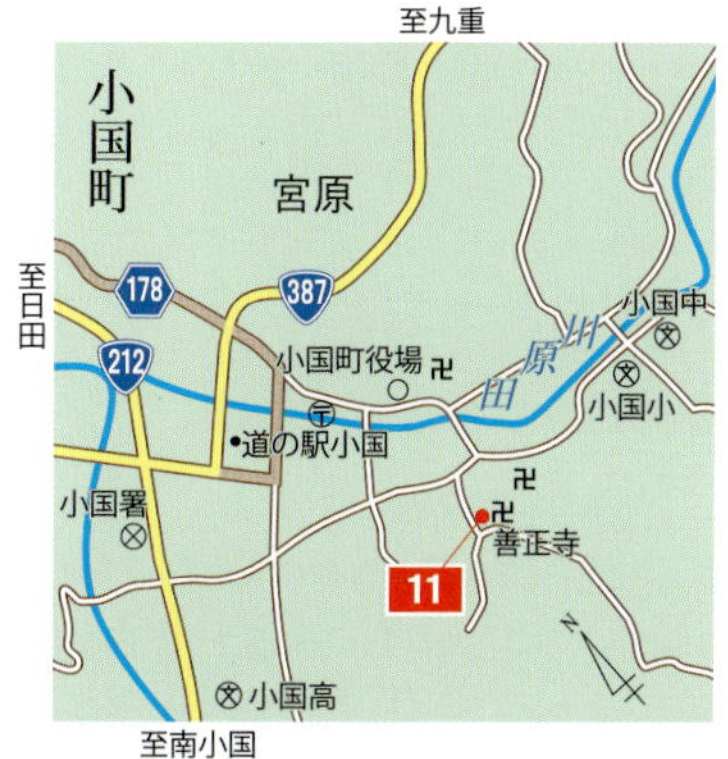


■架設年　1922(大正11)年
■橋長3.67m　橋幅2.2m　橋高2m　径間3.65m

## 12 蓬莱橋（ほうらいばし）

阿蘇郡小国町黒渕 東蓬莱［筑後川水系］

橋は水害で輪石だけ残り、壁石を修復

■架設年　1892(明治25)年
■施工者　松本平四郎
■橋長14.46m　橋高5.2m　径間10m

小国町中心地から国道387号を西へ3km進み、右折したら坂本善三美術館。その先の三差路の左がめがね橋で、右は旧蓬莱小学校。橋の左脇に架設由来を詳細に刻した「蓬莱橋之碑」あり。施主は山野シゲ、石工は松本平四郎。橋は水害に遭い、幸い輪石だけ残ったので、壁石は布積み工法で修復。

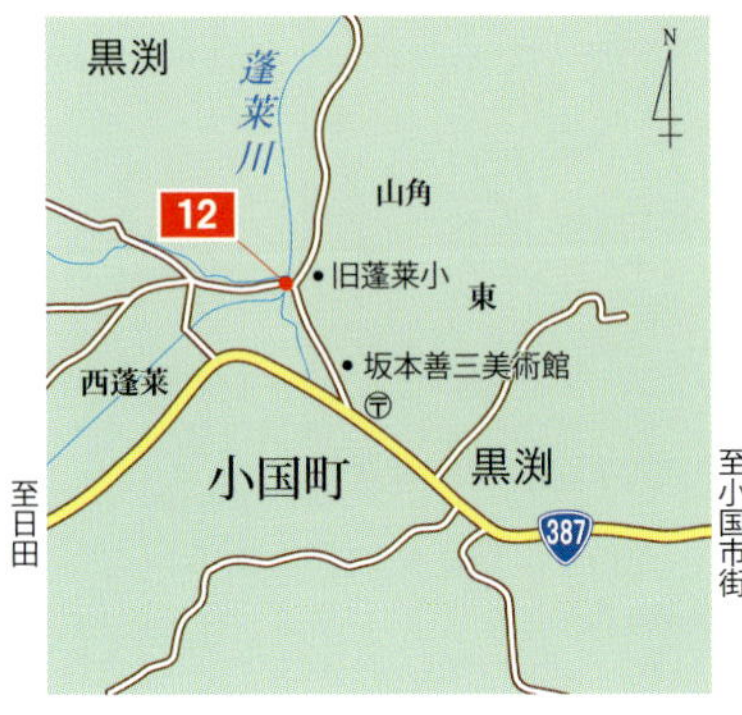

## 13 鯛之田橋（たいのたばし）

阿蘇郡小国町北里 鯛の田［筑後川水系］

輪石は江戸切り瘤出し

■架設年　1926(大正15・昭和元)年
■橋長8m　橋幅2.7m　橋高4.1m　径間6.35m

**メモ** **江戸切り瘤出し**　石材面の縁を所定の幅で欠き取り中央を高くし、表面の凹凸を大きくして自然石の感じを強調した加工法

小国町中心地から北東へ進み、鯛の田へ。峐川（はげ）沿いに下ると、道路と川が交差する地点にある。清流の上の単一アーチは、輪石が江戸切り瘤出（こぶ）し加工で、下流側はコンクリートで1m拡幅。さらに手すりみたいに側溝付設。

# 14 岩本橋（いわもとばし）

荒尾市上井手［関川水系］

川の曲部に架設され、渡岸のために流域を変えた

水切り部は小岱花崗岩

**熊本県指定重要文化財**

■架設年 1863（文久3）年
■施工者 櫟野石工・金兵衛ほか3人
■橋長32.7m　橋幅3.4m　径間12.6m

上井手橋ともいう。この地は近世以前から肥後と筑後をつなぐ三池往還が通り、江戸時代には関川の右岸側の台地に番所が置かれていた。そのため封建時代は軍事的要因から、肥後熊本藩は架設を不許。歩渡り（かち）で増水時は渡河できぬところ。古文書によると、荒尾手永の会所役人前川十左衛門の功績で江戸末期に架設が実現。架設位置は河川の曲部で、増水時は流れが右岸を壊すため、護岸のために昭和期後半に河川流域を変更した。石材は櫟（いち）野（の）産の凝灰岩で、石工は櫟野の人。高欄の東柱になぜか菊花の彫り物多数あり。

**メモ** **徒渡り**　川を歩いて渡ること

## 15 十蓮寺橋

じゅうれんじばし

荒尾市平山 小路［関川水系］

府本から北へ進み、宿の四差路を右折。ホタルまつりの旗が立つ時期は、それを目印に行けばよい。平井ホタルの里放流川に架設された橋はコンクリートで覆われている。

平井ホタルの里放流川に架かる

■橋長5m　橋幅2.5m
（地図はＰ25）

## 16 山添めがね橋

やまぞえめがねばし

玉名郡南関町細永［関川水系］

荒尾市街地からは県道29号荒尾南関線を北東へ進み、南関インターからは県道5号大牟田南関線を南西へ下り庄寺を目指し、東進すると道路の南側に畑へ向かう脇道に架かる。下は石造りの単一アーチ橋。観察には上流側の階段を下るとよい。

橋を見るには上流側の階段を下るとよい

■橋長5.2m　橋幅2.5m　径間4.2m
（地図はＰ27）

17

ころびいしめがねばし

# 転び石めがね橋

玉名郡南関町関東［関川水系］

関川に架かる。橋の上流側川底は割石がいっぱい広がる。橋名のとおり転石ならば角が丸くなりそうなのに角ばった石ばかり。この川はホタルの里だけに澄んだ水が流れて気持ちよい。

ホタルの里だけに、橋下の流れは澄んでいる

■橋長5m　橋幅2m　径間3.72m

メモ　**割石**　石材を割った不定形の石
**転石**　流れに押し流された石

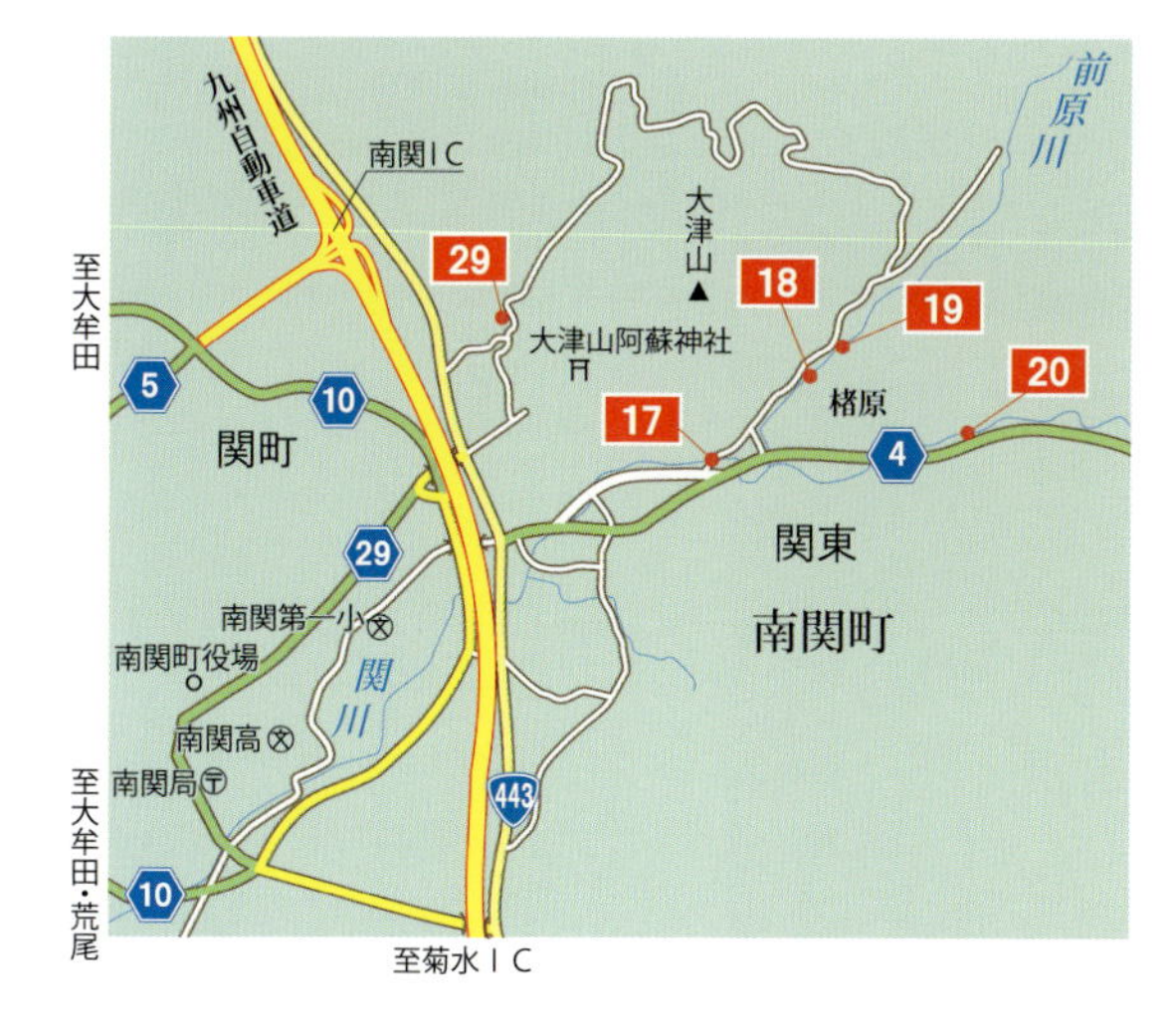

18

ふじのきしもばし
## 藤の木下橋

玉名郡南関町関東［関川水系］

関川の支流前原川にはめがね橋が3基あって、これは真ん中の橋。石造アーチを確かめたいが叢中（そうちゅう）の橋はイノシシ対策の金網で対岸へも渡れない。「ホタルの里100選」の地だけに澄んだ水が魅力だ。

関川の支流前原川に架かる３基のうち、真ん中の橋

■橋長6.1m　橋幅2.16m　径間3.3m
（地図はＰ27）

19

ふじのきかみばし
## 藤の木上橋

玉名郡南関町関東［関川水系］

前原川の上流に架かる。路面をコンクリートで拡張し、草が茂り、アーチを確かめるのは容易でない。下流の橋同様にイノシシ対策の金網があり、渡ることもできない。近くには十一面観音像あり、との案内板がある。

草が茂りアーチを確かめるのには困難

■橋長4.5m　橋幅2.1m　径間3.55m
（地図はＰ27）

# 20 はんじゃくみの目鑑橋

玉名郡南関町関東［関川水系］

関東の集落を抜けて和水町方面へ進むと、川沿いに8本の柿の木が並ぶ。その先に路面をコンクリートで拡幅された目鑑橋が見える。橋を北へ渡った正面に捻れた石材の碑石あり。これは林道開通記念に旧楮原村（現南関町）が建てたもの。地名「はんじゃくみ」の意味は不明。

橋はコンクリートで被覆されている

■橋長6.5m　橋幅2.1m　径間4.1m
（地図はＰ27）

## コラム　石橋を叩いて渡る必要なし

めがね橋に縁があったのは、当尾国民学校（現宇城市立当尾小学校）１年生のときから。通学路途中に石造りの反ったメガン橋（写真）が架かっていて、路面幅は２ｍ弱で手摺りがなかったから、毎朝家を出るときは母から「メガン橋のところは用心して行きなさい」と注意されていた。

石を継ぎ足して丸い形に造った橋は、人や自転車は勿論のこと、稲束満載の荷車が渡っても壊れないから、頑丈な橋だと知った。「石橋を叩いて渡る」という諺も、私には必要なかった。

学校帰りには橋の路面に腹這いになり、唾を垂れると川面に水輪が広がる。するとどこからか餌が落ちたと勘違いした鮠が現れる。それが面白くメガン橋上で道草食うのは日課みたいだった。

## 21 八幡橋（はちまんばし）

荒尾市野原［菜切川水系］

平成27年に橋下は河道変更されて水無川に

■架設年　1911（明治44）年
■橋長5m　橋幅4.2m

近くに野原八幡宮があるところから橋名が付けられた。すぐ南西には第二八幡橋があったが、コンクリート橋に架け替えられた。左岸上流側の親柱に「八幡橋」、同下流側に「明治四十四年一月架設」と彫られている。

## 23 秋丸眼鏡橋（あきまるめがねばし）

玉名市高瀬下町［菊池川水系］

高瀬目鑑橋の60m下流に移設復元

市指定重要有形文化財

■架設年　1832（天保3）年
■橋長11.7m　橋幅3.7m　径間5m
（地図はＰ31）

江戸時代に、高瀬大橋より上流７００ｍの地点、寺院前の水路に架設され、下流側は逆流防止のまねき扉付きの樋門であった。アーチ下の刻字を読むと、下流側が削られており、本来の眼鏡橋に後年まねき扉設置の工事をしたことが判明した。それでも水はけが悪く、解体して裏川の現在地に移設復元し観光に一役買っている。

**メモ** **まねき扉**　潮の干満によって自然開閉する扉

## 22 高瀬目鏡橋

たかせめがねばし

玉名市高瀬下町［菊池川水系］

裏川に架かる二連アーチが美しい

上流側には水制工が見える

**熊本県指定重要文化財**

■架設年 1848(嘉永元)年 ■橋長19m
橋幅4.1m 橋高4.9m 径間6.57m(右) 6.63m(左)

裏川に架設された石造二連アーチ橋は、菖蒲の花咲く頃になると多くの見物客の目に触れる。橋の右岸に一部が欠けた碑が建っており、「此橋」「嘉永元年戊申九月目鏡橋成就」「町奉行　高瀬寿平」の文字が読みとれる。

構造は基礎石2段積みの上に輪石・壁石積み。上流側には水制工。川底に敷石が見えるが、その下に松材の梯子胴木が敷設してあるはず。また蒲鉾形の手すり石はダボ継ぎの跡が残る。なおダボは左岸上流側輪石継ぎに1カ所残っている。

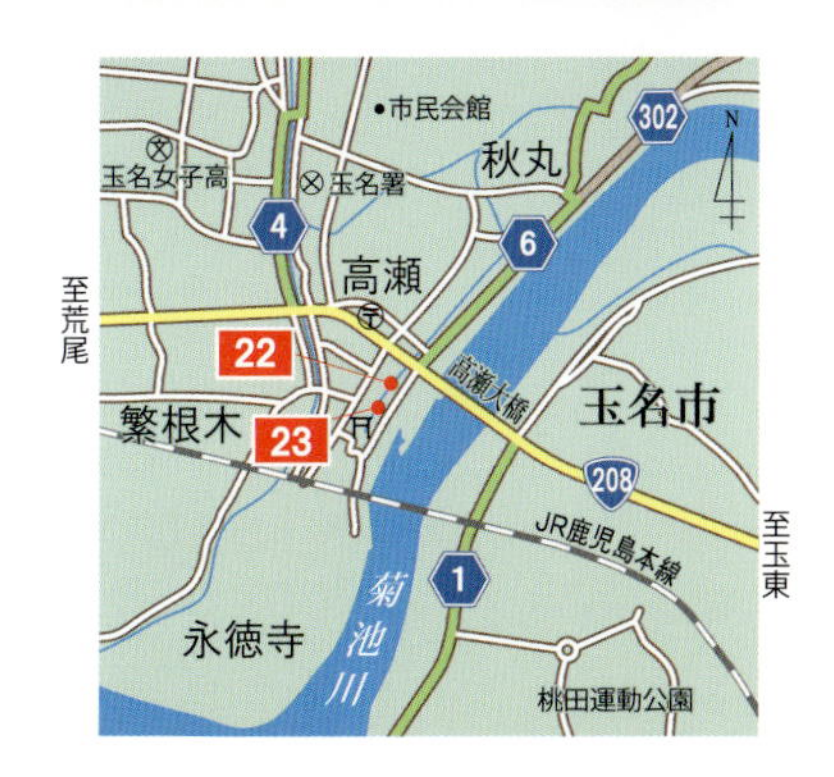


**メモ** **梯子胴木** 松材を井桁状に組んだ木枠で、地盤沈下を防ぐために設置
**ダボ継ぎ** 橋材に穴を開け、そこにダボ（丸い棒）を差し込んで接着面を補強する継ぎ方

# 24 石貫車橋（いしぬきくるまばし）

玉名市石貫 吐合（はけあい）［菊池川水系］

玉名市街地へ流れ込む繁根木川沿いに県道4号玉名八女線を上流へ向かうと石貫の地。横穴群近くに虎取（とらとり）橋（ばし）が架かる。この橋を渡り、川沿いに少し下ると右（西）側に反った石造りの路面が見える。鮎返川という浅い清流に架設されたシンプルなアーチ。

浅い清流に架設されたシンプルなアーチ

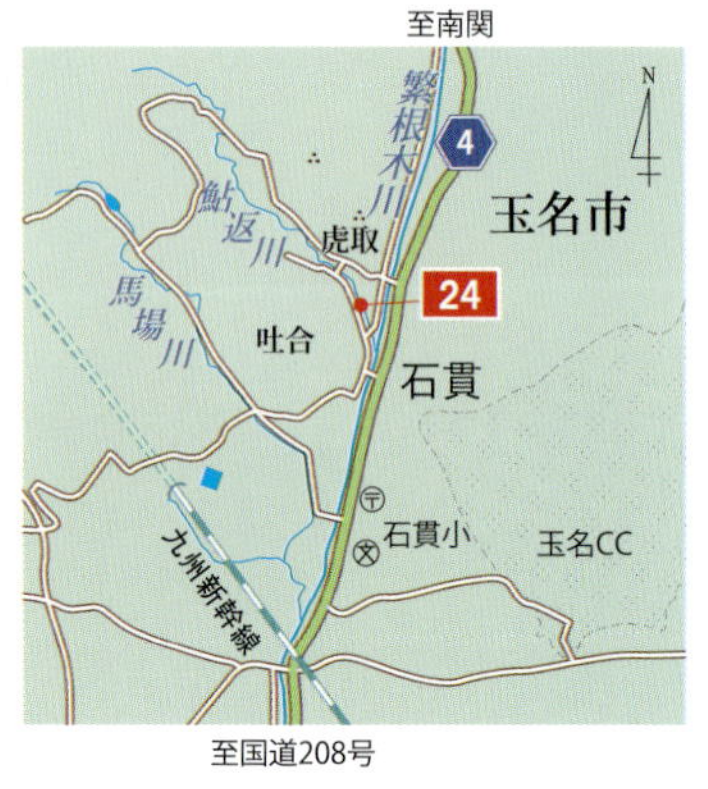


**市指定重要有形文化財**

■橋長6.1m　橋幅1.9m
　橋高2.75m　径間5.03m

# 26 谷の橋（たにのはし）

熊本市北区植木町平原［菊池川水系］

県道31号熊本田原坂線の新豊岡橋の下を流れる滑川（中谷川）を上流へ600mの地点に架かる。垂れ下がったカズラでアーチの石組みは十分観察できない。冬期だったら見えるかな。住民の話では「この橋は昭和に入ってから、皆で金を出し合って造った」そうだ。

新豊岡橋の下を流れる滑川上流に架かる

■架設年　1935（昭和10）年頃
■橋長10.7m　橋幅4.4m　橋高6.35m　径間7.9m
（地図はＰ33）

25

とよおかのめがねばし

# 豊岡の眼鏡橋

熊本市北区植木町豊岡［菊池川水系］

熊本では最も古く
210歳を越す

要石はリブ
アーチ工法

**市指定有形文化財**

■架設年　1802(寛政13・享和元)年
■施工者　理左衛門ほか
■橋長12.8m　橋幅3.5m　橋高6.3m　径間11.5m

熊本市北区
植木町鈴麦
植木町平原
55
208
25
26
中谷川
至玉名
木葉川
植木町豊岡
31
JR鹿児島本線
田原坂公園
至国道3号

県内で復元したものなどを除く、現存する３００基以上のめがね橋の最古参で２１０歳を越した。田原坂の下に架かり西南戦争(１８７７年)を目撃した橋。構造は肥後熊本藩に架設された初期の橋の特徴を残す。要石は本藩初期の特徴を残し、橋裏を観察すると要石はリブアーチ工法。輪石は流水に平行な積み方。なお輪石側面は接合部に小石をはめたずれ防止策。壁面中央と右岸側は架設時の姿。

メモ **リブアーチ工法**　要石を川の流れに対して直角方向に並べた工法。

えんだいじてつどうきょう
## 27 円台寺鉄道橋

熊本市北区植木町円台寺［菊池川水系］

JR原古閑踏切近くの小川に架かる

■架設年　1891（明治24）年
■橋幅24m　径間6.8m

ＪＲ鹿児島本線の田原坂駅と植木駅間は上り線と下り線が分れている。上り線の原古閑踏切は円台寺集落への入り口。そこから右下へ降りると小川があり路線下へ流れる。そこに意外と大きい石造アーチあり。輪石は江戸切り瘤出し、壁石は布積み。奥行20ｍ程。

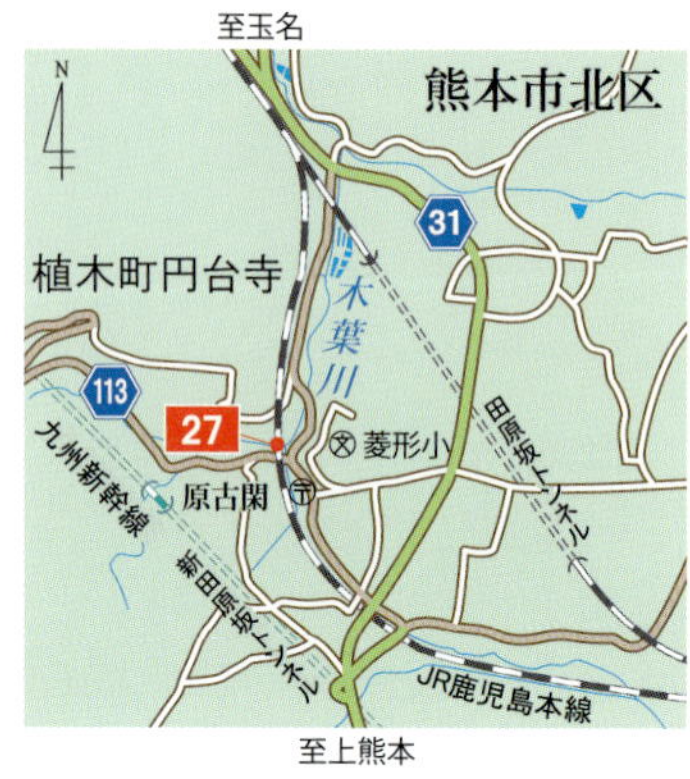


たるみずばし
## 28 滴水橋

熊本市北区植木町小野［菊池川水系］

植木町滴水から、小野泉水公園に移設復元

■橋長6.1m　橋幅4.46m　橋高4m　径間3.2m

元は植木町滴水（たるみず）にあった。桜井小学校南西側の道を北西に少し行くと木葉川の上流で、そこに架かっていた。道路工事に伴って撤去されたので同町小野の小野泉水（おののせんすい）公園に移設、先に復元された正院めがね橋の南東１５０ｍの地点に平成22年復元。

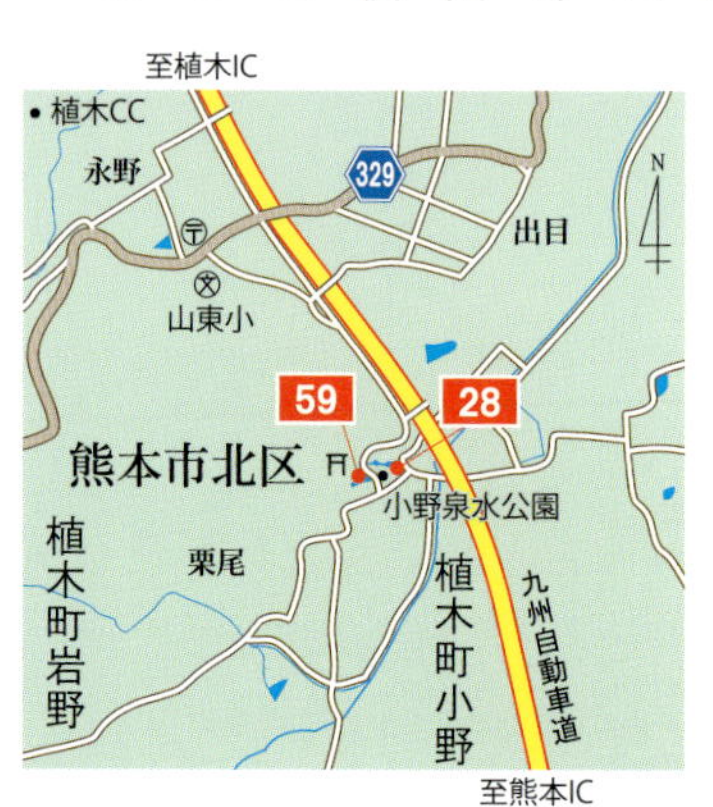

おこんばばし
## 29 麻扱場橋

玉名郡南関町関東［菊池川水系］

大津山公園で見られる

元は南関町下坂下の内田川に架設されためがね橋。平成5（1993）年圃場整備に伴う河川改修で解体され、大津山公園に移設復元された。架設年、石工名共に不詳。

**町指定文化財**

■橋長9.3m　橋幅2.85m　橋高5.25m　径間9m（地図はＰ27）

かまどばし
## 30 竈門橋

玉名郡和水町久米野［菊池川水系］

水平目地の壁面が直立した橋

水平目地の壁面が直立した橋である。この橋の架設工事に参加した石工の一人木村連（むらじ）さんに話を聞いたことがある。工事の詳細をご存知なので「木村さんが架けられたのですか」と尋ねたら「はい」との返事を聞き、感激した記憶が甦る。その木村さんはすでに故人。温厚な人柄で几帳面な話しぶりは現存する橋の姿に表れている。支保工撤去前に工事関係者勢揃いの写真が残っている。

■架設年　1921（大正10）年
■施工者　菊水石工・木村連、山鹿米田村石工
■橋長12.5m　橋幅4.2m　径間8.7m
（地図はＰ36）

## 31 久米野橋（くめのばし）

玉名郡和水町久米野［菊池川水系］

アーチの中心が水面より上にある腰高の橋

■架設年　1918(大正7)年
■橋長15.3m　橋幅5.2m　径間8.5m

石造アーチの円の中心が水面より上にあり腰高の橋。基礎石・輪石共に江戸切り瘤出し加工とは丁寧な造作。曲がった川が直線になった地点を選んで架設したのは、水害対策を講じた石工の知恵。春はウグイスの声援あり。

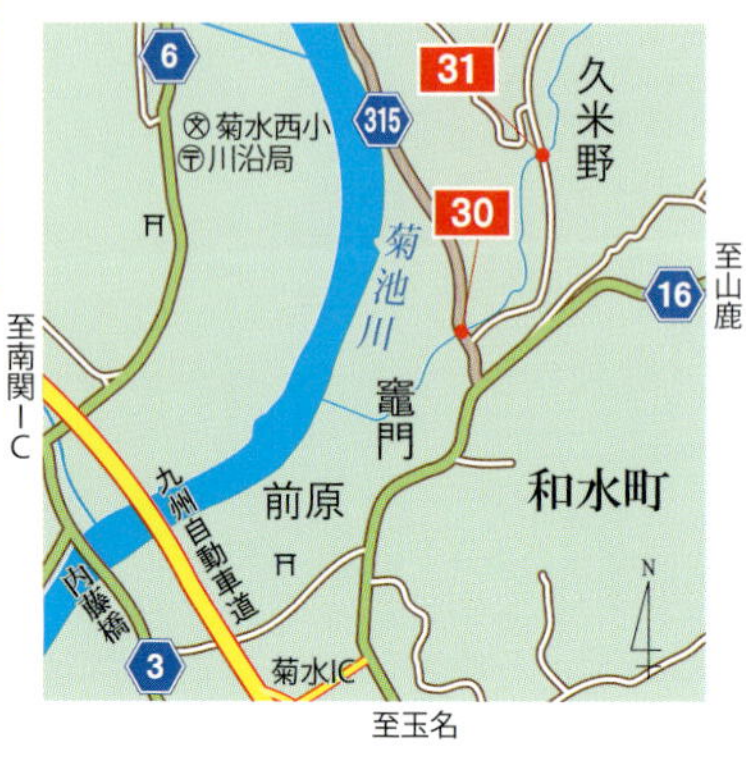


## 32 上板楠神社橋（かみいたくすじんじゃばし）

玉名郡和水町上板楠 上東［菊池川水系］

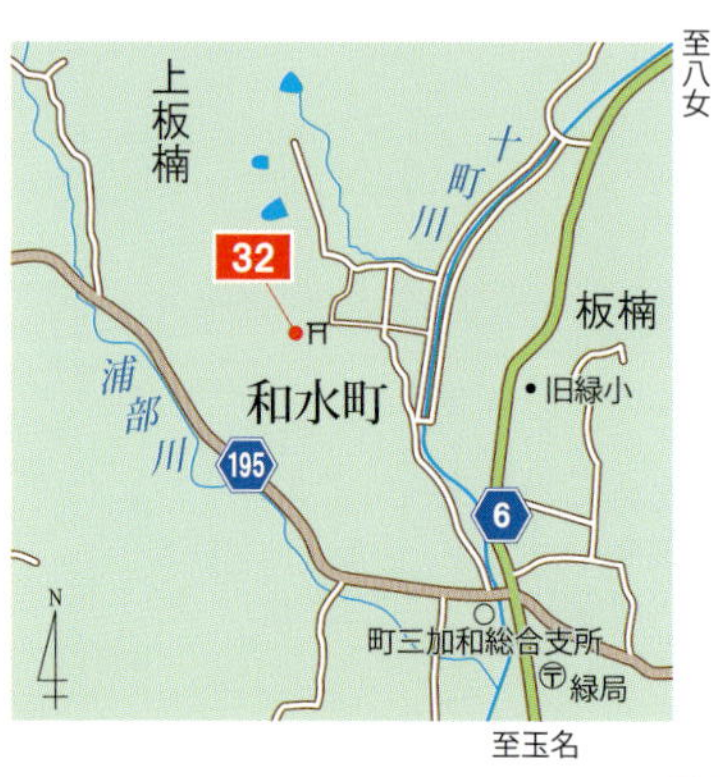


玉垣のデザインがユニーク

■橋長4.5m　橋幅1.3m
　橋高1.6m　径間2.7m

ご神水が流下し極小めがね橋を潜る。周囲は緑一色。この地は江戸時代に妙見宮と呼ばれていたが、明治になってから地名をとって上板楠神社と称す。ただし石の鳥居には三霊神社と彫ってある。玉垣のデザインがユニーク。

## 33 六四郎橋（ろくしろうばし）

玉名郡和水町西吉地［菊池川水系］

歴史と文化のふれあい広場の一画にある

■架設年　1915(大正4)年
■施工者　三加和石工・小山世作、一松
■橋長4.85m　橋幅4.2m　橋高3m　径間2.7m

和仁川へ六四郎川が流れ込もうとする地点、県道4号玉名八女線に架かっていた。県道拡幅工事により平成7(1995)年3月解体、同8年3月現在地に復元。ここは国衆一揆（くにしゅういっき）にちなんで命名された「歴史と文化のふれあい広場」の一画。

## 34 鬼丸眼鏡橋（おにまるめがねばし）

玉名郡和水町中和仁（なかわに）［菊池川水系］

手すり石は上面を円く削った優美な仕上げ

■架設年　1916(大正5)年
■施工者　三加和石工・小山世作
■橋長10.7m　橋幅4.6m　橋高3.6m　径間5.2m

**メモ** **切り込み接ぎ**　きれいに整形した石で組む工法

大正初期の架設だけに切り石の加工や切り込み接ぎ（は）の仕事ぶりが丁寧な橋。手すり石は腰かけられる程の高さで、上面を円（まる）く削って見た目にも優美な仕上げぶり。上流側に鉄筋コンクリート橋が出来て眼鏡橋は現役を引退した。

## 35 ひらやまばし 平山橋

山鹿市平山［菊池川水系］

かつては平山温泉の利用客に重宝がられた

■架設年　1861（文久元）年
■橋長10m　橋幅4.9m　径間6.34m

山鹿市中心街から北西方向４㎞の平山温泉の中心地三差路の岩村川に架かっていた。江戸末期の文久元年に造られ、大正３（１９１４）年下流側に同石材同サイズで拡幅され、温泉利用客に重宝がられた。近年地域住民から増水時に住宅床下浸水の原因として撤去の声あり。平成26（２０１４）年に解体。輪石接合面の加工技術緻密（ちみつ）。同年末に阿蘇五宮の平山阿蘇神社近くの空き地公園に江戸末期分のみ移設復元された。

## 36 ゆやまばし 湯山橋

山鹿市平山［菊池川水系］

アーチ石の上の壁面は横長の石材を積み重ねた構造

市指定文化財

■架設年　1914（大正3）年
■橋長8m　橋幅2.7m　径間5.49m

平山温泉街の中心地三差路より少し東の道を南に入るとこの橋が見える。旧道の一部で内野川に架かり、アーチ石の上の壁面は横長の石材を積み重ねた構造。石工は猿渡某で架設年は大正3年。河川改修の際、運よく保存が決定した。

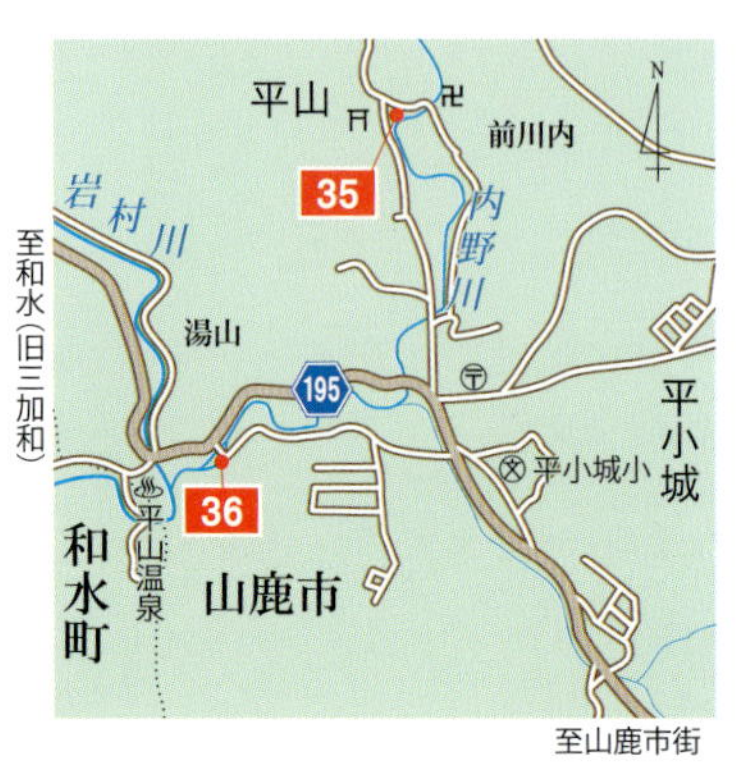

## 37 小原橋（こばるばし）

山鹿市平山 釘ノ元［菊池川水系］

小さな橋だが、地域住民が大切にしている

■橋長2.45m　橋幅1.84m　径間2.1mm

平小城（ひらおぎ）校区に3基残っていたが、この橋と湯山橋の2基になった。旧道に架かっていた橋だが、径間2・10m、幅員1・84mと極めて小規模。それでも地域住民が大切にしている。釘ノ元北方300mの黒金橋は昭和54（1979）年に撤去。

## 38 東深倉橋（ひがしふかくらばし）

玉名郡和水町下津原［菊池川水系］

親柱に「大正十年三月架」「志々岐　石工　坂梨　松野　原口」とある

■架設年　1921（大正10）年
■施工者　山鹿志々岐石工・坂梨浅八ほか2人
■橋長7.4m　橋幅4.4m　橋高6.4m　径間2.7m

菊池川の左岸近く。両の橋脚部が5段。その上にアーチが架かり、さらに7段の石積みの上に石造手すりが健在。左岸下流側に「大正十年三月架」、右岸下流側に「志々岐　石工　坂梨　松野　原口」と彫られた親柱は貴重な証言。

## 39 坂田橋（さかたばし）

山鹿市坂田［菊池川水系］

川面に石造りのアーチが映り、一幅の絵を見るよう

■橋長15m　橋幅2.8m　径間9.9m

山鹿中心街から県道16号玉名山鹿線を西へ。右に菊池川が見える坂田の地に2基の橋が残る。流れが止まった川面に二重輪石のアーチ、いや三重だ、端っこは四重、五重になっている。対照的に手すりは直線。中央は水平で左右は斜線。水を湛(たた)えた川に石造りのアーチが映って一幅の絵を見るようだ。

## 40 坂田川橋（さかたがわばし）

山鹿市坂田［菊池川水系］

坂田の地2基の橋の上流側の橋。県道16号玉名山鹿線に上流側の一部がかぶさっている。橋下は堆積土が多く、脚部観察は不能。橋裏は見え、要石は県北に多い落とし込みで約5㎝。親柱は右岸「坂田川」、左岸「さかだ可(か)は者(は)し」と橋名を表記。

親柱には右岸「坂田川」、
左岸「さかだ可は者し」とある

■架設年　1915(大正4)年
■橋長12.1m　橋幅5.2m　径間8.9m

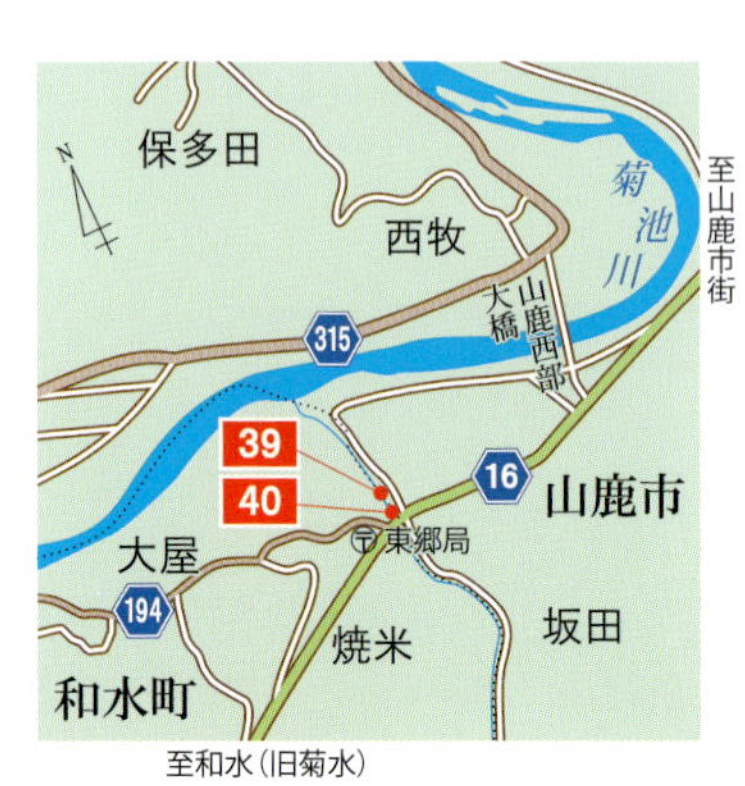

## 41 石村八幡宮前石橋（いしむらはちまんぐうまえいしばし）

山鹿市石［菊池川水系］

輪石の継ぎ目に小石をはめ込んである

■橋長2.4m　橋幅2.14m　径間2.42m
（地図はＰ48）

山鹿市街地の西、石地区の藤崎八幡宮境内に架設されたアーチ橋は輪石の継ぎ目に小石をはめ込んである。この工法は県内で初期に架設された橋に見られる。西側を流れる岩野川の対岸にはチブサン装飾古墳がある。

## 42 丸山橋（まるやまばし）

山鹿市鹿北町芋生（いもう） 川原谷［菊池川水系］

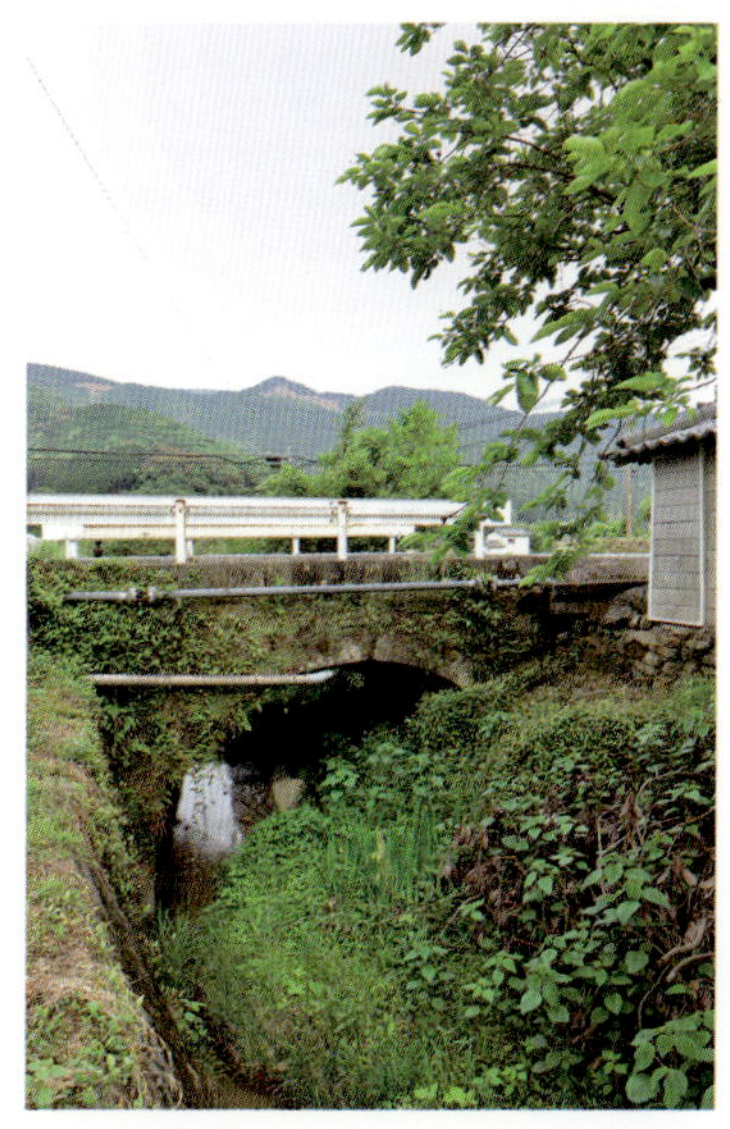
石橋は国道3号の旧道に架かる

国道3号は鹿北町川原谷のあたりに旧道が残り、そこの小河川に石造めがね橋が架かる。架設年は山鹿市までの国道整備の明治14年頃と推測される。惜しいことに上下流側にビニールパイプが設置され、景観を損ねている。

市指定文化財

■架設年　1881（明治14）年頃
■橋長8.5m　橋幅5.6m　橋高3.4m　径間5.4m
（地図はＰ42）

しょうぶせばし

# 43 勝負瀬橋

山鹿市鹿北町岩野［菊池川水系］

岩野川右岸側の勝負瀬谷に見える

市指定文化財

■橋長4.86m　橋幅2.35m　橋高2m　径間2.65m

岩野川が鹿北町四丁を流れ下るとき、右岸側の勝負瀬谷に手すりなしのめがね橋が見える。上流の水天宮一、二号橋と同様に旧山鹿街道に架設された橋。採石のため橋周辺の状況が変わったらしく、アーチ下の流れは僅少。見学するには、山鹿砕石の作業場を通る必要があり、危険を伴うので事務所で許可を得ること。

## 44 水天宮二号橋（すいてんぐうにごうきょう）

山鹿市鹿北町岩野　西栗瀬［菊池川水系］

近くの階段上に水天宮があるので命名

岩野川へ注ぐ支流田代谷川のすぐ南に小さな流れがあり、ここにも小規模の石造アーチ橋が架かる。一号橋より小さく近くの階段上に水天宮があるので水天宮二号橋と命名。旧山鹿街道は、水天宮一号・二号を渡り、勝負瀬橋へと下る。

市指定文化財

■橋長4.5m　橋幅2.45m　橋高0.85m　径間2.65m
（地図はＰ42）

## 45 水天宮一号橋（すいてんぐういちごうきょう）

山鹿市鹿北町岩野　西栗瀬［菊池川水系］

水天宮の参拝に利用される

旧山鹿街道が岩野川沿いに進むとき、支流田代谷川を渡る。この地は崖上に水天宮があり、この渡りに架設された石造アーチ橋を水天宮一号橋と名付けた。

市指定文化財

■橋長4.7m　橋幅2.5m　橋高2.7m　径間3.44m
（地図はＰ42）

## 46 高井川橋（たかいがわばし）

山鹿市鹿北町岩野　高井川［菊池川水系］

福岡から南下して小栗峠を越えた国道３号は、坂を下って山鹿市鹿北町へ。ここで男岳川を渡る旧道に高井川橋が残っている。明治14年秋、石工橋本勘五郎らは近くの栗瀬橋との架設を同時進行した。手すりの加工は、アーチ上部は石材を円柱に、親柱の頂きには擬宝珠を刻み、左岸下流側の添え石には飾り円をくり抜き、遊び心のある橋に仕上げた。

橋の随所に遊び心が感じられる

市指定文化財

■架設年　1881（明治14）年　■施工者　橋本勘五郎、弥熊
■橋長19.6m　橋幅5.6m　橋高8.8m　径間14.83m
（地図はＰ42）

## 47 弁天橋（べんてんばし）

山鹿市鹿北町岩野　弁天［菊池川水系］

福岡県境の小栗峠から国道3号の坂を山鹿へ向けて下ると、道の駅「かほく小栗郷」がある。そこを過ぎて２km進むと弁天の旧国道に石造アーチが残る。明治14年に旧国道建設のとき架設されたとされ、橋本体には鞘石垣付設。

橋本体に鞘石垣付きが珍しい

市指定文化財

■架設年　1881（明治14）年
■橋長11.2m　橋幅5.6m　橋高5.2m　径間9m
（地図はＰ42）

## 48 女田橋（おなだばし）

山鹿市鹿北町岩野 西栗瀬［菊池川水系］

鹿北町女田地区の県道に大正年間初期に筑後の石工中村時次郎らにより架設された。平成2（1990）年の大水害で岩野川支流の男岳川に被害が出て、災害復旧工事の際に撤去されたが、地元民の要望で保存することになり、同7（1995）年瞑想の森公園に移設された。手すりや路面の石材は新規調達。

地元民の要望で生き残り、瞑想の森公園に移設

市指定文化財

■架設年　1914(大正3)年
■施工者　辺春石工・中村時次郎
■橋長11.8m　橋幅4.6m　径間7.8m
(地図はＰ42)

## 49 上麻生橋（かみあそうばし）

山鹿市鹿北町椎持 麻生［菊池川水系］

菊池川の支流、岩野川の上流は多久（たく）から北西へ流れ、椎持（しいもち）の板曲（いたまがり）から南下する。その描かれた三角形の中心地が小集落麻生（あそう）で、この地に雑石積みの小橋が残る。昔は近くの上長峠を越えて四丁（しちょう）へ至る道の要所だった。左岸にツバキが自生している。

かつては近くの上長峠を越えて四丁に至る要所だった

市指定文化財

■橋長3.5m　橋幅1.4m　橋高3.25m　径間2.4m
(地図はＰ42)

## 50 板曲橋（いたまがりばし）

山鹿市鹿北町四丁 仲間［菊池川水系］

橋裏に移設時の数字が残っている

鹿北町の板曲の県道に架設されていた。県道改修に伴って撤去後、この地廻渕（まわりぶち）に移設された。大正年間の傾向で要石は他の輪石よりやや大、しかも表面は控えめの四角すい加工。橋裏には移設時の数字が残る。

市指定文化財

■架設年　1909（明治42）年
■橋長7.7m　橋幅4.2m　橋高3.8m　径間4.55m（地図はＰ42）

## 51 田中橋（たんなかばし）

山鹿市鹿北町多久 田中［菊池川水系］

旧鹿北町最大の石橋

何度か撤去されようとしたが、地元民の要望で生き残った橋。碑には「化巖矼（けごんこう）」「藤からむ巖と化せよ車橋」と刻まれ、地元石工の藤左衛門・藤兵衛の名が残る。旧鹿北町には多くのめがね橋があり、その中で規模最大。

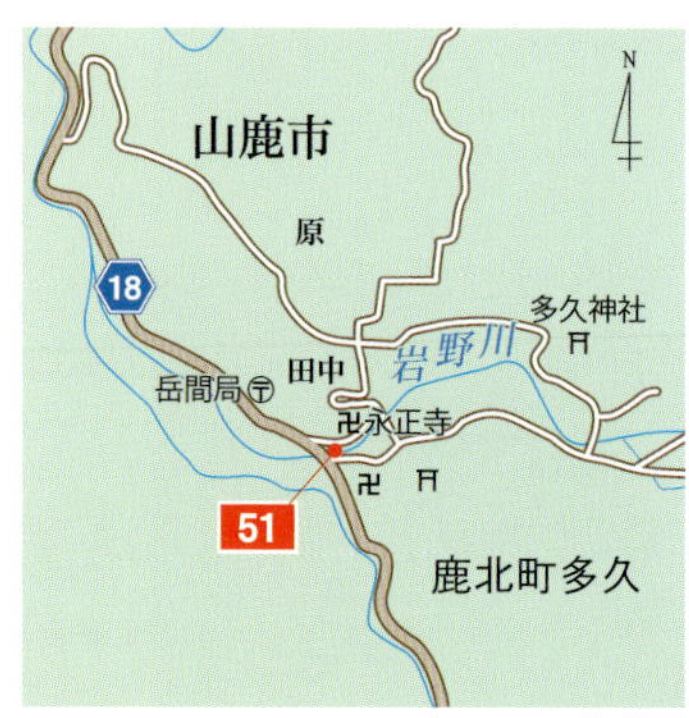


市指定文化財

■架設年　1858（安政5）年
■施工者　相良今村石工・藤左衛門、藤兵衛ほか
■橋長16.7m　橋幅4.13m　橋高7.1m　径間12.7m

52

ゆまちばし
# 湯町橋

山鹿市杉［菊池川水系］

200年前豊前街道に架けられた鍋田石使用の橋

熊本県内で初めて解体・移設復元された橋である。もとは菊池川の支流、吉田川に架設された二連アーチ3基のうちの一つ。200年前豊前街道に架けられた鍋田石使用の橋は、大正初期に同石材同サイズで拡幅されたが、昭和40年代末に河川工事のため解体。山鹿文化財を守る会の働きかけで市内の日輪寺公園内に移設復元された。現在は湯町橋と呼ばれており、春はサクラ、初夏はツツジに彩られて余生を過ごし、行楽客の眼に映る。

楔石（アーチの頂上の石）に銘文が刻まれ、経歴が分かる。架設時は「湯町川眼鏡橋」と表記されている

熊本県指定重要文化財

■架設年　1814（文化11）年
■施工者　勘右衛門ほか
■橋長17.7m　橋幅4.8m　径間7.1m（右）　7m（左）
（地図はＰ48）

53

おおつぼばし
# 大坪橋

山鹿市鍋田［菊池川水系］

北方から流れ来る寺島用水を渡す橋だった

■架設年　1865（元治2・慶応元）年
■橋長23.2m　橋幅2.4m　橋高4.5m　径間8.9m

吉田川に架設された二連アーチの水路橋である。北の方から流れてくる寺島用水を渡す橋であったが、水害の原因と疑われ解体、昭和58（1983）年現在地に移築された。なお大坪橋旧架設地は、新橋架設後も水害発生ありとのことで、石造二連めがね橋の疑惑説は何だったのか。

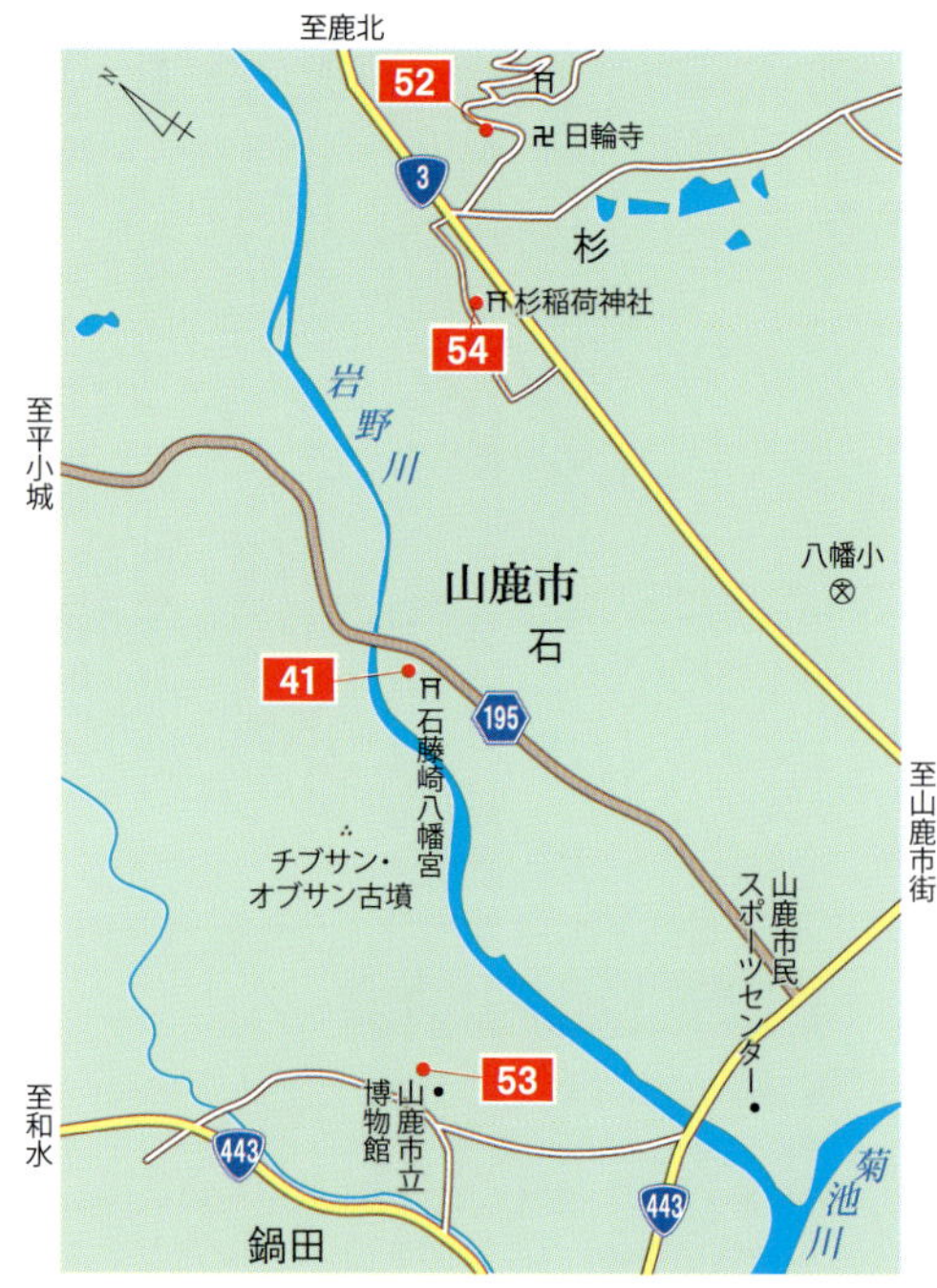

54

すぎいなりじんじゃばし

# 杉稲荷神社橋

山鹿市杉［菊池川水系］

寺島用水は国道3号に沿って南下する。その用水が杉の稲荷神社前（西側）を流れるとき小規模の橋を潜る。手すり石を赤色に塗ってあるのは稲荷神社のためと思われる。アーチに比べ手すり石は大きい。

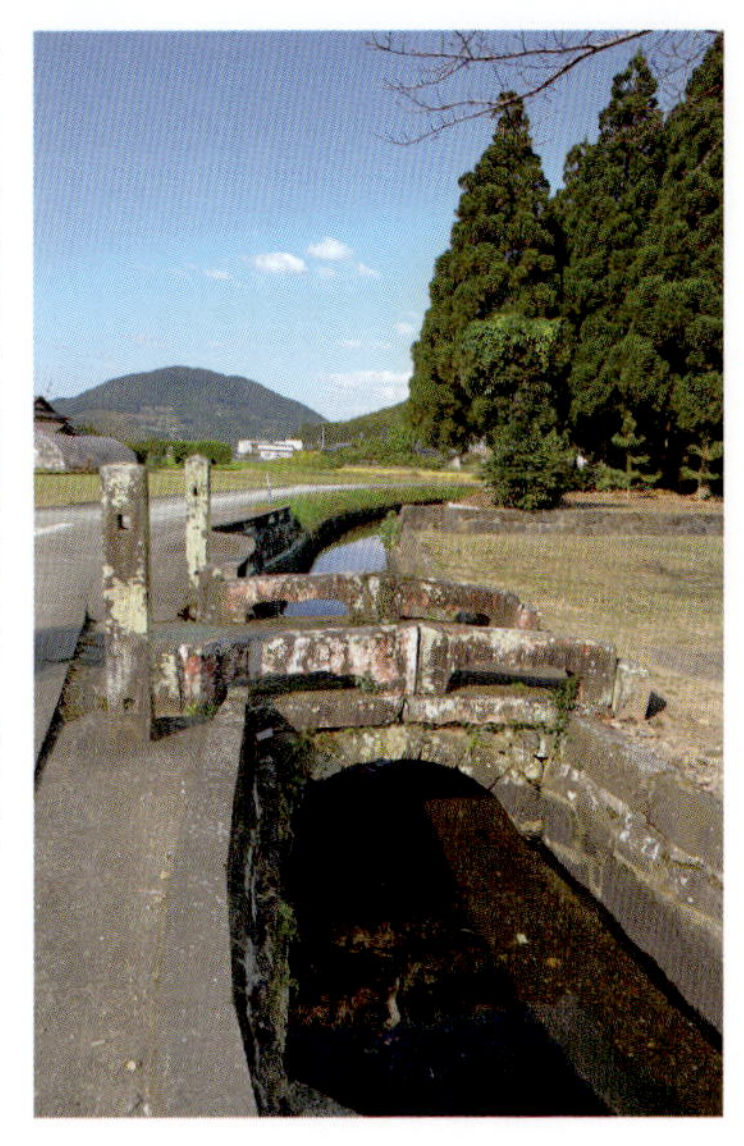

手すり石が赤色なのは稲荷神社のためと思われる

■架設年　1857（安政4）年
■橋長3.3m　橋幅2.4m　橋高0.6m　径間1.8m
（地図はＰ48）

55

かとうだばし

# 方保田橋

山鹿市方保田［菊池川水系］

県道３０１号方保田(かとうだ)山鹿線が方保田川を渡る地点に架設されている。石造アーチは下流側と、裏側もコンクリートで覆われて見えない。また上流側は後年拡幅のため、コンクリート橋で異質合体の姿をしている。

石造アーチは上下流側とも石組みは見えない

■架設年　1884（明治17）年
■橋長15.3m　橋幅7.3m　橋高2.7m　径間8.1m（地図はＰ48）

## 56 厳島神社門前橋

いつくしまじんじゃもんぜんばし

山鹿市長坂［菊池川水系］

国道3号を山鹿へ向かい、千田川を渡ったら長坂集落へ。厳島神社の鳥居前に低い石造りの手すりが見え、上流側は輪石が見えるが、下流側は周辺道路拡張で見えない。鳥居や灯篭・狛犬（こまいぬ）と石造物多数。神社の祭り「なれなれなすび」（市無形民俗文化財）は例年3月に行われ、狩衣（かりぎぬ）姿の若者らが独特な踊りで五穀豊穣を祈願。

上流側は輪石が見える

■架設年　1862（文久2）年
■橋長3.3m　橋幅2.5m　橋高0.8m　径間1.8m

（地図はＰ48）

## 57 山鹿温泉鉄道橋

やまがおんせんてつどうきょう

山鹿市鹿本町来民（くたみ）［菊池川水系］

かつて植木と山鹿の間を走っていた山鹿温泉鉄道（鹿本鉄道）路線の下に小規模のめがね橋があると聞いていたが、今回初めて見た。頑丈な造りなのに、今は路線跡が自転車専用道とはもったいない。昔、鉄路のときも気付く人は少なかっただろうに、今もきっと…。

頑丈な造りで、今は自転車専用道

■架設年　1921（大正10）年
■橋幅9.2m　径間1.3m

（地図はＰ48）

## 58 三十六の目鑑橋

さんじゅうろくのめがねばし

熊本市北区植木町清水［菊池川水系］

江戸末期に近隣の庄屋たちにより架設された

■架設年　1850(嘉永3)年
■施工者　吉兵□
■橋長7.5m　径間3.9m

江戸末期に山本郡大清水村の庄屋や玉名郡広村の庄屋たちにより架設された橋であるが、昭和57（1982）年の水害以降撤去され、地元民の要望で同町清水の菅原神社境内の池に移設された。この地は御手洗さんと呼ばれる湧水がある。

## 59 正院目鑑橋

しょういんめがねばし

熊本市北区植木町小野　七国［菊池川水系］

高欄は移設時に新設された

■架設年　1856(安政3)年
■施工者　八代・吉平
■橋長5.5m　橋幅2.1m　橋高2.2m　径間4.8m
（地図はＰ34）

植木町の味取と山本の間を流れる豊田川に安政3年架設された橋。田原坂資料館勤務の古財誠也さん（故人）が河川改修から守ろうと現地保存を主張されたが費用不足のため、昭和50（1975）年に撤去し、同51年同町の小野泉水公園に移設復元。安全面を考慮し高欄を新設、現在に至る。

## 60 桃源橋（とうげんばし）

熊本市北区植木町岩野［菊池川水系］

「高爪橋」ともいう。豊田川に架かっていた橋の一つ。架設当初は「今古閑下の目鑑橋」と呼ばれた。右岸は味取、左岸は山本。山鹿文化財を守る会の幸平和さん（故人）の話では「植木の星野さんから『復元して大切に保存したい』と申し出があったので譲った」と聞いた。星野邸敷地内に移設復元され現存。

星野邸敷地内に現存

■架設年　1882(明治15)年
■施工者　山本村石工・上村漳蔵　■径間5m

## 61 後川辺橋（うしろかべばし）

合志市栄 後川辺［菊池川水系］

文政9年に庄屋林清助らが施主となり、出田村の石工吉崎喜八良により架けられた。河道変更・橋梁架け替えのため解体し、平成8（1996）年11月、上庄川沿い県道138号辛川鹿本線脇の小公園に輪石のみ組んで復元したが不安定。

上床川沿い県道脇の小公園に部分的に復元

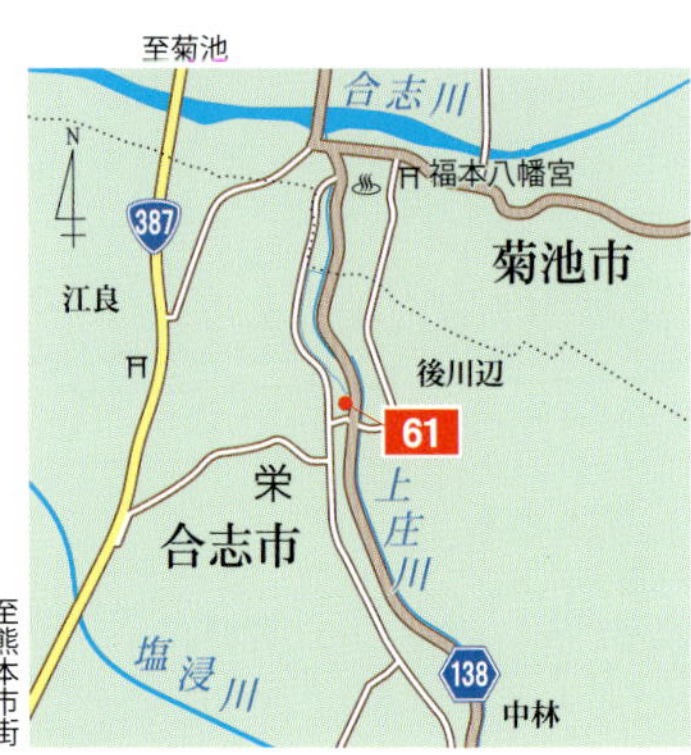


■架設年　1826(文政9)年
■施工者　菊池出田村・吉崎喜八良
■橋長3.1m　橋幅3m　橋高1.6m　径間2.45m

## 62 竹迫橋（たかばばし）

合志市竹迫［菊池川水系］

合志市レターバス（コミュニティバス）の「竹迫下町」停留所付近は幅広い四差路で、その下にアーチ橋がある。腰を折って覗くと3分の1が石造りで、3分の2は鉄筋コンクリート造。石造アーチを見るのは容易でない。

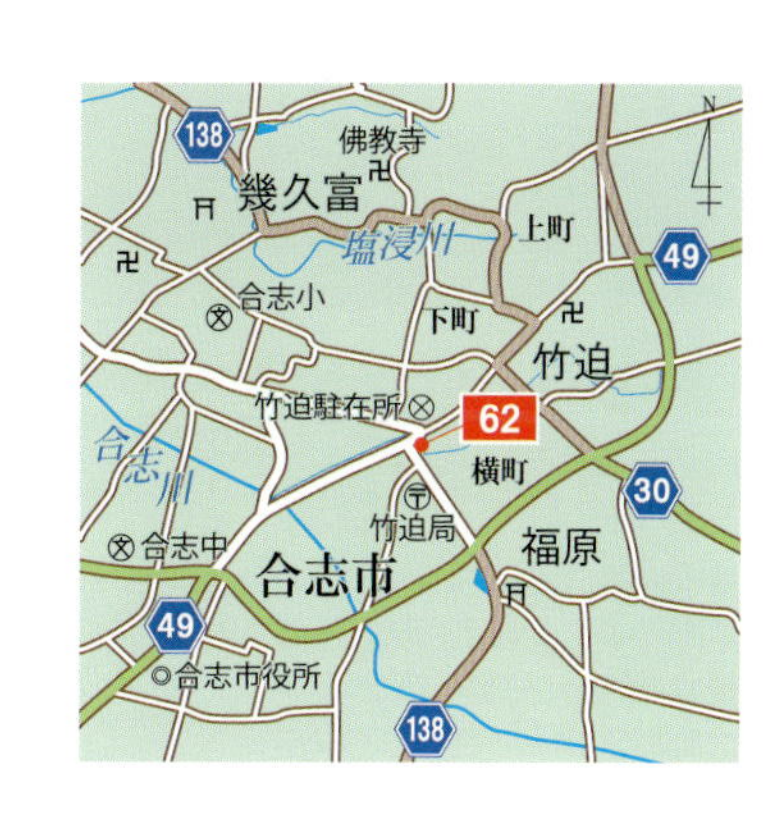

四差路の下に橋がある

■架設年　明治中期
■橋長6.1m　橋幅2.38m　橋高2.6m　径間4.25m

## 63 弘化橋（こうかばし）

菊池郡大津町真木［菊池川水系］

大津町の北東部で阿蘇外輪山の外側、矢護山麓からの流れに架かる。用材は赤肌色で二重輪石が目をひく。昭和28（1953）年に鉄筋コンクリートで路面拡幅。平成24（2012）年7月の九州北部豪雨で流域両岸を修復。橋本体は無事。

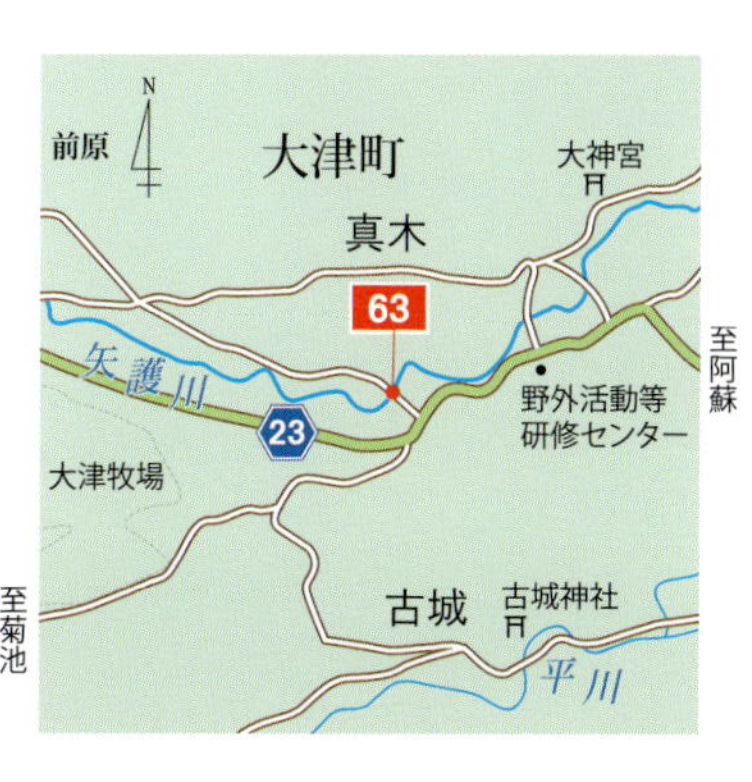


用材は赤肌色で二重輪石が目をひく

町指定有形文化財

■架設年　1845（弘化2）年
■橋長10.45m　橋幅2.3m　橋高4.1m　径間8m

## 64 洞口橋（とうぐうばし）

山鹿市菊鹿町下内田 日渡［菊池川水系］

珍しいリブアーチ構造の県内最古のめがね橋

市指定文化財

■架設年　1774（安政3）年
■施工者　菊鹿下内田村石工・仁平
■橋長7m　橋幅0.58m
　橋高2.49m　径間6.65m

珍しいリブアーチ構造の橋は、本来阿蘇黒川に架設する橋の試作品であった。太田川に架かっていたが、平成5年の大雨時に崩落、その後地元民により日渡橋下流脇の公園に復旧（一部は新石材）された。試作品とはいえ、県内最古のめがね橋、石工仁平は県内最初のめがね橋架設石工。

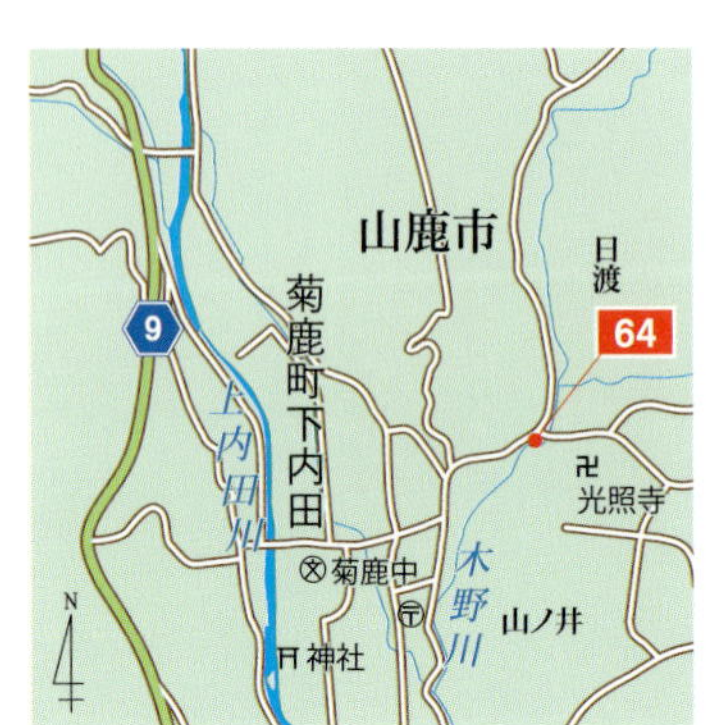


## 65 駒返橋（こまがえりばし）

山鹿市菊鹿町山内［菊池川水系］

古閑から流れ下る川に架設

■架設年　1865（元治2年）年
■施工者　今村石工・原口棟朔ほか
■橋長4.7m　橋幅2.1m　橋高3.2m　径間2.9m

内田小学校山内分校の北方に古閑から流れ下る川に架設された橋。碑には「元治二年二月出来」と彫ってあるが、碑建立は9年遅れの明治7（1874）年。輪石は二重、要石数は多い。施工主は山内村と相良村の庄屋、石工頭原口棟朔。

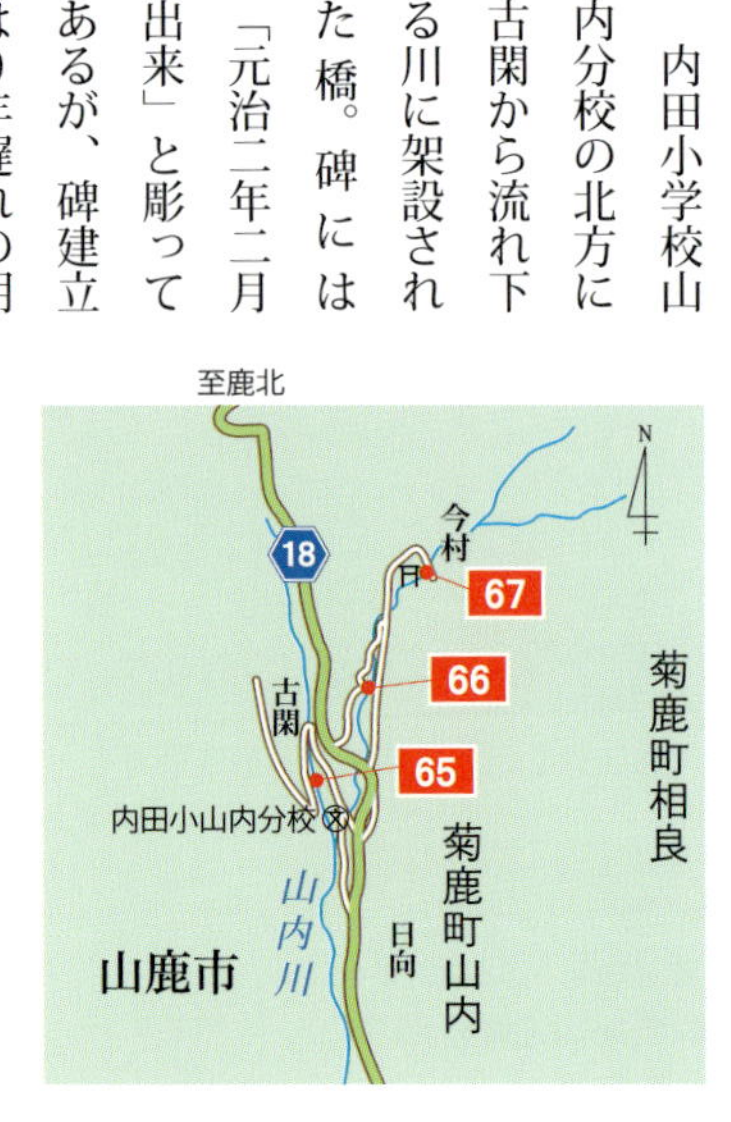

## 66 山内橋（やまうちばし）

山鹿市菊鹿町山内［菊池川水系］

かつての県道で、基礎石がっちり

新設の県道18号菊池鹿北線から今村へ分かれるあたりで、山内橋が望める。新設県道竣工前はこの橋の路面が県道だった。架設記念碑は埋まり、「山」の文字だけ読みとれる。基礎石がっちり。要石は3㎝程下げた工法。

■架設年　1917（大正6）年
■施工者　大牟田石工・山本藤市ほか、坂梨浅八、高橋久太郎、松舟辰次
■橋長6.6m　橋幅4.3m　橋高3.1m　径間3.64m
（地図はＰ54）

## 67 確巌矼（かくがんこう）

山鹿市菊鹿町山内［菊池川水系］

「矼」を付けたのは里正の内田繁太郎か

「今村の眼鏡橋」ともいう。菊池川の支流、山内川の上流の地今村に鎮座する菅原神社石段下に架設され、碑の「確巌矼」の文字がいい。山内の「萬歳矼」鹿北町多久の「化巌矼」と石造目鑑橋の意「矼」を付けた有識者は里正（庄屋）で塾を開いていた内田繁太郎か。石工は駒返橋と同様、原口棟朔。

■架設年　1871（明治4）年
■施工者　今村石工・原口棟朔
■橋長6.2m　橋幅2.05m　橋高3.15m　径間4.52m
（地図はＰ54）

# 68 迫間橋（はざまばし）

菊池市西迫間［菊池川水系］

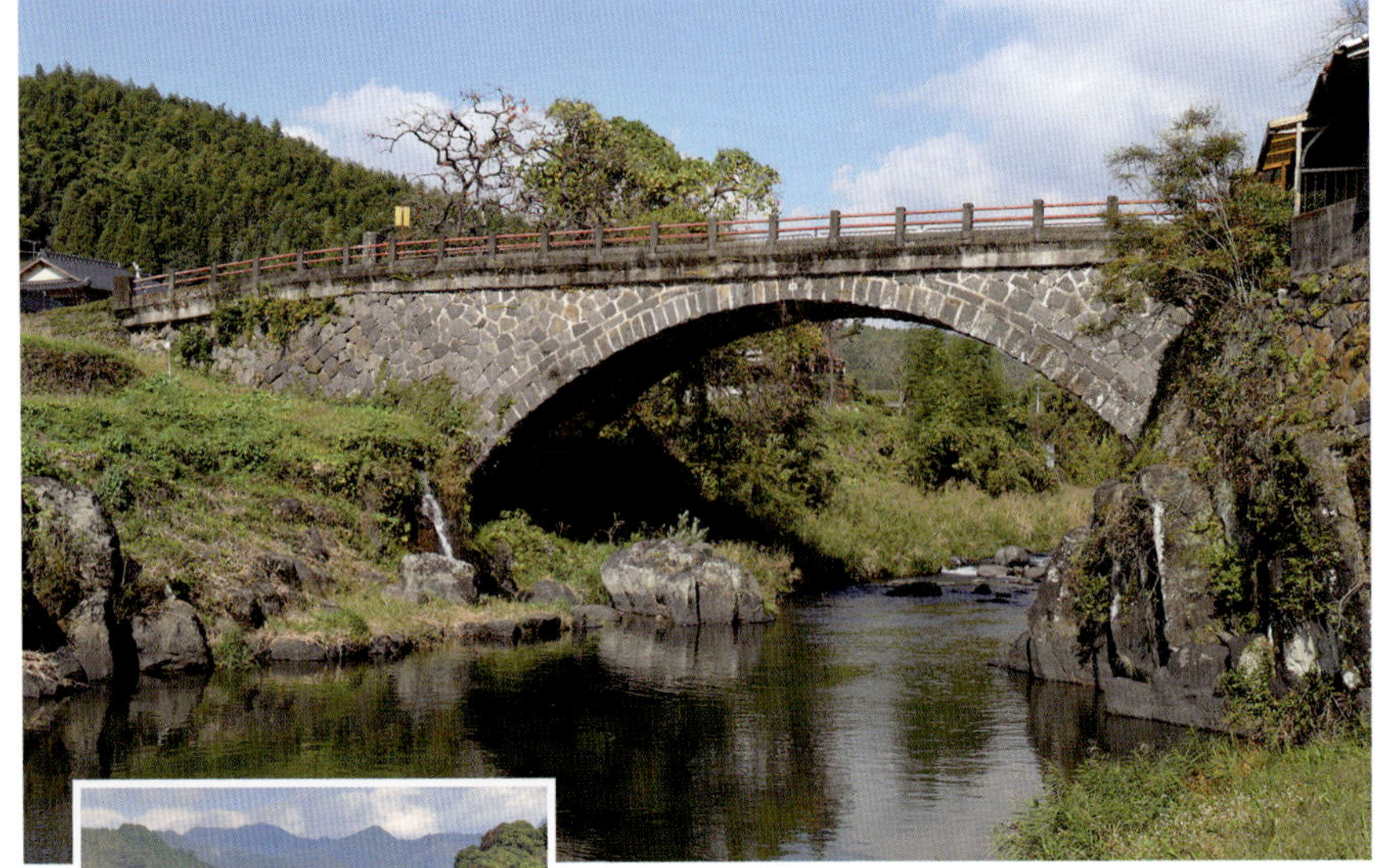

迫間川をまたいで20mアーチが対岸に伸びる

小瀑の先に扁平な石造アーチを遠望

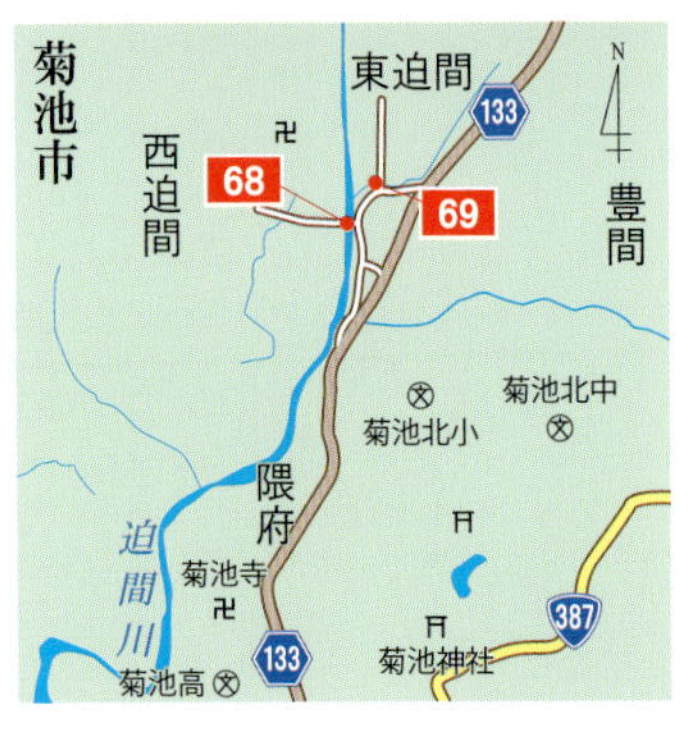


**市指定文化財**

■架設年　1829(文政12)年
■施工者　西迫間村・伊助、喜左衛門ほか
■橋長36.4m　橋幅3.35m　橋高8.7m　径間20.2m

菊池市民広場から県道133号鯛生菊池線を北方へ向かうと、迫間川沿いの地に出る。小瀑が見え、その先に扁平な石造アーチを遠望。しばらく絶景賞賛の後に橋へ近付き観察する。まず要石は左右の輪石とダボで連結、その輪石は縦2、横幅1の縦長用材を使用し、三重に同心円を描く。ただし右岸側15個、左岸側7個並んだ外側は橋脚に近づくと、縦横の比が1・5対1の用材を使用してある。扁平な橋の落下を防止するための、石工伊助の知恵と工夫であろう。迫間川をまたいで対岸へ伸びた20mアーチの心地よさを感じたら、右岸側の碑をご覧ください。隈府町の学者、城野静軒（きのせいけん）の揮毫（きごう）、気迫に満ちた崩し字、お見落としなく。

## 69 綿打橋（わたうちばし）

菊池市豊間［菊池川水系］

碑石に刻んだ「綿打橋」の崩し字が見事

■架設年　1826（文政9）年
■施工者　東迫間村・栄八
■橋長9.8m　橋幅2.2m　径間7.7m（地図はＰ56）

碑石に刻んだ「綿打橋」の崩し字が見事。それに比べ石造めがね橋の姿形が草やかずらで十分見えないのが惜しい。念入りに覗くと同石材で拡幅してある。サイズも同じで景観重視の配慮十分な点は、高く評価してよい。

## 70 仲好橋（なかよしばし）

菊池市斑蛇口（はんじゃく）［菊池川水系］

輪石数が偶数なのは珍しい

■架設年　1914（大正3）年
■施工者　富田辰蔵、富田三次
■橋長3.9m　橋幅2.6m　径間3.3m（地図はＰ59）

元は菊池市小木地区白木に架かっていた橋だが、竜門ダム左岸側の鍋谷川の下流域公園に移設復元したもの。輪石数は偶数とは珍しいが、いくつか新石材が使用されているのは移設時の都合によるものだろう。案内板がなく分かりにくい。

## 71 雪野橋（ゆきのばし）

菊池市雪野［菊池川水系］

橋の基盤は凝灰岩の柱状節理の頭部で頑丈

■架設年　1903（明治36）年
■施工者　菊川金八
■橋長24.95m　橋幅4.63m
　橋高8.8m　径間9.12m

菊池市の市民広場から北へ進み、雪野で県道133号鯛生菊池線を行きながら脇に架かる橋を見落とし、再度引き返して確認した。橋の基盤は凝灰岩の柱状節理の頭部で頑丈。輪石の川に面した側は江戸切り瘤（こぶ）出し加工。壁面は布積み。

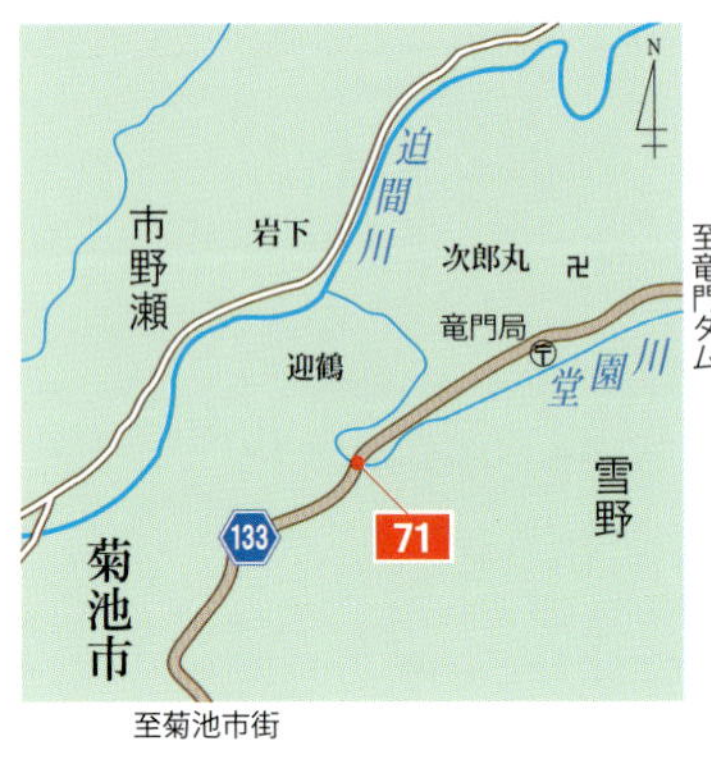


## 72 龍門橋（りゅうもんばし）

菊池市龍門［菊池川水系］

深山渓谷に架設された石造アーチ橋である。上流側の鉄筋コンクリート橋からはアーチの一部が見える。近づくと立木に遮られ、むしろアーチは見えない。それでも橋の路面は歩けるし、左岸側の碑文もはっきり読みとれる。

深い谷に架設された石造アーチ橋は孤独に見えた

■架設年　1889（明治22）年
■施工者　西木戸亀喜ほか2人
■橋長22m　橋幅4.3m　橋高12.25m　径間16.1m
（地図はＰ59）

73

# 虎口橋（こくばし）

菊池市龍門［菊池川水系］

左岸側に碑文が残る

■架設年　1850(嘉永3)年
■施工者　仙左衛門、伊助、幸兵衛
■橋長24.85m　橋幅4.48m　橋高16.82m　径間15.6m

下流の橋名は龍が付き、今度は虎と勇猛な動物名が並ぶ。ところで、この橋周辺は竹林で全景を眺めようと探し回ったけれど、適当な場所が探せず苦労した。左岸側に残る碑文は十分読み取れたのでひと安心。

## 74 長野橋（ながのばし）

菊池市龍門［菊池川水系］

この橋はアーチ上の石積みが厚い

■架設年　1910（明治43）年
■施工者　菊池石工・辻仁平
■橋長6.5m　橋幅4.3m　橋高5.2m　径間5m
（地図はＰ59）

迫間（はざま）川をさかのぼり、竜門ダムが見えるあたりに虎口橋あり、その右手（左岸側）の道を少し行くと谷川を渡る。この橋が長野橋でアーチ上の石積みが厚い。アーチ下は花崗（かこう）岩。橋を北へ渡り左折したら竜門ダムへの道。石工辻仁平の子孫には、東陽石匠館を来訪されたとき会ったことがある。

## 75 鳳来橋（ほうぎばし）

菊池市斑蛇口（はんじゃく）［菊池川水系］

鳳来集落にある

■架設年　1906（明治39）年
■施工者　葛原仙七、原田亀次郎、原田市平、有働徳治郎
■橋長10.3m　橋幅4.8m　径間9.5m

迫間川をさかのぼり、竜門ダムより上流の集落、鳳来の中の単一石造アーチ橋。ここは大分県境近くである。碑の横に「明治三十九丙午年七月竣成」と刻され「ひのえうま」に出来た「ほうぎ」橋だと判明。世話人の名は「淺敷野三太郎」と珍しいお名前だ。

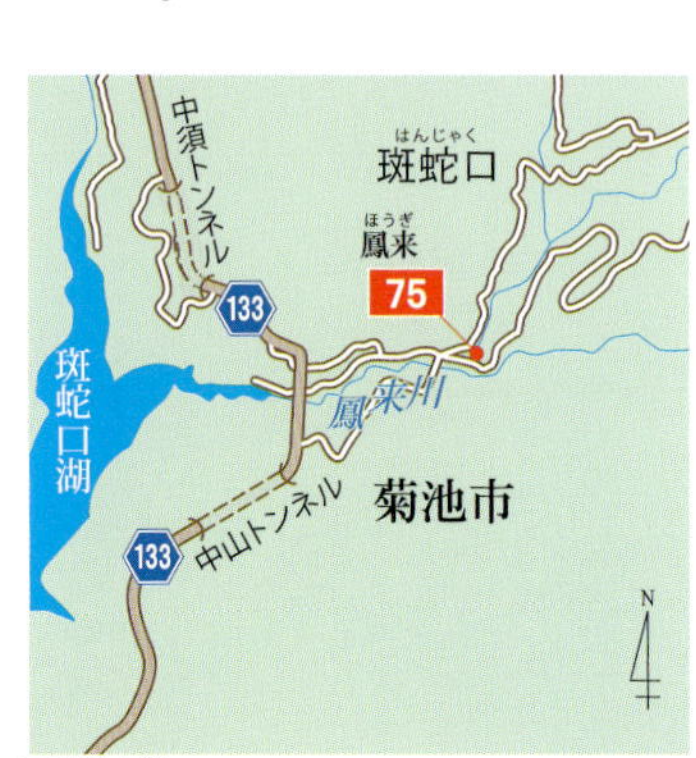

至菊池市街

## 76 相生橋（あいおいばし）

菊池市亘［菊池川水系］

菊池川の中洲に一つ残るめがね橋

■架設年　1852（嘉永5）年
■橋長9.8m　橋幅5m

菊池川は市街地の南側を流れるあたりで広がり中洲をつくった。ここに石造アーチが一つ残る。ちなみに江戸後期には亘（わたり）側の流れと藤田側の流れにそれぞれ二連アーチが架設され、壮観五連の石造アーチ時代があった。ただし、地盤が弱いのか連続アーチは何度も崩れたと聞く。

## 77 岩下橋（いわしたばし）

菊池市四町分（しちょうぶ）［菊池川水系］

新しい平岩橋の下にこの橋が低く架かる

■架設年　1872（明治5）年
■橋長9.5m　橋幅2.5m
　橋高6.43m　径間7.68m

菊池市街地の南東から流れてくる河原川をさかのぼる。四町分（しちょうぶん）の上流へ行くと新しい平岩橋の下にこの橋が低く架かる。古い橋で現在は廃橋、しかも平成24（2012）年夏の水害で右岸側半分は壁石が流れ、輪石むき出し。修復待ちの姿。

78

たてかどばし
# 立門橋

菊池市重味 立門［菊池川水系］

右岸側の取付道路部分が城壁のように見える

熊本県指定重要文化財

■架設年　1860（安政7・万延元）年
■施工者　矢部手永小野尻村・宇市
■橋長36.6m　橋幅3.7m
　橋高10.2m　径間20.4m

菊池市中心部を東へ抜け10㎞程行った分岐点で、直進すれば菊池水源へ、左折すれば兵戸峠（ひょうど）へ。左へ、ほんの少し入ると立門橋が城壁のように見える。城壁に見えたのは右岸側の取付道路部分で、大きなアーチが鉾（ほこ）の甲（こう）川をまたぐ。種山石工宇市、丈八の手による基本に忠実な輪石組み立てや切り込み接ぎの壁面に見ほれる。壁面を何気なく見ていると赤茶色の石もある。宇土半島北側に産する馬門石と思われがちだが、何万年も昔に阿蘇が噴火したときの火砕流が冷えて固まった溶結凝灰岩で、近くで採石されたもの。

夕日に照らされた立門橋

種山石工宇市・丈八の手による壁面は見事

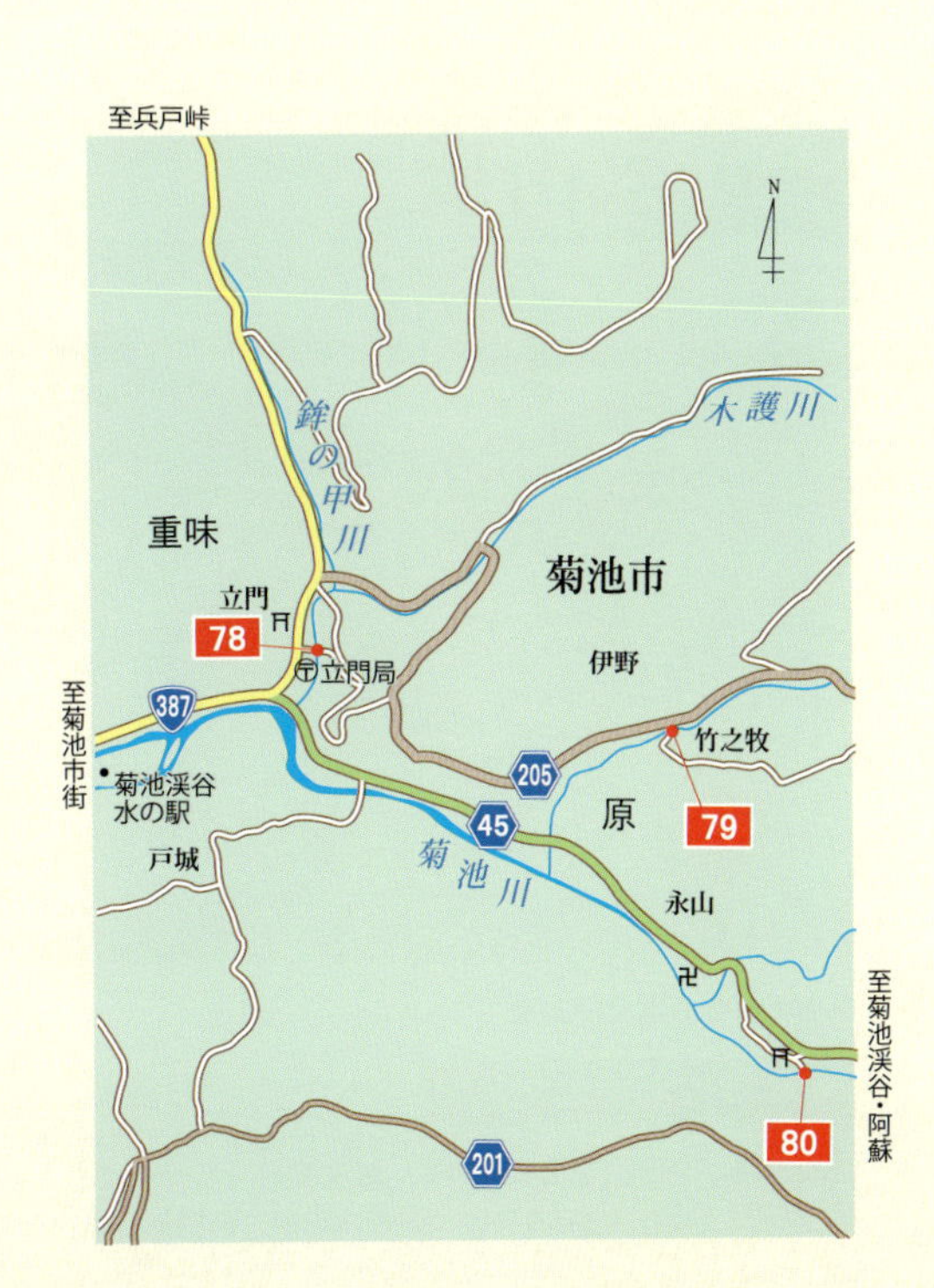

## 79 竹之牧橋

たけのまきばし

菊池市原［菊池川水系］

橋本体は竹や雑木の繁みで見えづらい

立門橋の北の橋を渡り、県道205号原立門線を東へ2㎞。赤星商店のすぐ先、右下にコンクリート製手すりは見えるが、橋本体は竹や雑木の繁みで見えづらい。

■架設年　1824(文政7)年
■橋長11m　橋幅4.9m　径間3.9m(地図はP63)

## 80 永山橋

ながやまばし

菊池市原［菊池川水系］

高欄の装飾も上々の出来

江戸後期に架設されためがね橋が流失したので、明治11年に東京帰りの種山石工橋本勘五郎の手で600m上流の現在地に新規架設された。南側の山の斜面を下った旧道に架けてあるが、橋下は凝灰岩の柱状節理が見え、支保工設置も大変だったろう。橋本体は元より高欄の装飾も上々の出来映えだ。

熊本県指定重要文化財

■架設年　1878(明治11)年　■施工者　八代種山石工・橋本勘五郎
■橋長21.14m　橋幅4.7m　橋高14.8m　径間20.4m(地図はP63)

# 熊本県中部

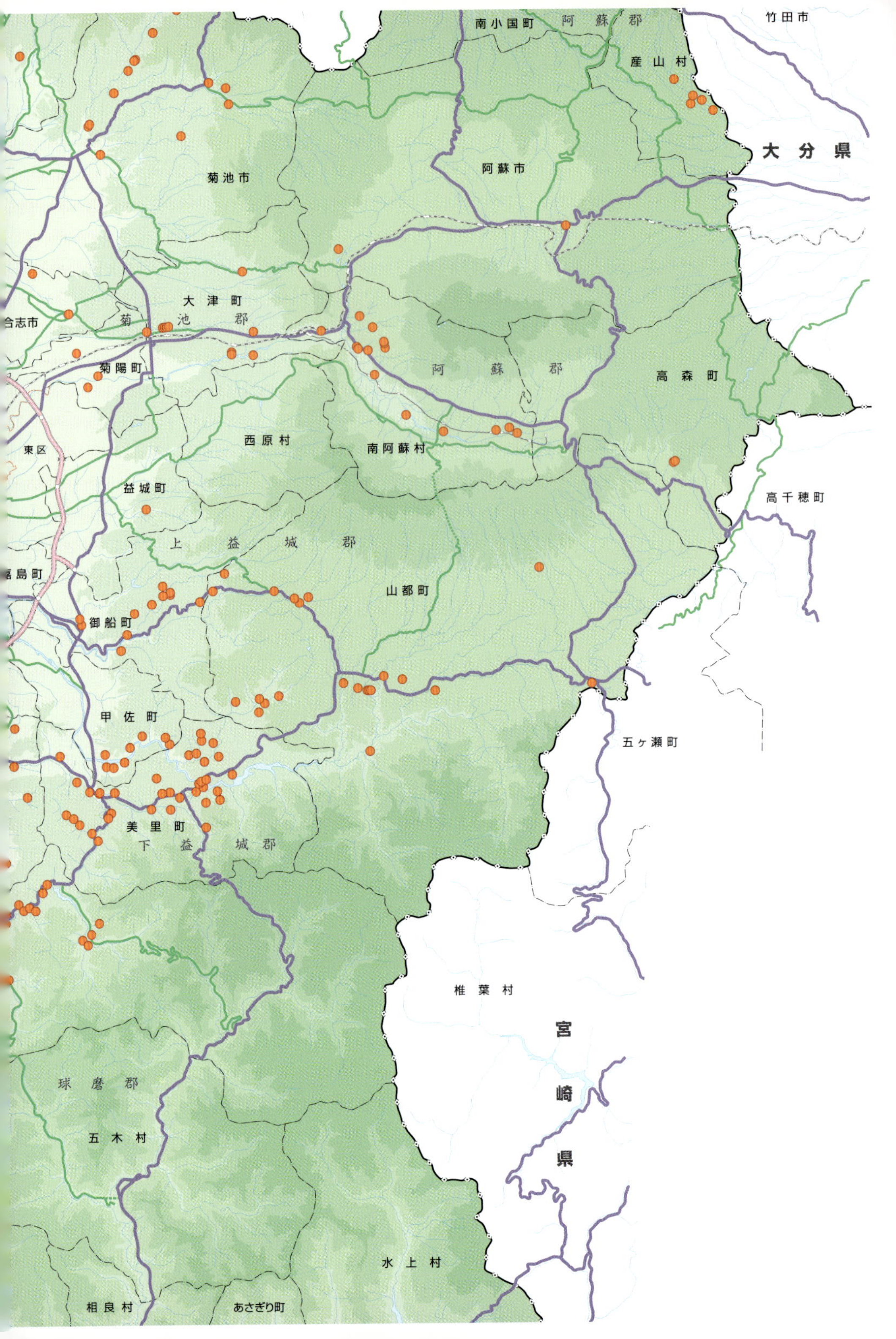
南小国町
阿蘇郡
竹田市
産山村
大分県
阿蘇市
菊池市
大津町
菊池郡
合志市
菊陽町
阿蘇郡
高森町
東区
西原村
南阿蘇村
益城町
高千穂町
上益城郡
山都町
嘉島町
御船町
甲佐町
五ヶ瀬町
美里町
下益城郡
椎葉村
宮崎県
球磨郡
五木村
水上村
相良村
あさぎり町

# 県央のめがね橋分布図

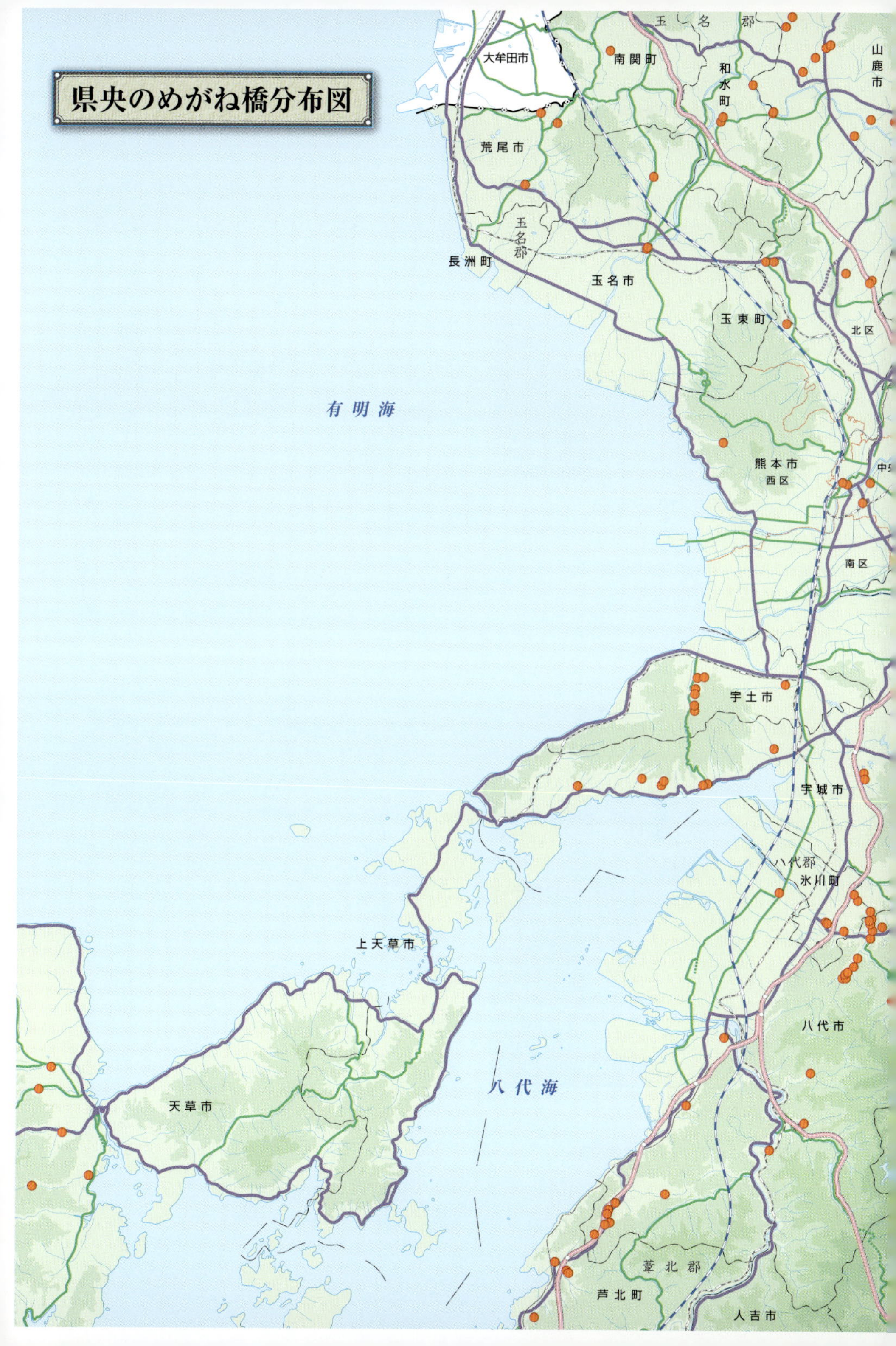
玉名郡
大牟田市
南関町
和水町
山鹿市
荒尾市
玉名郡
長洲町
玉名市
玉東町
北区
有明海
熊本市
西区
南区
宇土市
宇城市
八代郡
氷川町
上天草市
八代市
天草市
八代海
葦北郡
芦北町
人吉市

## 81 鮎帰橋（あゆがえりばし）

熊本市西区河内町河内［河内川水系］

橋を潜った水は轟音たてて滝壷に

■架設年 1846(弘化3)年
■橋長12.3m 橋幅6.5m 径間7.9m

金峰山の西麓、河内川と県道101号植木河内港線が交差する地点に架かる。橋を見るには下流側がよい。石造アーチは拡幅され、その後路面を鉄筋コンクリートで拡幅した。橋を潜った水は轟音たててすぐ下流の滝壷へ流れ落ちる。

## 82 中松尾橋（なかまつおばし）

熊本市中央区南熊本5丁目［坪井川水系］

かつては金峰山の南麓にあった

■橋長7.5m 橋幅1.7m 径間6.7m

JR豊肥本線南熊本駅近く。大井手の分水、一の井手が寺田公園を流れる地点に移設復元された橋。元は金峰山の南麓松尾八幡宮前に架かっていたが、昭和32（1957）年の水害後、松尾川改修時（昭和39年）に解体、現在地に復元された。

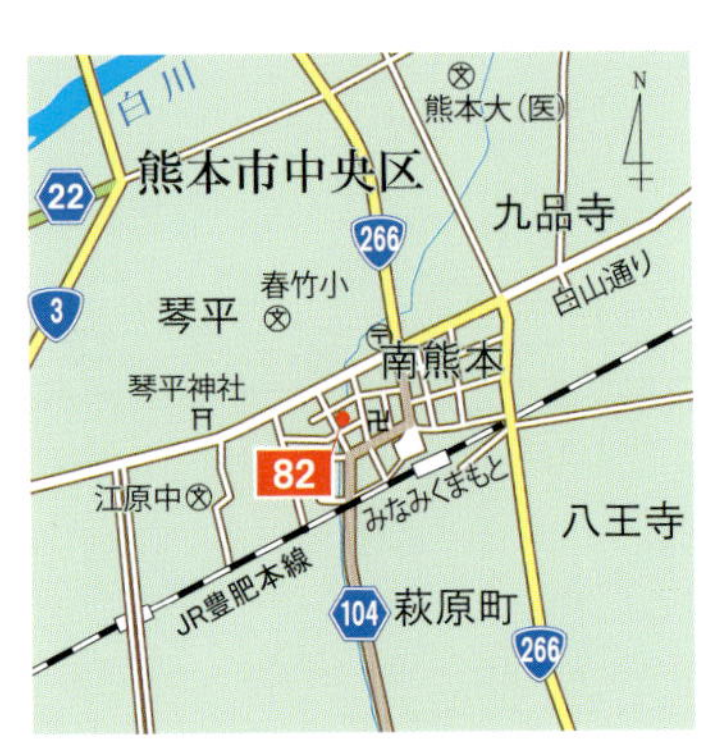

83

めいはちばし
# 明八橋

熊本市中央区西唐人町［坪井川水系］

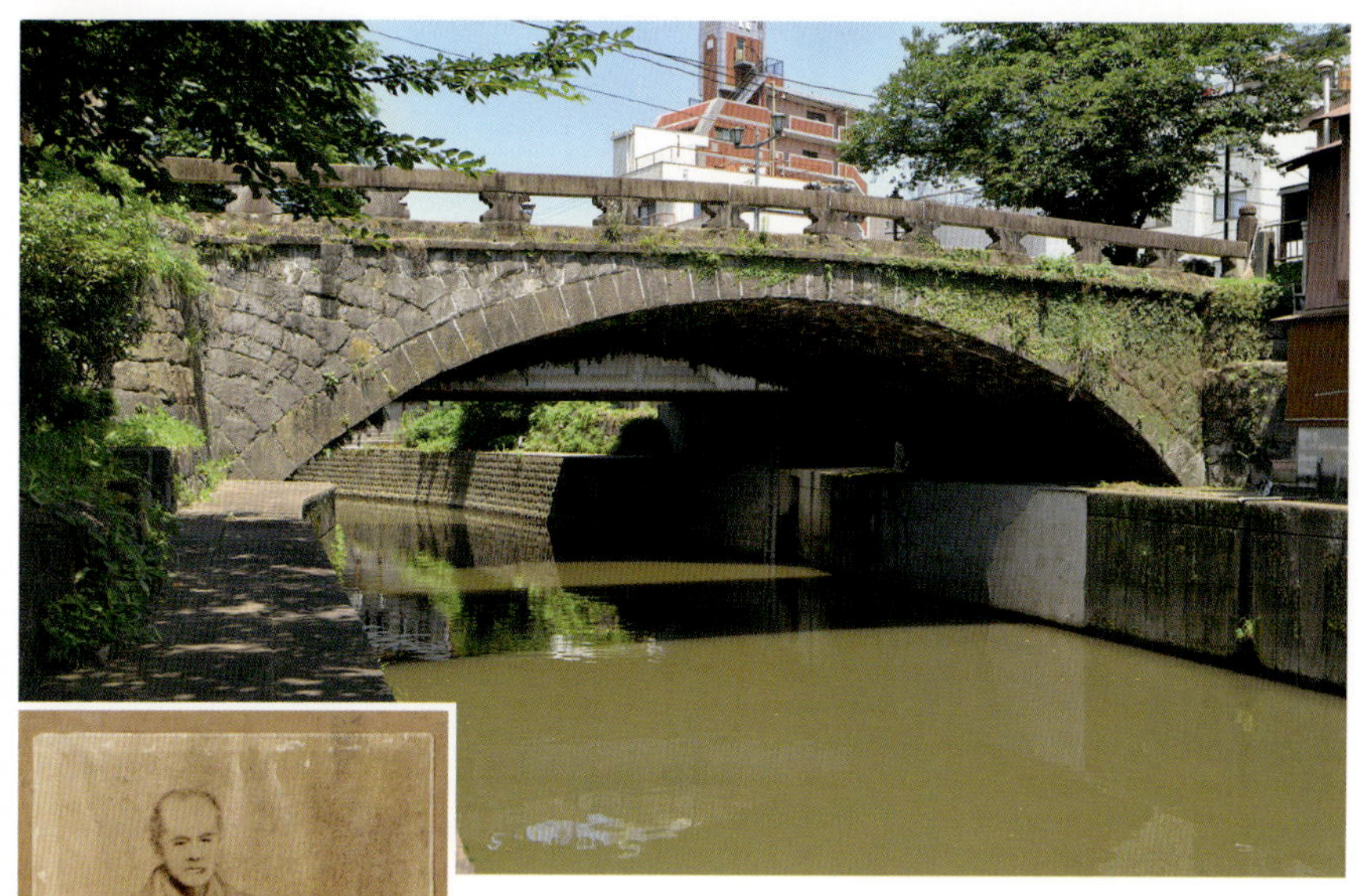

扁平度は県内随一

■架設年　1875(明治8)年
■施工者　橋本勘五郎
■橋長21.4m　橋幅7.2m　径間17m

橋本勘五郎

熊本市街地をゆっくりと流れる坪井川に、扁平度県内随一の目鑑橋が影を落とす。種山石工橋本勘五郎は東京での架設工事を終えて明治7（1874）年夏帰郷。次の年、この橋の架設工事に着手。上京中に車社会の到来を予感したのだろう、路面は平盤に設計し幅員も十分余裕を持たせた。近くの老舗履物店武蔵屋の主人に「漱石は下駄履いて渡ったでしょうか」と問うたら、「そら、渡ったでしょな」との返事。何かに記録は残っていないか。ちなみに私は藤崎八旛宮秋季例大祭の行列が渡る賑わいを撮影した経験がある。

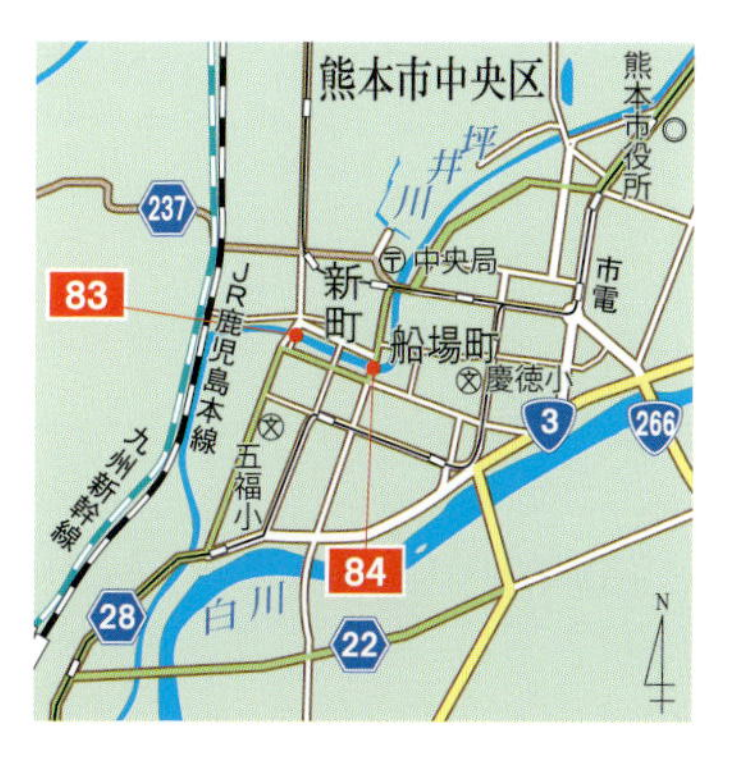

## 84 明十橋（めいじゅうばし）

熊本市中央区西唐人町［坪井川水系］

坪井川が船場町付近の市街地を南下し、西に折れた地点に架かる。西南戦争後に種山石工橋本勘五郎らが手掛けた。壁面の赤茶色の石材は金峰山南麓の松尾から坪井川を舟便で運んだものらしく、領収書が残っている（橋本家文書）。明治26年に修復されているが詳細は不明だ。

写真後方に見える建物は、国登録有形文化財に指定されている旧第一銀行熊本支店。

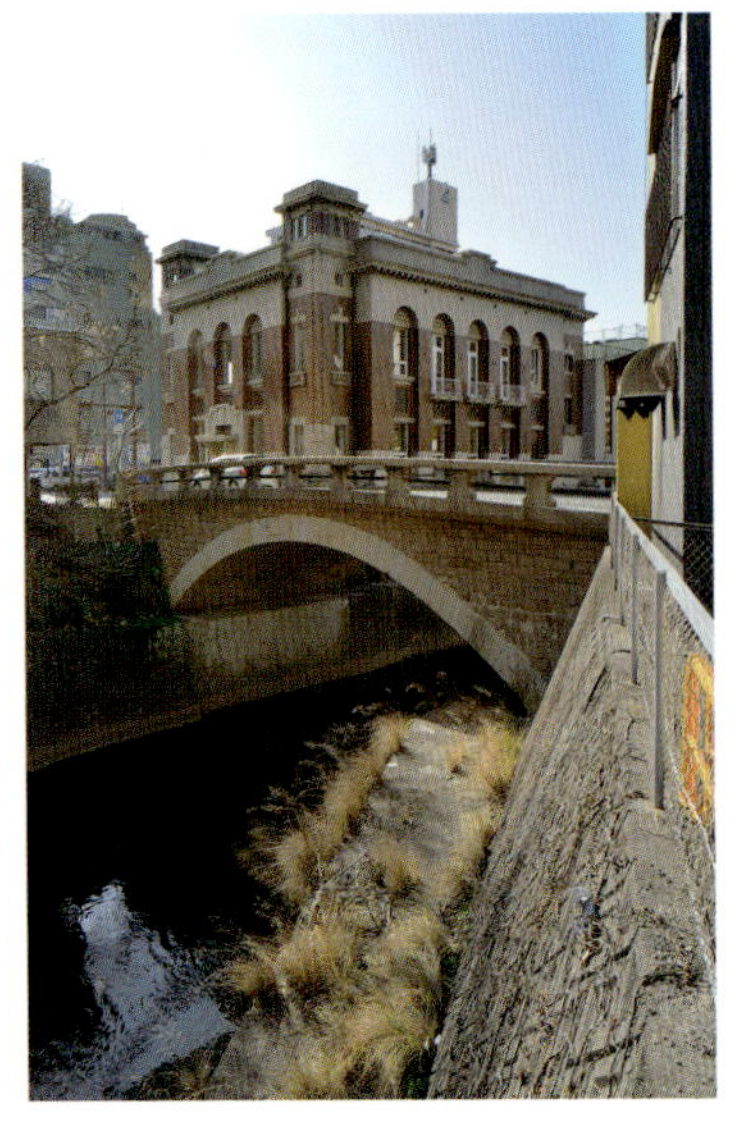

明十橋と旧第一銀行支店の建物がレトロな雰囲気を漂わせる

■架設年　1877（明治10）年
■施工者　橋本勘五郎
■橋長22.7m　橋幅7.9m　径間15.8m

（地図はＰ69）

## 85 入道水眼鏡橋（にゅうどうみずめがねばし）

菊池郡菊陽町津久礼［坪井川水系］

瀬田上井手に架設されていた頃は、その存在を知る人が少なかった。解体して菊陽杉並木公園に移設復元後は、池の中に両翼を伸ばした構造が人目をひき、手すりが設置されて遊園地として利用する人が増えた。

池の中に両翼を伸ばした姿が人目をひく

町指定有形文化財

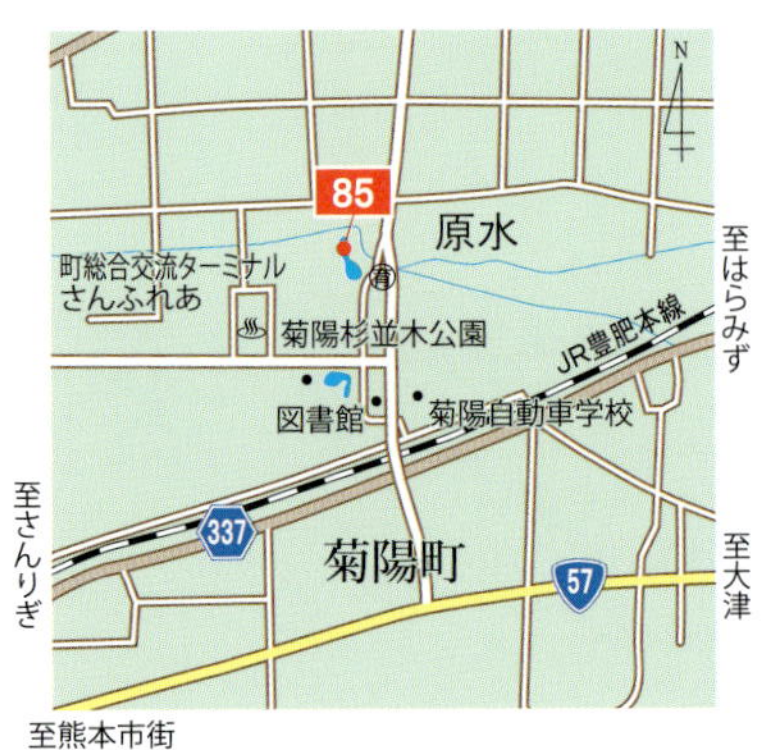

こがばるめがねばし
## 86 古閑原眼鏡橋

菊池郡菊陽町原水［坪井川水系］

橋脚部は赤味を帯びた2・2mの岩上に構築されているのが珍しい。アーチの下は白川から取水した上井手が流れ、地蔵橋・光尊寺門前橋・松古閑橋・大願寺橋・井手上橋（塔の迫橋）・西鶴橋と石造りの橋をいくつも潜り古閑原橋へ。

橋脚部が大きな岩の上に構築されている

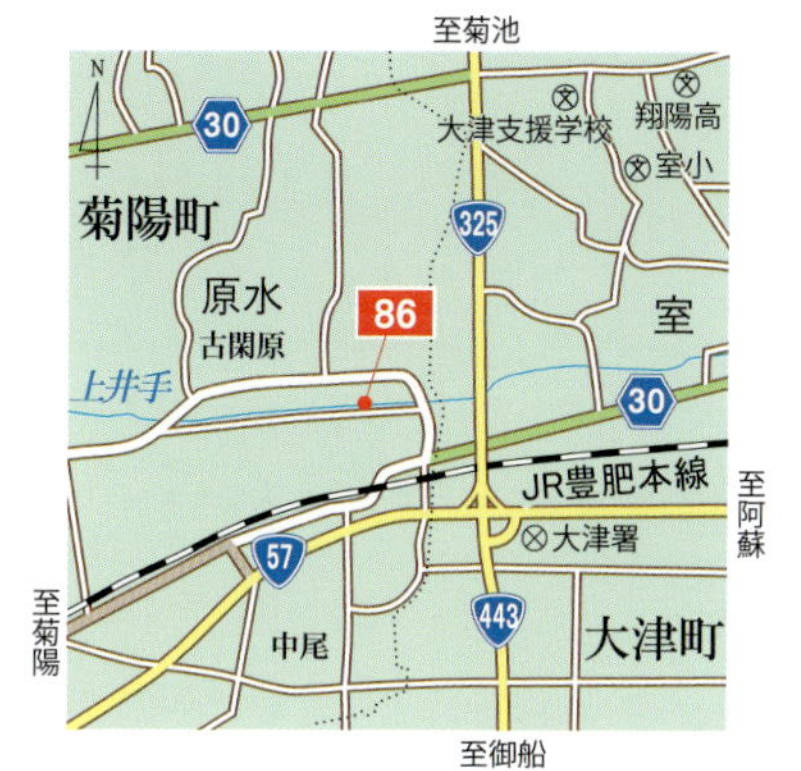


町指定有形文化財

■架設年　1838(天保9)年　■施工者　鹿本石工・貞助
■橋長6.7m　橋幅2.2m　径間4.9m

いでうえばし
## 87 井手上橋

菊池郡大津町室［坪井川水系］

上流側から橋の構造を覗くと、細長い石柱3本の頬杖橋が見えるが、これは井手上橋。その次は石造めがね橋で主役の塔の迫橋。その奥は見えないが、路面を見ると平板の鉄筋コンクリート橋。まるで三様の橋がスクラムを組んだ感じ。庄屋武兵衛と地元・猿渡の石工吉衛の名が刻まれている。

上流側は石造アーチが望める

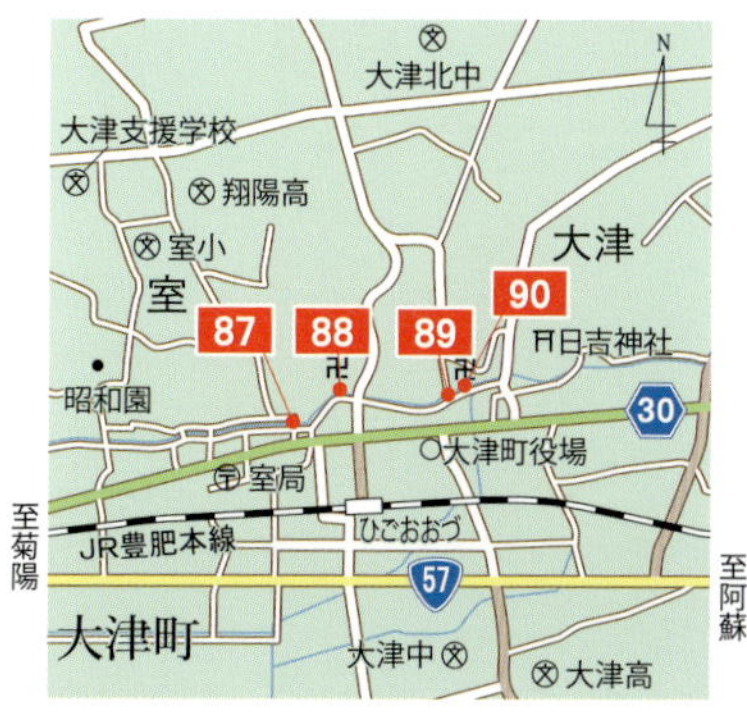


町指定有形文化財

■架設年　1817(文化14)年
■施工者　猿渡吉衛
■橋長5.1m　橋幅3.3m　径間4.7m

## 88 大願寺橋（だいがんじばし）

菊池郡大津町室［坪井川水系］

手すりは新しいが、石造アーチ本体は建設時のまま

■橋長5.8m　橋幅2.2m　径間5.5m
（地図はＰ71）

『大津町史』によれば、大願寺は「通称下町を抜けて上井手沿いに、宿場町づくりのため移住した住民安定のため、慶長16（1611）年に加藤清正が創建した」そうだ。その大願寺の門前に架かる橋のアーチ本体は架設時不明（上流の光尊寺門前橋が文化年間だから、推測すれば文化・文政の頃か）。手すりはコンクリート製で新しい。

## 89 松古閑橋（まつこがばし）

菊池郡大津町大津［坪井川水系］

瀬田上井手の目鑑橋で生き残った橋の一つ

瀬田上井手に架設された目鑑橋は、上流から地蔵橋（じぞうばし）。やや離れて吐丹保（はきたんぼ）橋・銃隊場（じゅうたいば）橋・後迫（うしろざこ）橋・鶴口（つるぐち）橋の4橋は現存せず、次の光尊寺門前橋と松古閑橋は現存。松古閑橋の石材は暗灰色と赤茶色の溶結凝灰岩。

さらに下流へ宮馬場橋●、大願寺橋、井手上橋(塔の迫橋)、袋小路橋●と続く（●印は現存せず）。

**町指定有形文化財**

■橋長5m　橋幅2.5m　径間2.3m
（地図はＰ71）

## 90 光尊寺橋（こうそんじばし）

菊池郡大津町大津［坪井川水系］

約200年の歴史があり、古い親柱が大切に残されている

**町指定有形文化財**

■架設年　1815(文化12)年
■橋長6.2m　橋幅2.1m　橋高2.9m（地図はＰ71）

橋の脇の案内板には上井手の歴史や光尊寺開基の話を詳細に記してある。上井手には数多くの石造目鑑橋が架設されたが、現存橋は少ない。光尊寺橋は文化12年と古く約２００年の歴史あり。古い親柱が大切に残されており、それには「山鹿郡下内田村石工」と刻されているが名前の個所が欠落しているのがまことに惜しい。

## 91 地蔵橋（じぞうばし）

菊池郡大津町大林［坪井川水系］

石造アーチは上流側から眺められる

**町指定有形文化財**

■橋長7.5m　橋幅4.4m　径間6m

下井手に架かる樋口橋（といのくちばし）を渡り、坂を登ると、上井手に架かるこの橋がある。路面が狭いため、人や車は平行して架かる幅員十分の鉄筋コンクリート橋を渡る。近くに地蔵尊をまつってあるので橋の名称になっている。

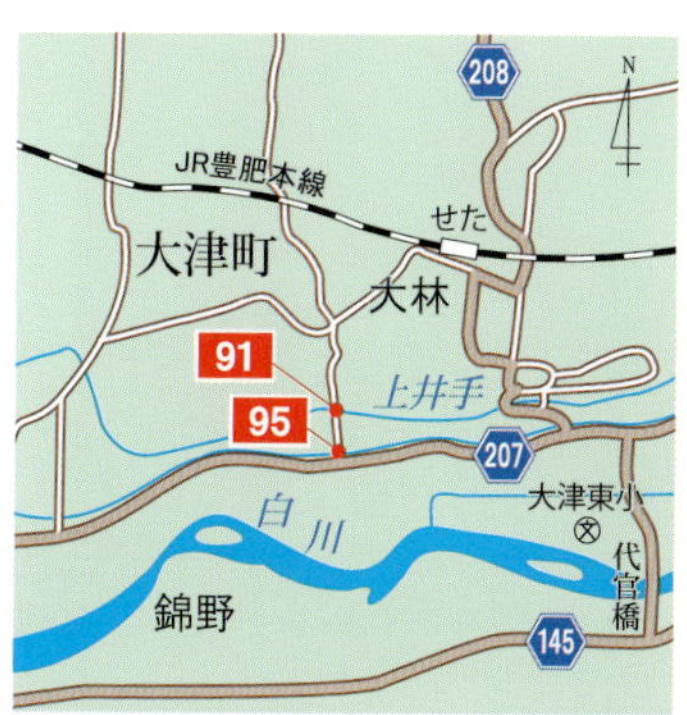

## コラム 渡・根・留とは

矢部手永の惣庄屋布田保之助に招かれた八代石工岩永三五郎は、その地で2基の目鑑(めがね)橋を架けた。はじめ男成川目鑑橋（現聖橋）をかけ、翌年下馬尾(げばお)川目鑑橋（現浜町橋）を架設した。

下馬尾川目鑑橋は、大正年間に輪石風に造ったコンクリート・ブロックで拡幅した。その様子を川の中からイラストに描いてみた。

橋脚部から上へ眼を移すと、石造りアーチはわずかに細くなり理に適っているが、コンクリート造りの方は同じ幅。

架設時の記録を古文書で読み取ると、男成川目鑑橋の場合は「渡拾壱間　根弐間半　留弐間」と記されている。「渡(わたり)」とは径間のことで、「根」は橋脚部の幅、「留(とめ)」は要石を納める位置の幅を指す。

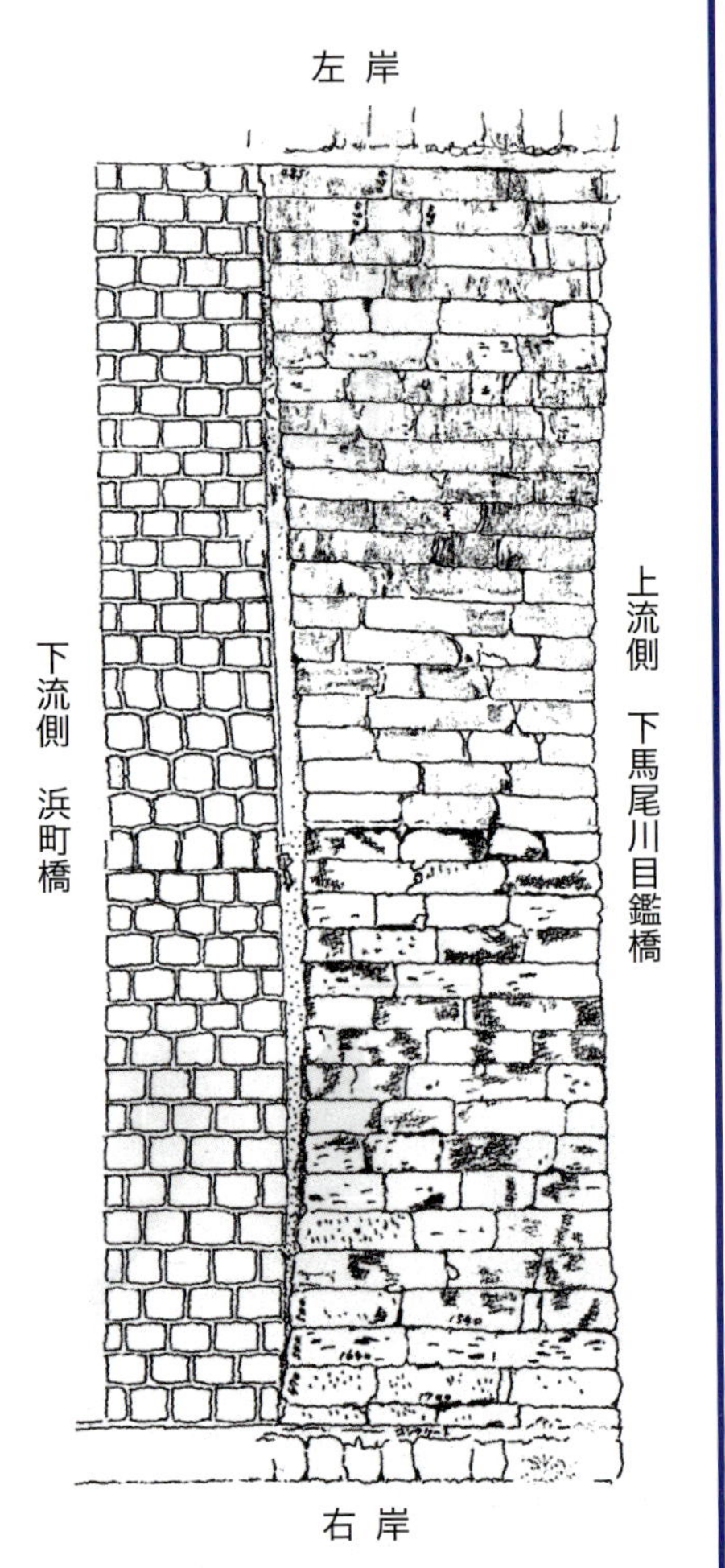

現在の浜町橋

## 92 大井手橋（おおいでばし）

熊本市中央区九品寺1丁目［白川水系］

白川が熊本市中央区の渡鹿堰から取水され、大井手と呼ばれ、新屋敷町から大江町へ流れる。この井手に架かる石造めがね橋は、明治35（1902）年に白川対岸の安政町から安政橋を渡って水前寺町へ軽便鉄道が敷設されたとき拡幅された。そのときの碑が右岸脇に現存する。

かつては、機関車が通っていた

■架設年　1903（明治36）年拡幅
■橋長　初め4.8m／現在6m　橋幅　初め3.6m／現在6.3m　橋高4m　径間4.4m

坪井川
303
3
水道町
白川
大井手
145
産業道路
熊本市役所
白川小
九品寺交差点
九品寺一丁目
慶誠高
九州学院高
92
尚絅短大・高・中
熊本市中央区
28
266
熊本大（医）
豊肥本線
至健軍

## 93 井口眼鏡橋（いぐちめがねばし）

菊池郡菊陽町辛川（からかわ）［白川水系］

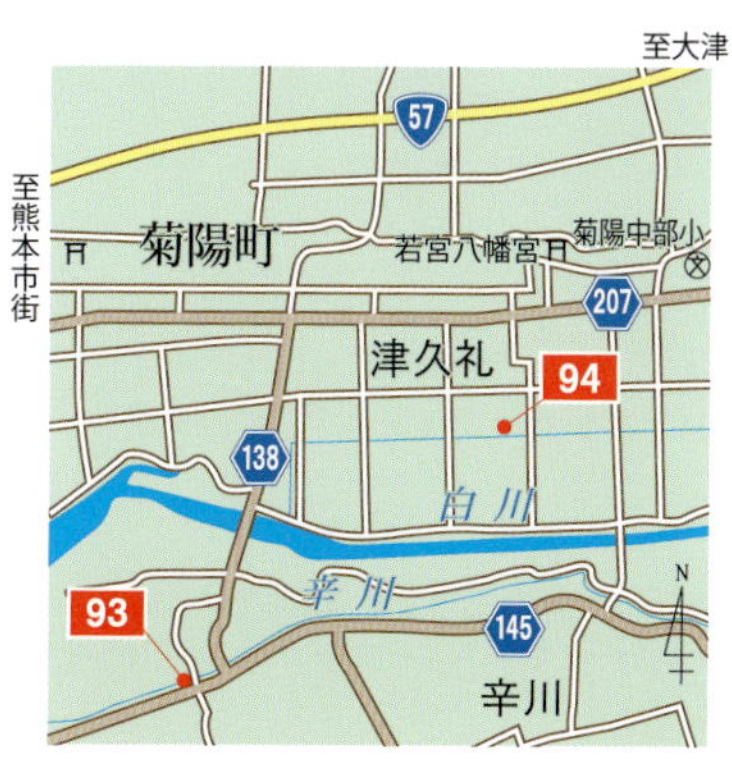


熊本県内のめがね橋架橋初期は輪石の連結にダボ石使用例が見られる。熊本市北区植木町の豊岡橋や上益城郡御船町の門前川橋が好例で共に架設200年を超える。井口の橋も同様であろう。上流側は同石材・同サイズのアーチで拡幅されている。

昭和初期までは重要な生活道だった

町指定有形文化財

■橋長6.7m　橋幅3m　橋高2.4m　径間6.5m

## 94 上津久礼眼鏡橋（かみつくれめがねばし）

菊池郡菊陽町津久礼［白川水系］

瀬田井手の川底は高く（写真左）、溢水は津久礼井手側に落ちる構造（写真右）

**町指定有形文化財**

■架設年　創建1838(天保9)年／再建1868(慶応4・明治元)年
■施工者　戸次村・治助
■橋長14m　橋幅2.6m　橋高3.1m　径間7.3m(地図はＰ75)

右岸小アーチ下は瀬田井手が流れ、左岸大アーチ下は津久礼井手が流れていた。瀬田井手の川底は高く、溢水（いっすい）は津久礼井手側に落ちる構造に施工されている。圃場（ほじょう）整備後に水路は移動したが、遺構として現地に保存された。ヨドガワツツジの咲く頃は、花を近くに見て遠くに阿蘇の山並みを望むと、二連アーチを中に据えた平面構成の絵となる。

## 95 樋口橋（といのくちばし）

菊池郡大津町大林［白川水系］

橋の下流側に、上井手の水を南側の水田に流す樋を付設

(地図はＰ73)

白川水系で最古の灌漑用水は瀬田で取水した下井手。加藤清正が肥後に入国した翌年の天正17（1589）年築造と聞いた。この用水が大林を通過するときに樋口橋を潜る。その樋口橋の下流側には後に右岸側に出来た上井手からの分水を左岸（南）側水田に流水樋（とい）が付設された。そこから橋の名を「といのくちはし」と呼ぶようになったそうだ。

## 96 ふどうだにばし 不動谷橋

菊池郡大津町瀬田［白川水系］

国道57号が大津町中心街を東に抜けて4㎞進むと、北の林の中へ旧道が残る。その廃道は「へ」の字形で中央部に意外と大規模な石造アーチが残り、下は大小の転石多数の不動谷川。アーチ上部は側厚大で、橋幅は後年60㎝増幅され5mに。

林の中の廃道に意外と大規模な石造アーチが残る

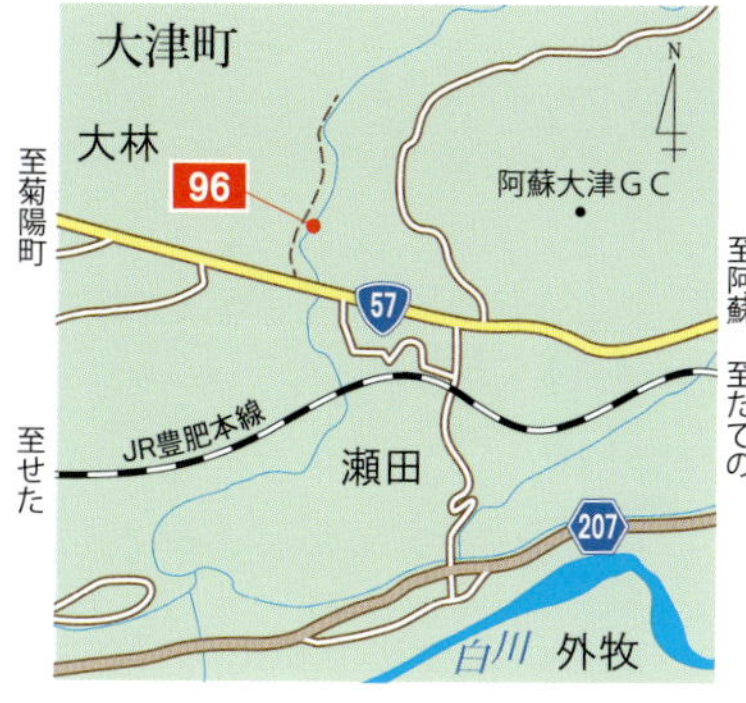


■架設年　1884(明治17)年
■橋長14m　橋幅　創建時4.4m／後5m
　橋高9m　径間9.06m

## 97 くりきけいりぐちばし 栗木家入口橋

菊池郡大津町外牧［白川水系］

集落内に南から北へ緩やかな傾斜水路があり、その途中に架かる。一見平板な構造の橋で、下から覗くと下流部は石造アーチ。上流部はコンクリート拡幅。「南隣は江戸期の代官屋敷跡だそうです」と栗木家当主。

「先代ならば橋の由来を詳しく…」とご当主

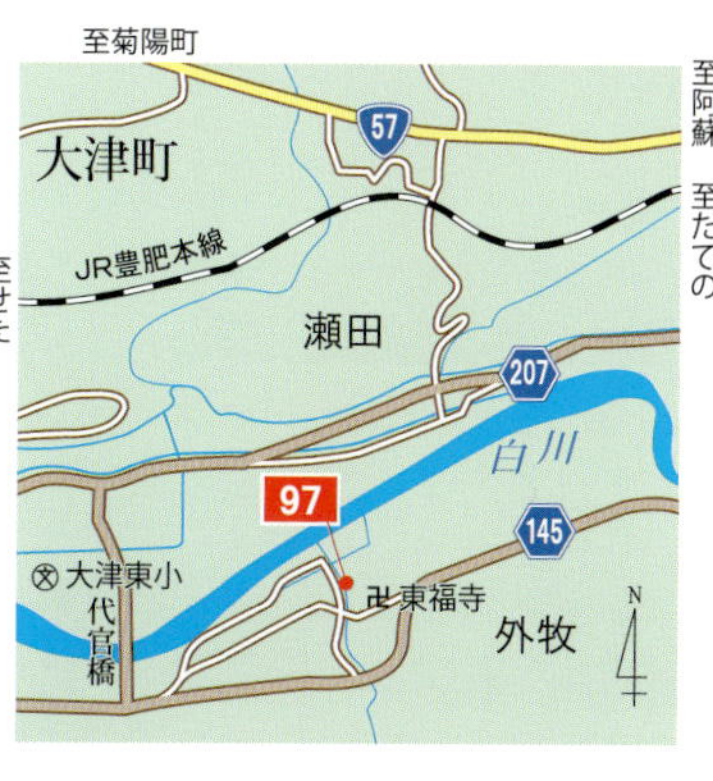


■橋長2.5m

まいどうばし

# 98 舞堂橋

阿蘇郡南阿蘇村立野［白川水系］

立野集落の北側の山から流下する九電放水路が立野保育園西側を通り、旧県道下を潜るところに架かる。珍しくアーチ上には民家あり(現在は無人廃屋)。下流側からのぞくと、五角形輪石がアーチを作り、セメント練り積み工法のトンネル様式だ。

珍しくアーチ上には民家がある

■橋長6.5m　橋幅21.7m
橋高3.6m　径間3m

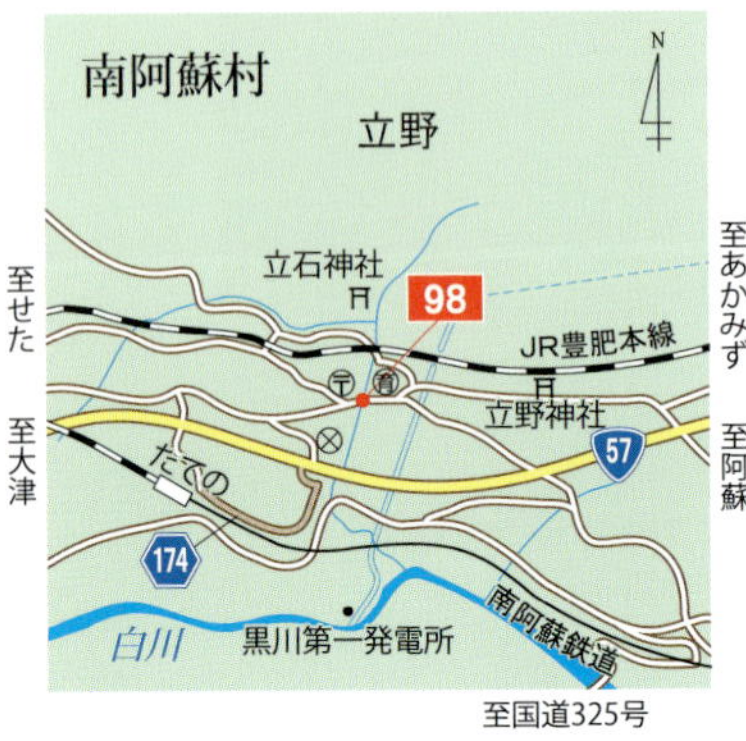


ぜにがめばし

# 99 銭瓶橋

阿蘇郡南阿蘇村河陽［白川水系］

現在標識に「床瀬川橋(とこせがわばし)」と記してあるが、以前は「銭瓶橋」だった。大正時代の作らしく輪石は江戸切り瘤(こぶ)出しの丁寧な加工が施され、壁石は水平に並べた布積み。川底は転石(てんせき)散乱し水音賑やか。

大正時代の作らしく、輪石は丁寧に加工

村指定有形文化財

■架設年　1918(大正7)年
■橋長15.4m　橋幅5.5m　橋高5.9m　径間9m

## 100 殿塚橋（とのづかばし）

阿蘇市的石［白川水系］

阿蘇外輪山の内側、赤水から二重峠への上り口より内牧方面へ1㎞進むと殿塚。民家が数軒見え始めたあたりの道路下に石造眼鏡橋風の暗渠（あんきょ）あり。石材は灰色と赤肌色の2種類で、加工は荒い。地域住民の話では昭和20年代の架設らしい。

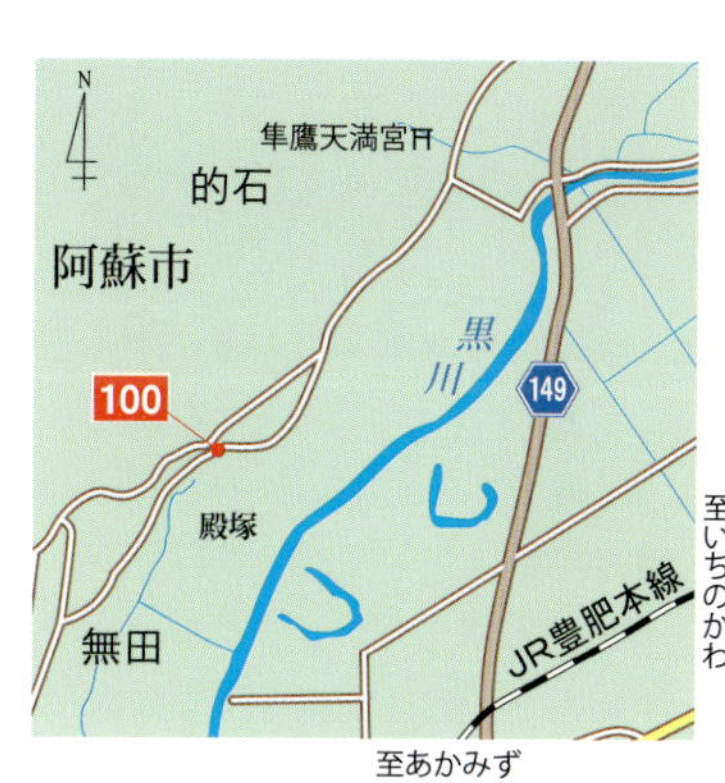

道路下にある暗渠は石造眼鏡橋風

■橋長6m　橋幅5.63m
　橋高3.15m　径間1.7m

## 101 天神橋（てんじんばし）

阿蘇市一の宮町坂梨［白川水系］

旧豊後街道が平保の木川を渡る地点に架けられた橋。八代種山の石工宇助（碑文では「卯助」）は、砥用の霊台橋工事が終わるや直ちにこの地へ駆けつけて工事に着手したという。右岸下流側に天神様が祭ってあるので「天神橋と命名」と地元郷土史家の嘉悦渉さんは語る。「川底には松材が敷き詰めてある」と語ってくれたのは元公民館長中川竹久さん。

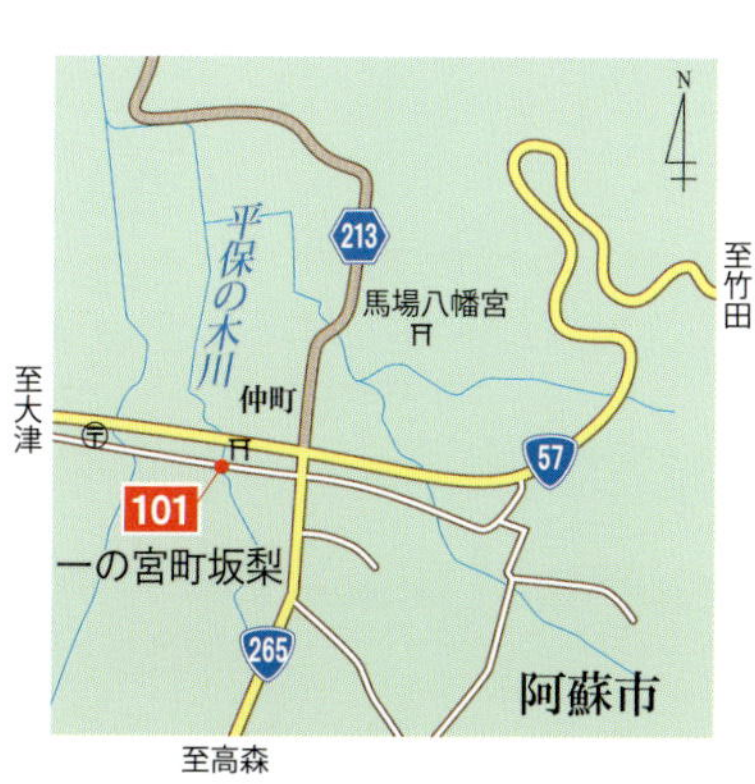


種山石工宇助が手掛けたといわれる

**市指定有形文化財**

■架設年　1847（弘化4）年
■施工者　種山石工・宇（卯）助
■橋長10.02m　橋幅4.7m
　橋高4.8m　径間6.4m

# 102 濁川橋（にごりかわばし）

阿蘇郡南阿蘇村河陽［白川水系］

両岸の橋取り付け部分は四方とも袖石垣で補強

湾曲していた道路が直線化され、すぐ下流に平成9（1997）年3月に新橋が出来たので現役引退の濁川橋となる。両岸の橋取り付け部分には四方とも袖石垣で補強され、左岸部は上下流共に曲面式石垣。輪石は江戸切り瘤（こぶ）出し、壁は布積み。

**村指定有形文化財**

■架設年　1918(大正7)年
■橋長17m　橋幅4.9m　橋高7m　径間9m

## 103 仮屋橋（かりやばし）

阿蘇郡南阿蘇村河陽［白川水系］

旧宮崎往還に架設された

旧宮崎往還（現村道）に架設された橋。基礎5段の上にアーチを組み、壁面は布積みで全部切り石使用。橋右岸の急坂は小山旅館へ至る。橋周辺は竹・木・草が繁り、夏期は橋の全容は見えにくい。明治34年3月架設。

■架設年　1901（明治34）年
■橋長7.4m　橋幅9.4m　橋高6m　径間2m（地図はＰ80）

## 104 尾道橋（おどうばし）

阿蘇郡南阿蘇村河陽［白川水系］

旧県道の立野栃木線にある３基の橋の真ん中の橋

「栃ノ木橋」ともいう。旧県道の立野栃木線にある3基の橋の真ん中の橋。上流側壁石は架設時の布積みだが、下流側は後年補修時の谷積み。なお輪石は下流側にずれているのが気に懸かる。この橋の右岸上流側にも近くの松畑橋に似て猿田彦大神の碑がある。

■架設年　1900（明治33）年
■橋長11.5m　橋幅6.4m　橋高5.6m　径間4.5m
（地図はＰ80）

**メモ** **谷積み**　長方形の石を斜めに落とし込んで積む工法

## 105 松畑橋（まつばたばし）

阿蘇郡南阿蘇村河陽［白川水系］

夏は木の繁りで橋の姿を望めない

■架設年　1900（明治33）年
■橋長6.7m　橋幅9.9m　橋高5.5m　径間2.1m（地図はP80）

国道３２５号から旧県道の立野栃木線へ降りると小規模のヘアピンカーブあり。その下に架かる。近くに猿田彦大神の碑が見える。夏は木の繁りで橋の姿見えず。

## 106 深谷尻橋（ふかやじりばし）

阿蘇郡南阿蘇村長野［白川水系］

昼なお暗い谷に低く架設されている

■橋長5.0m　橋幅10.35m　橋高5.4m　径間2.4m（地図はP80）

昼なお暗い旧南郷往還（現県道１４９号河陰阿蘇線）の杉木立の中の谷に低く架設された。基礎3段の上に輪石13個のアーチ。壁石は切石の布積みだから大正年代以降の作と思われる。南隣の谷に架設された尻無橋と類似している。

## 107 尻無の橋（しりなしのはし）

阿蘇郡南阿蘇村長野［白川水系］

右岸上流側から覗くとがっちりした構造が見える

■橋長6m　橋幅8.2m　橋高5m　径間3.65m（地図はＰ80）

旧南郷往還を長野神社から北へ入り、暗い杉山の入り口、尻無谷に架設された橋。右岸上流側から覗くとがっちりした構造が見え、基礎4段の上に輪石17個のアーチが数えられる。布積みの壁面の表情は大正期の作か。

## 108 鶴の谷橋（つるのたにばし）

阿蘇郡南阿蘇村長野［白川水系］

橋というより石造アーチ式暗渠

■橋長7.5m　橋幅9.8m　橋高5.65m　径間3.65m（地図はＰ80）

橋というより石造アーチ式暗渠（あんきょ）風である。北から順に深谷尻、尻無、鶴の谷の3基は、共に基礎石を重ね、その上に江戸切り瘤（こぶ）出し加工の輪石でアーチ形成、壁石は布積み。さらに盛土が乗る。杉林の中を車で行くと気付かずに通過してしまう。

## 109 にしのたにがわばし 西の谷川橋

阿蘇郡南阿蘇村河陽［白川水系］

南阿蘇鉄道の長陽駅近くの国道325号に架かる

国道325号に架かる。近くには旧長陽村農協や南阿蘇鉄道の長陽駅がある。案内標識には「明治34年喜多区内西谷川下流に架けられた」とある。基礎石を重ね、その上にアーチを組み、さらに壁石は長陽に多い構造となっている。

■架設年　1901（明治34）年
■橋長8.7m　橋幅6.4m　橋高5.1m　径間2.1m
（地図はＰ80）

## 110 おみやばし 御宮橋

阿蘇郡南阿蘇村河陰［白川水系］

旧久木野村に天和年間（1680年代）南郷中用水方定役の片山喜左衛門により上河原井手が開削された頃、久木野神社が建立された。橋は神社の鳥居の先に架かる。碑文によれば大正13年3月に有志の寄進により井手に架設。

久木野神社の鳥居近くに架かる

■架設年　1924（大正13）年
■橋長6.3m　橋幅2.5m
橋高1.4m　径間3.1m

## 111 八坂神社祇園橋（やさかじんじゃぎおんばし）

阿蘇郡南阿蘇村一関［白川水系］

神聖な場所への入り口には石橋がよく似合う

■橋長5.03m　橋幅2.42m
橋高2.8m　径間3.9m

神社仏閣の入り口には、石造めがね橋がよく似合う。近くでは、白川吉見神社の入り口に架かり、久木野神社前もそうである。俗世間から神聖な場所へ入るときに、気持ちの切り替えをする橋と考えてもよいだろう。

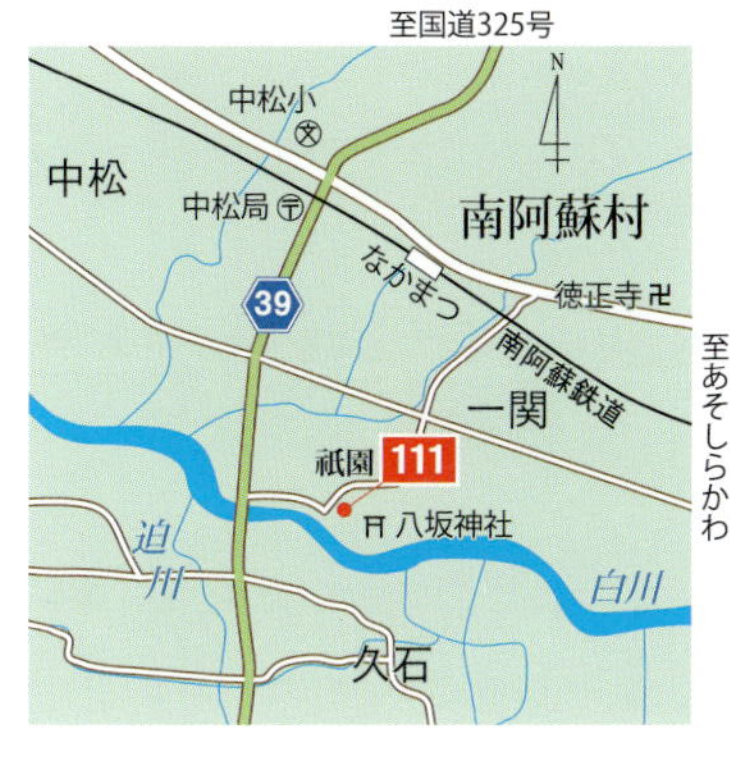


## 112 円林寺橋（えんりんじばし）

阿蘇郡南阿蘇村吉田［白川水系］

名水公園に移転後は明神池橋と呼ばれる

■橋長8m　橋幅2.7m　橋高2m

昭和30年代までは旧白水村役場東側を流れる明神川に架かっていた通称「お寺橋」。河川改修のため同55（1980）年頃、解体保存。平成3（1991）年3月、明神池名水公園に復元した。移転後は「明神池橋」と呼ばれている。

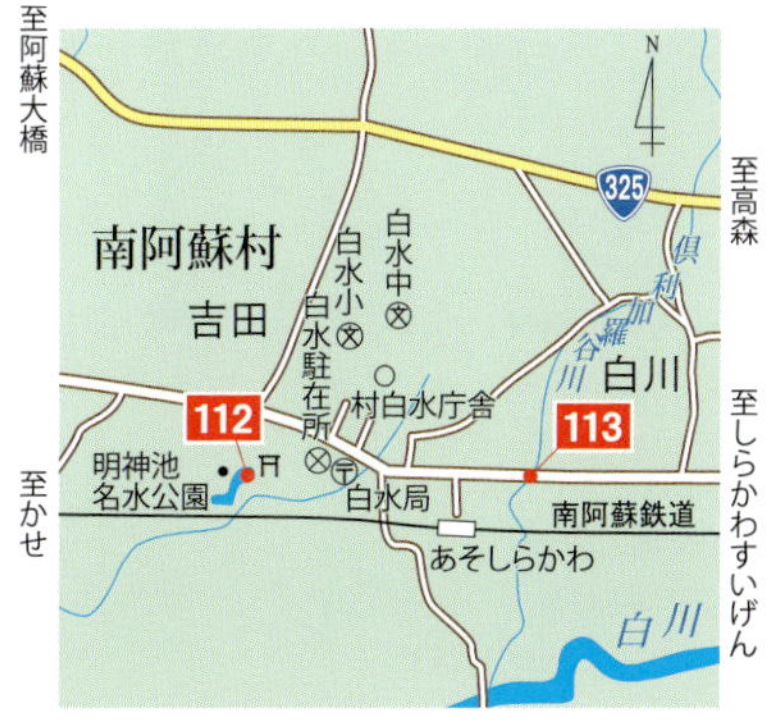

113

くりからだにばし
## 倶利伽羅谷橋

阿蘇郡南阿蘇村白川［白川水系］

旧宮崎往還、現国道325号に架設された橋は、川幅に対し径間、拱矢共に小さく暗渠風。さらにアーチ上部の側厚約6mはかずらに覆われてめがね橋とは見た人に気付かれない。壁面は谷積み。近年、下流側に歩道橋が併設された。

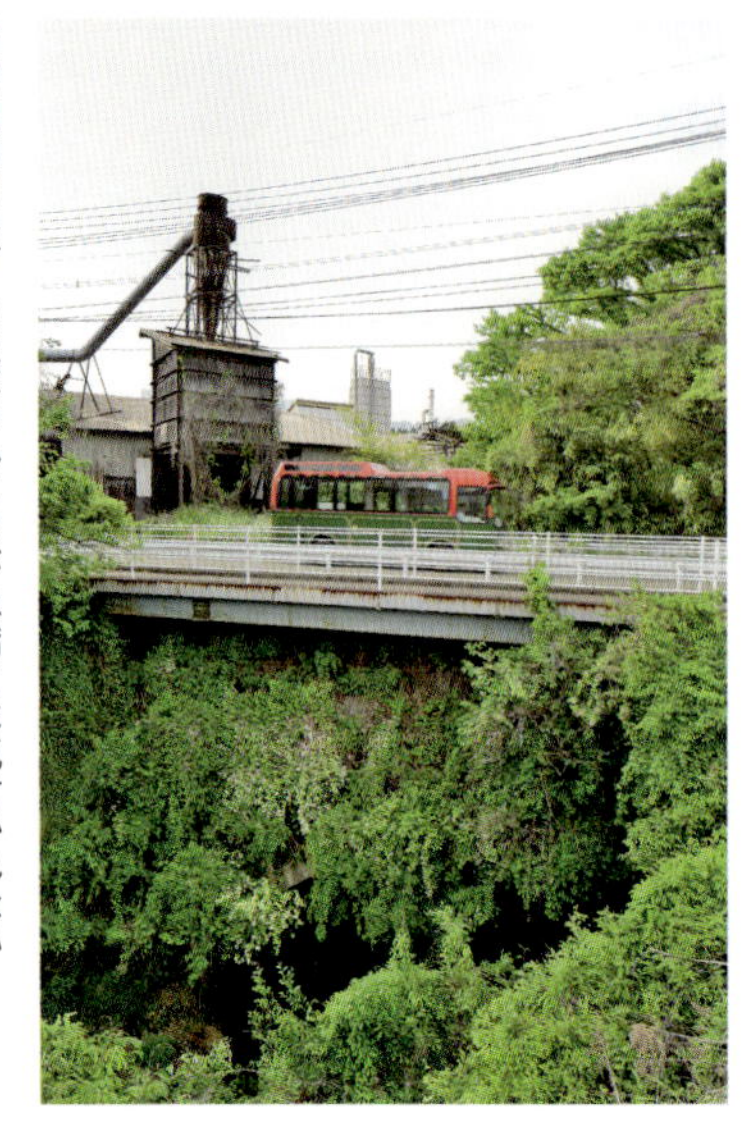

橋の側面はかずらに覆われてめがね橋とは気付かれない

■架設年　1900（明治33）年
■橋長18m　橋幅6.3m　橋高8.5m　径間7m
（地図はＰ85）

114

しらかわよしみじんじゃばし
## 白川吉見神社橋

阿蘇郡南阿蘇村白川［白川水系］

湧水を横目に見て拝殿へ向かう善男善女は、小規模めがね橋とは気付かずに渡る。白川水源は、阿蘇カルデラ内の火山群の南の裾野にある代表的な湧泉。毎分60tの湧水量を誇り、もちろん名水百選の一つとして水汲む人が多い。

名水百選の一つ、白川水源に架かる橋

■架設年　1894（明治27）年
■橋長3.2m　橋幅2.35m
　橋高1.3m　径間1.8m

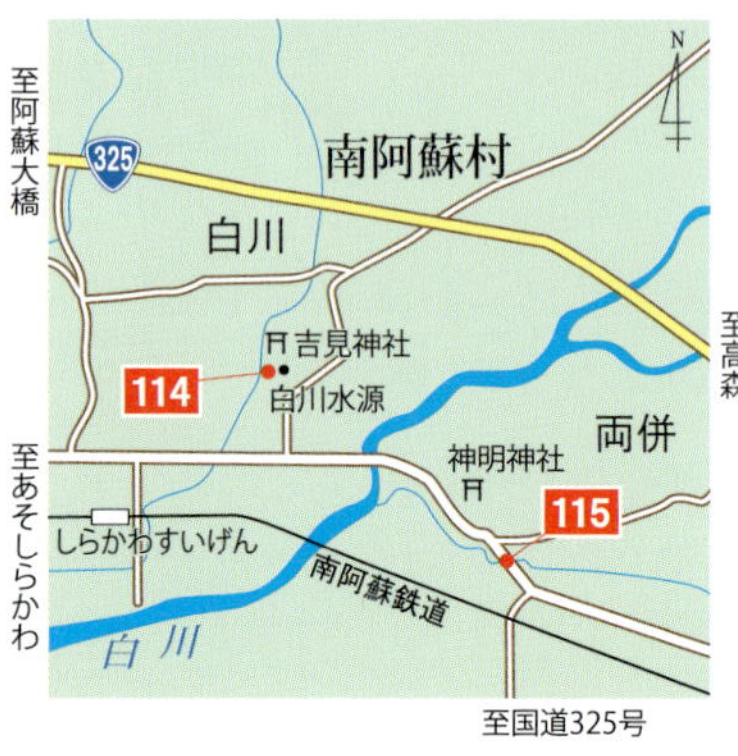

## 115 すずめぼりばし 雀堀橋

阿蘇郡南阿蘇村両併［白川水系］

水のない河原に降りると暗渠風アーチが望める

白川水源前から高森間の直線道路が途中わずかに曲行するところがある。下の川は水がない場合が多い。ここに降りると暗渠（あんきょ）風アーチ現存。基礎石4段上に輪石が左から5・1・5のアーチ。しかも二重になっている。

■架設年　1900（明治33）年
■橋長6m　橋幅6.8m　橋高5.8m　径間2.1m
（地図はＰ86）

## 117 しもづるばし 下鶴橋

宇城市豊野町安見（やすみ）［緑川水系］

左岸の碑に「此橋車通遍加良須」とある

丸山家文書には「嘉永元年十二月　下休目鑑橋出来」と記録される。近年、小字名から下鶴橋と呼ばれる。左岸の碑に「此橋車通遍加良須」と彫られているが、20m超の長橋は中高に反り傾斜路面が続き、荷車や荷馬車通行の時代は不便であった。

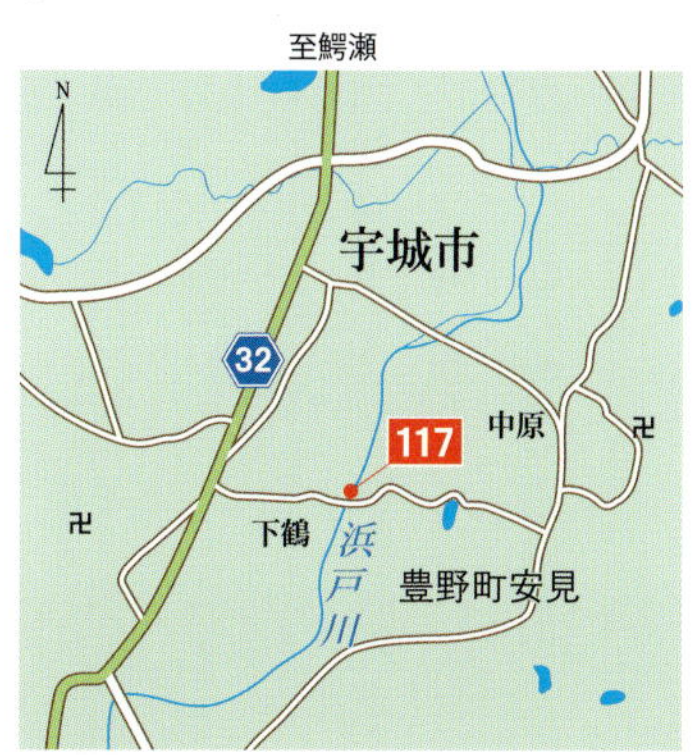


**市指定有形文化財**

■架設年　1848（嘉永元）年
■施工者　立神邑・祐助
■橋長25.5m　橋幅上3.5m／底4.3m
　橋高8.3m　径間19m

116

# 船場橋（せんばばし）

宇土市船場町［緑川水系］

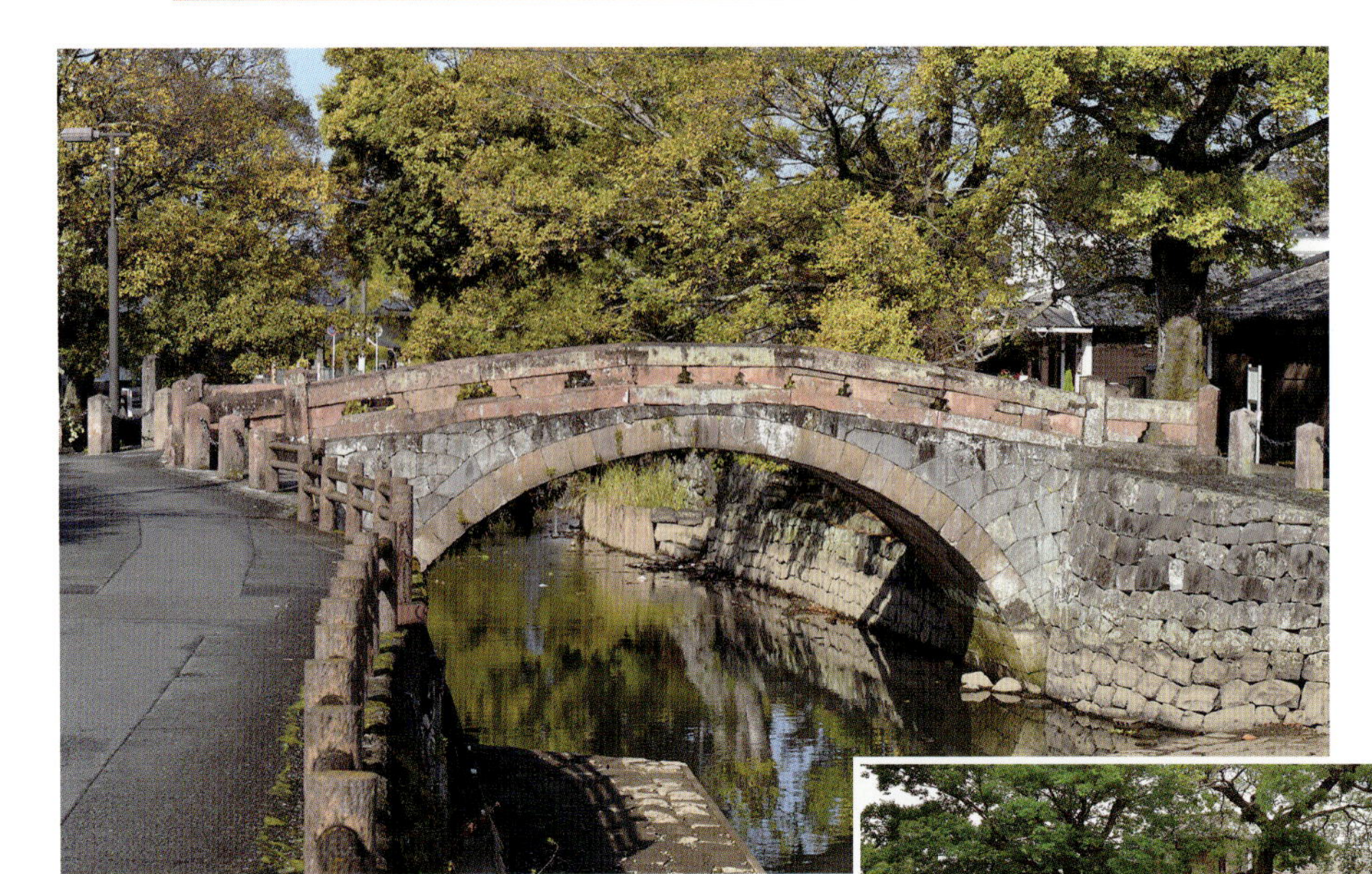

橋周辺には船の荷揚げ場の石段も残り、時代の香り豊か

**市指定有形文化財**

■架設年　1861（万延2・文久元）年
■橋長13.3m　橋幅3.6m　径間10m

雨に濡れ、馬門石が色っぽい赤肌色に

宇土市街地を流れる川に架かる。雨に濡れると手すりと輪石の用材（馬門石）が色っぽい赤肌色となる。江戸時代の記録を見ると、上流のバス道路の橋も石造りの目鑑橋（すでに架け替え）で、二橋がそろって幕末に架けられたことが判明。なお轟泉水道は橋の左岸下流側まで届き、馬門石の井戸枠が現存する。船荷の揚げ降ろし場の石段も残り、時代の香り豊かな橋周辺。

新緑や水深く見て橋渡る　篠原温亭

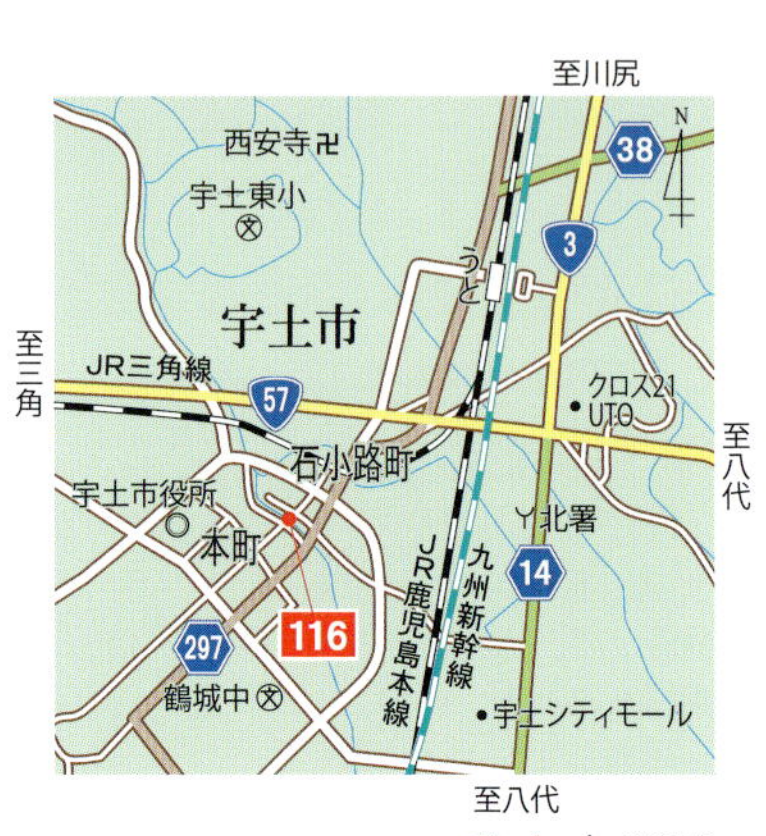

## 118 山崎橋（やまさきばし）

宇城市豊野町山崎［緑川水系］

珍しく鞘石垣が補強されている

**市指定有形文化財**

■架設年　1831（天保2）年
■橋長26m　橋幅上2.8m／底4.3m
径間13.55m

現在は山崎橋と言うが、古文書『町在』には「駄渡し目鑑橋」と記され、「天保二年」の架設。近くに碑が残り慶応２（１８６６）年に手すりが設置されたと刻まれ、現在のは戦後のコンクリート製。壁面が低い橋にしては、鞘石垣補強は珍しい。

## 119 薩摩の渡し（目鑑橋）（さつまのわたし（めがねばし））

宇城市豊野町糸石［緑川水系］

地名は響ヶ原の古戦にちなんだものか

**市指定有形文化財**

■橋長16.1m　橋幅3.4m　径間9.6m

**メモ** **荒子橋**　竹篭か金網篭の中に雑石を詰め、橋脚として、上に柱を並べた仮り橋

なぜこの地を薩摩の渡し（目鑑橋）と言うかと問われれば、中世の響ヶ原の古戦の話が必要だろう。古文書によれば、橋の架設は天保３（１８３２）年、当時は荒子橋で石造アーチ橋になった年月は不詳。川面に映る姿が真円に近く見惚れる。

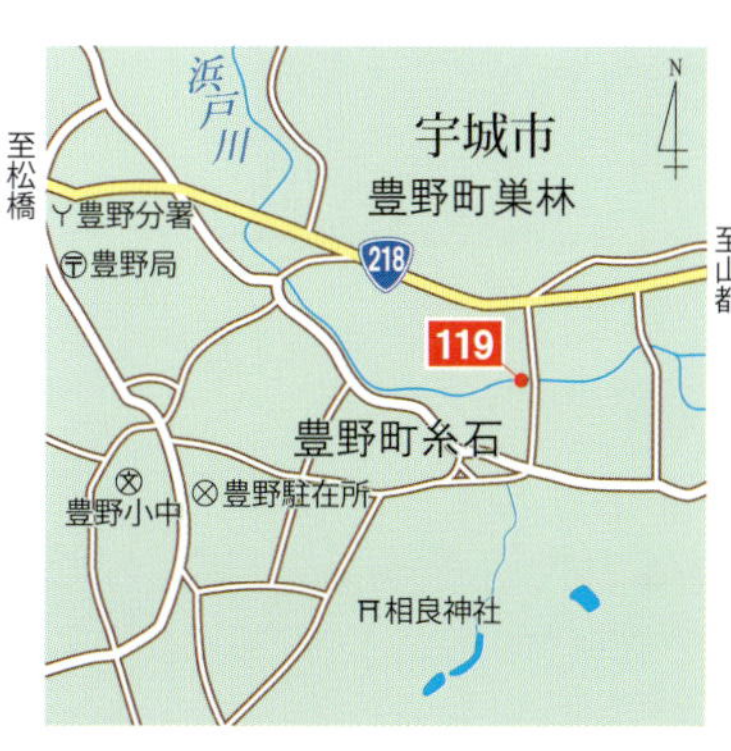

## 120 三由橋（みつよせばし）

宇城市豊野町下郷［緑川水系］

架設の頃は鬼迫目鑑橋とも

文政13年架設の頃は小字名から鬼迫（おんざこ）目鑑橋と呼んでいる。架設事業主は惣庄屋の小山喜十郎と判明しているが、石工は不明。輪石のすり合わせは加工丁寧だが、裏面は雑割石加工。壁面は雑割石と自然石を併用した乱積み。10年程前までは橋脚部付近の敷石の丁寧な施工が見えた。

至国道218号
豊野町下郷
小熊野川
相良神社
豊野町糸石
暁
出店
120
244
32
宇城市
花山
至国道3号

**市指定有形文化財**

■架設年　1830（文政13）年
■橋長20.95m　橋幅上3m／底3.05m
　橋高5.4m　径間12.6m

## 121 丸林橋（まるばやしばし）

宇城市豊野町中間［緑川水系］

今村の石工嘉左衛門が架設

水晶山の南麓を西へ流れる川に、安政4年今村（現美里町）の石工嘉左衛門が架設。近くの丸山家に残る文書によれば同年「十一月十日より地橋　下郷村大工新十郎参り　同四日地橋仕舞（中略）十二月三日当石打　七日渡初」と記録されている。壁石積みが見事だ。

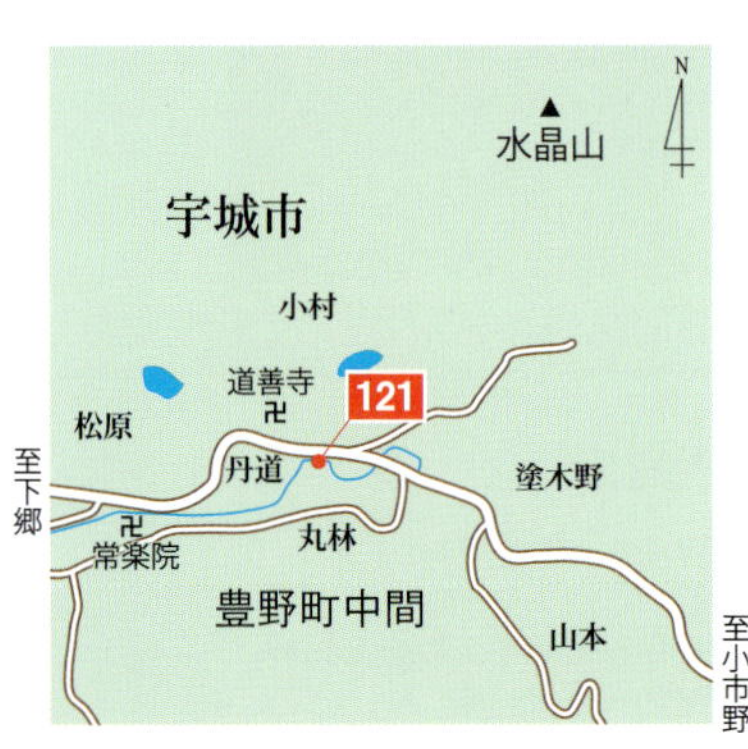


**市指定有形文化財**

■架設年　1857（安政4）年
■施工者　今村嘉左衛門
■橋長15m　橋幅2.3m

**メモ** **地橋**　支保工のこと

## 122 西馬場筋眼鏡橋（にしばばすじめがねばし）

熊本市中央区水前寺公園［緑川水系］

奥に見えるのは古今伝授の間

■架設年　1897（明治30）年（復元）
■橋長3.8m　橋幅2.4m
　橋高1.85m　径間2.75m

「水前寺公園内の反橋（そりばし）」とも呼ばれるが、県政資料によれば「木山往還沿いの水路と西馬場筋が交差する地点」に架かっていた橋を道路改修に伴って成趣園に運び、復元したらしい。日付は明治30年1月15日、渡り、幅共に9尺と。

## 123 柳水橋（やながみずばし）

上益城郡益城町福原［緑川水系］

柳水集落の南東方向の川に架かる

■橋長6.4m　橋幅2.42m
　橋高2.45m　径間4.7m

益城町の中心地より東側を上益城平坦部広域農道（マミコゥロード）が南北に走る。その途中の柳水（やながみず）集落の南東方向の川に架かる。めがね橋は流れに直角だが、拡幅した鉄筋コンクリート橋は斜めに架設。飼い犬の声がにぎやか。

125

もんぜんがわめがねばし
# 門前川目鑑橋

上益城郡御船町木倉［緑川水系］

肥後熊本藩初期の工法が見られる

熊本県指定重要文化財

■架設年　1808（文化5）年
■橋長7.4m　橋幅2.7m　橋高4.3m　径間6.4m

輪石の継ぎ目に小石をダボとして使用

日向往還に架設され、２００年を越えた橋としては県内２基目。肥後熊本藩初期の石造アーチ橋工法の特徴が見え、輪石の継ぎ目に小石をダボとして使用。この例は県内６例中の１。橋近くの有志による二百年祭記念碑には以上の話が刻されている。平成27（２０１５）年５月に熊本県の重要文化財に指定された。なお昭和期に取り壊し案が出たとき、当時の村長が計画変更案を県に申し出たエピソードも。

# 124 中道橋（なかみちばし）

上益城郡御船町御船［緑川水系］

種山石工の丈八と甚作の手になるアーチ橋

ヒガンバナの頃が撮影に適していると思って現地へ行ったら、水路沿いの岸はコンクリートブロックに変わりがっかり。同町内の八勢橋架設の頃に種山石工の丈八（のちの橋本勘五郎）と甚作の手により出来たアーチ橋。御船高校の南、すぐ近くにふれあい広場（恐竜公園）がある。

■架設年　1855（安政2）年
■施工者　八代種山石工・丈八、甚作
■橋長3.8m　橋幅2.5m　橋高1.3m　径間2.8m（地図はＰ92）

# 126 茶屋ノ本橋（ちゃやのもとばし）

上益城郡御船町上野［緑川水系］

両手を広げた程の小さな橋

御船町の吉無田高原から台地を潤す元禄嘉永井手が西方へ流れる。途中、上野の茶屋ノ本に井手をまたぐアーチがある。両手を広げたくらいの規模。20年程前までは、すぐ上流の染野にも同規模のアーチが架かっていたが撤去された。

■橋長2.1m　橋幅1.7m　径間1.65m
（地図はＰ95）

## 127 下津留橋（したづるばし）

上益城郡御船町辺田見［緑川水系］

若宮神社近くで御船川から取水した用水路は、川と平行して町中を下る。上益城総合庁舎や御船署の裏を流れ、旧上益城消防本部裏を流れる地点にこの橋が架かる。極めて小さな石造アーチ橋なので気付かぬ場合が多い。

極めて小さく、気付かぬ場合が多い

■橋長4.4m　橋幅2.7m　橋高2.75m　径間3.6m（地図はＰ92）

## 128 下梅木橋（しもうめきばし）

上益城郡御船町滝尾［緑川水系］

国道４４５号、御船町滝尾の左岸側の坂を登りつめると、左側に並行してコンクリート製の高欄が見える。右岸の細い坂を降りると頭上に大きく高いアーチが広がる。輪石は江戸切り瘤出し（こぶ）と丁寧な造作で、カズラに覆われた壁石は昭和初期らしく谷積み工法がとられている。

カズラに覆われた壁石は昭和初期らしく谷積み工法

■架設年　1930（昭和5）年
■橋長18m　橋幅5.4m
橋高11.4m　径間12.1m（地図はＰ95）

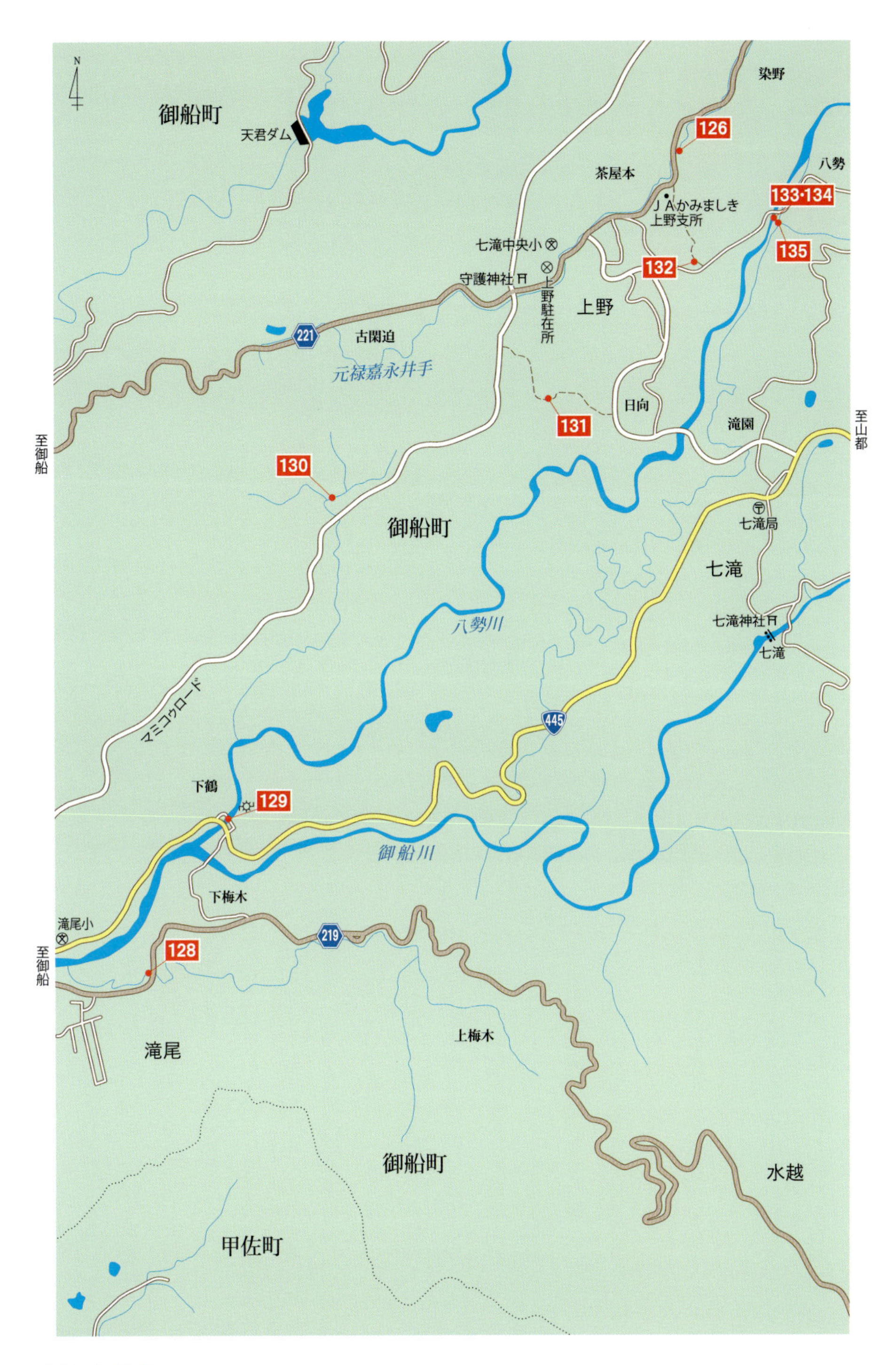
御船町
天君ダム
染野
126
茶屋本
八勢
JAかみましき
上野支所
133·134
七滝中央小
135
132
守護神社
上野駐在所
上野
221
古関迫
元禄嘉永井手
131
日向
滝園
至山都
至御船
130
御船町
七滝局
七滝
八勢川
七滝神社
七滝
マミコウロード
445
下鶴
129
御船川
下梅木
滝尾小
至御船
219
128
滝尾
上梅木
御船町
水越
甲佐町

しもづる(めがね)ばし

# 129 下鶴(眼鏡)橋

上益城郡御船町滝尾［緑川水系］

八勢川に架かる20mを超す大アーチ

御船町商店街を東へ抜け、国道445号を山都町方面へ進むと右側に御船川が見える。滝尾小学校を過ぎると御船川へ合流する八勢(やせ)川に20mを超す大アーチのこの橋が見える。

日向往還は急坂が多く、陸軍省は明治初期に大矢野原演習場への利便性を考え、緩やかな道路造りを指示し、現国道445号が開通。その際に下鶴には石造アーチ橋を計画、八代種山の石工橋本勘五郎・弥熊親子が中心になり、目論見帳(もくろみちょう)によれば明治15(1882)年10月より工事を始め、県政資料の記録では翌年6月竣工。

本体は橋脚部分が基本に忠実な仕事ぶり。輪石のすり合わせは水平一直線に並び見事だ。高欄は凝った造作で、アーチの上は円柱の手すり。親柱上には擬宝珠(ぎぼし)や蓮弁(れんべん)の彫刻が施されている。特に添え石に穿(うが)った徳利・盃・日月は人気の的だ。

親柱上には擬宝珠や蓮弁の彫刻が見られる

町指定有形文化財

■架設年　1883(明治16)年
■施工者　橋本勘五郎、弥熊
■橋長24.9m　橋幅5.65m　橋高12.55m　径間23.55m
(地図はＰ95)

## 130 ほりきりばし 堀切橋

上益城郡御船町滝尾［緑川水系］

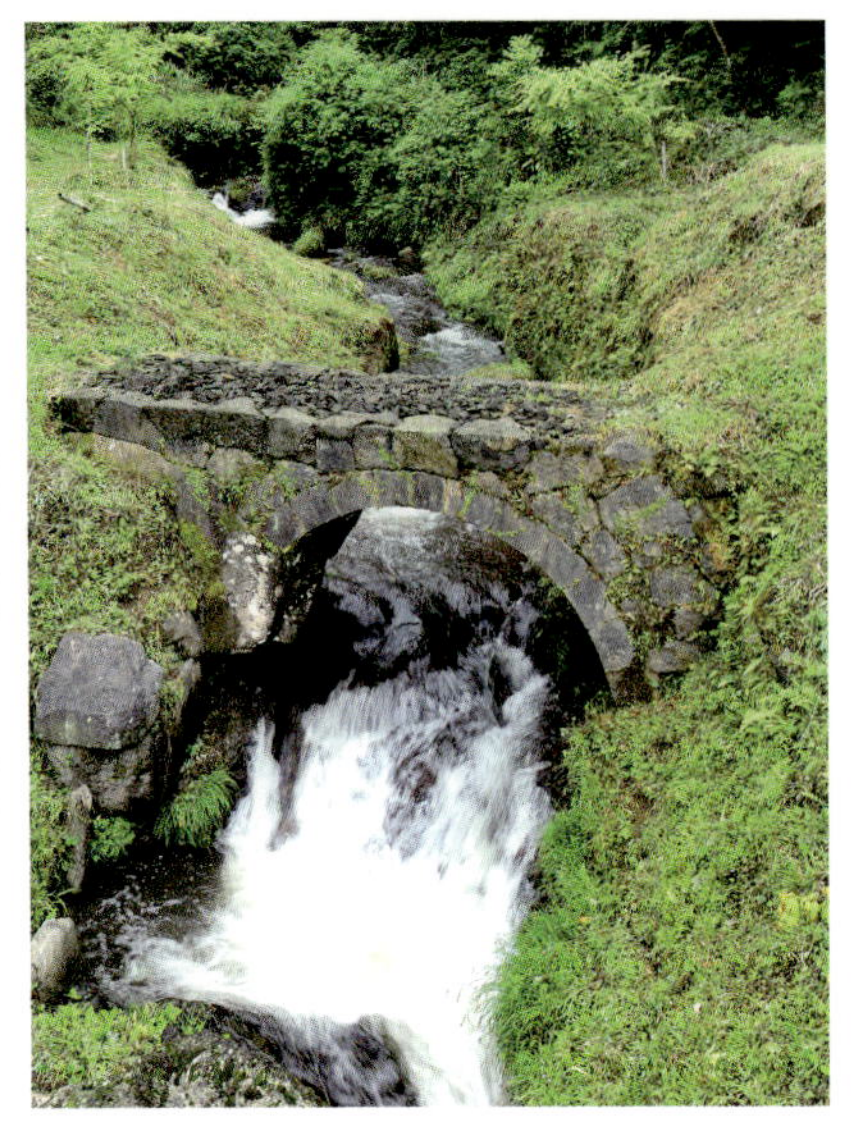
種山石工技術継承講座で修復され陽の目を見た

『御船風土記』には記されていたが、存在を忘れられていた橋。平成24（2012）年に種山石工技術継承講座の実技として修復され日の目を見るようになり、同地区民の除草作業で公園の美化が実現した。

広域農道の川内田大橋東より公園へ下る。

■橋長4.7m　橋幅2m　径間2.45m
（地図はＰ95）

## 131 ながさこばし 長迫橋

上益城郡御船町上野［緑川水系］

狭い川幅と高い路面に合わせて脚部は高く円弧は小さい

狭い川幅と高い路面に合わせて脚部は高く円弧は小さい設計のめがね橋が架設された。郷土史家の奥田盛人さん（故人）の話では「細川の殿様はこの橋を渡って七滝見物へ行かれた」という。

■橋長3.7m　橋幅2.5m　橋高3.35m　径間1.7m
（地図はＰ95）

## 132 下境目自然石橋（しもさかいめしぜんいしばし）

上益城郡御船町上野［緑川水系］

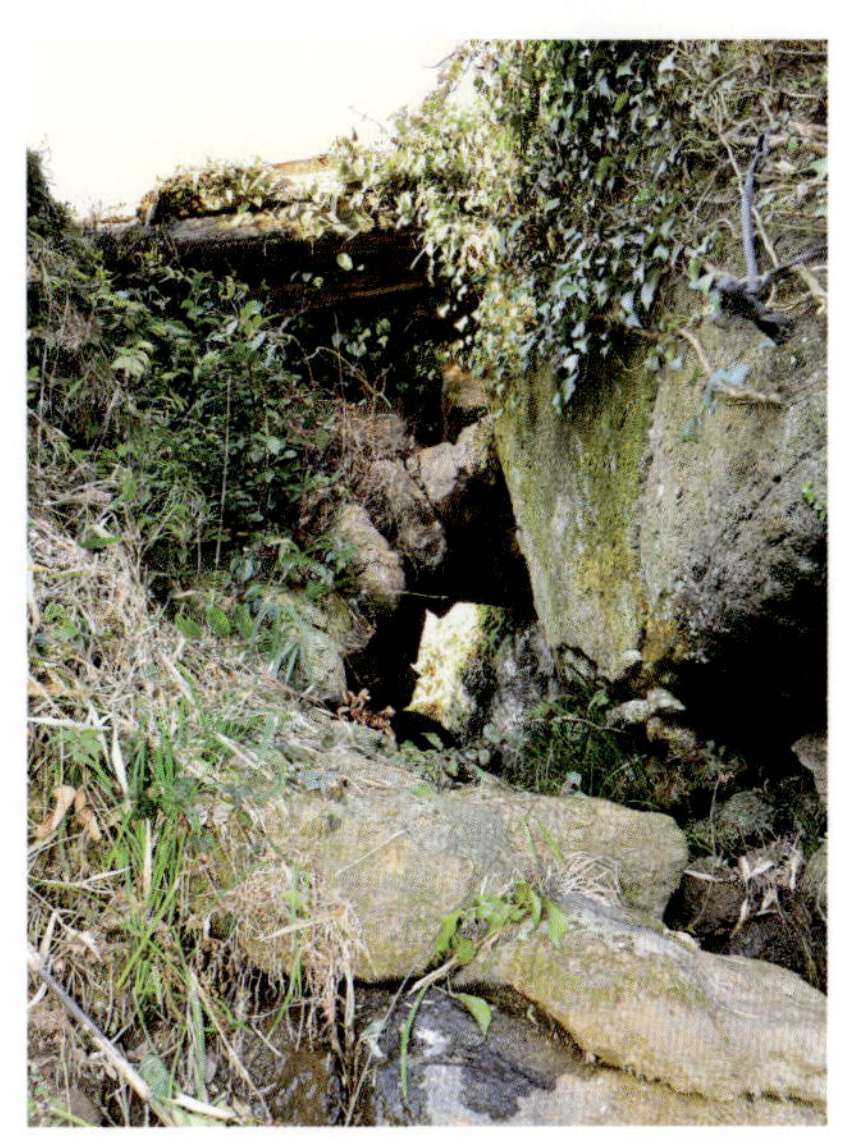

文字通り、自然石を組んで造った橋

御船町上野の茶屋ノ本から八勢（やせ）目鑑橋へと坂を下る途中、左へ曲がった地点から極めて細い流れに沿って少し上ると、左脇に自然石を組んで造った橋がある。幅はせまいが高さは大人の背丈を越す。路面上流側は厚い板石。

■橋長1.8m　橋幅1.1m　橋高2m　径間1.64m
（地図はＰ95）

## 136 山中橋（やまなかばし）

上益城郡山都町北中島［緑川水系］

八代種山から矢部に招かれた宇市の作

御船町の中心街から国道４４５号を山都町へ上り、九州中央自動車道の建設工事現場を過ぎるあたりに山中橋への緑色の案内板がある。左（北方）へ１・８㎞進むと集落が見え、低い位置にアーチを遠望できる。八代種山から矢部に招かれて、数基のめがね橋を架けた宇市の作。集落内の道路は車で行くと方向転換しづらいのでご用心を。

■架設年　1850（嘉永3）年
■橋長12m　橋幅2.25m　橋高6.1m　径間6.37m
（地図はＰ103）

やせめがねばし、やせこばし、やせすいろきょう

# 八勢目鑑橋、八勢小橋、八勢水路橋

上益城郡御船町上野［緑川水系］

八勢目鑑橋は日向往還の難所に架設

御船町の商家で財を成した林田能寛（はやしだよしひろ）が、日向往還の難所に私財を投じて架設した橋として知られている。熊本から御船経由で矢部・延岡へ通じる日向往還は、八勢の渡しの付近が深い谷で通行に不便。その状況を見過ごせず、能寛は出資・架設を惣庄屋光永平蔵へ申し出て許されて大規模石造アーチ橋が出来た。橋の東側は農業用水が潜る小アーチ（八勢小橋）を併設し、その用水を渡すめがね橋、八勢水路橋（袖石垣付設）も架け、大中小の3アーチ眺望ができる。左岸側八勢地区住民は毎年春に「能寛祭」を催して出資者林田能寛の功績を称えている。

農業用水が潜る八勢小橋

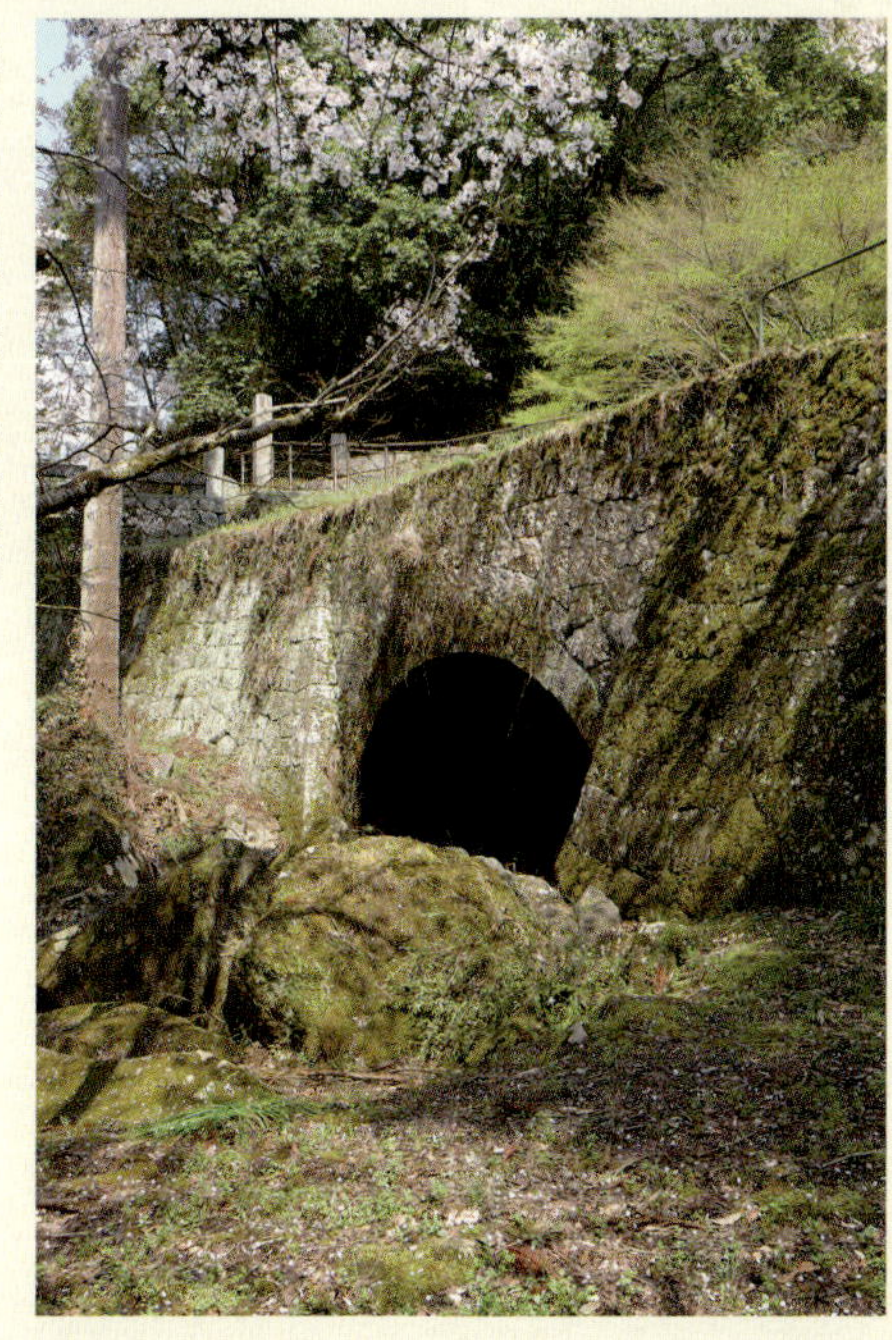

小橋からの用水を渡す八勢水路橋

八勢目鑑橋

■架設年　1855(安政2)年
■施工者　卯助、甚平
■橋長56m　橋幅4.35m
　橋高10.3m　径間15.3m(地図はP95)
※小橋・水路橋の計測値は省略

熊本県指定重要文化財

## コラム 道と川が交差するところ

歴史学者の中村直勝の文章を引用すると「四方の風光に心を流しながら道を歩く」と、川と交差する所に橋がある。そのとき古びた石の親柱が立ち、手すり石が先へ伸びているのを確かめると心が躍る。やおら虹梁を認めて安堵する。

こうしてめがね橋との邂逅を繰り返した。

例えば県北では荒尾の岩本橋と玉名の高瀬目鑑橋は共に二連アーチ。菊池は立門(たてかど)橋に永山橋。竜虎相打つ竜門橋と虎口(こく)橋。

県央は熊本市街地の明八橋に明十橋。緑川流域は夜空の星のように多い。古いのは木ノ倉門前川橋。アーチの大きさならば、霊台橋に通潤橋※、下鶴眼鏡橋がベスト３。桜の頃なら大窪橋、銀杏樹なら小筵二俣橋に東陽笠松橋※。雨に濡れたら色香漂う宇土船場橋。

県南を見渡せば、津奈木重盤岩橋に梅ノ木鶴橋。海棠(かいどう)の花咲く頃は人吉石水寺門前橋。県境の佐可以者(さかいは)しは、大書した文字が気に入った。

※は例外で親柱・手すりなし

水路をまたぐ八勢小橋（左）と、八勢川に架かる八勢目鑑橋（右）

# 137 吹野橋（ふきのばし）

上益城郡御船町七滝［緑川水系］

輪石に混じる黒曜石が、アーチの中心から放射状に見られる

■橋長8m　橋幅2.2m　径間3.5m

国道445号を御船町から東へ。山都町へ入る手前の吹野集落手前から右手に入る道に架かる。輪石に使用された凝灰岩に混じる線状の黒曜石が、アーチの中心から放射状に目撃できる。石工が正しい石材の扱いをした証拠だ。

## 138 木鷺野橋（きさぎのばし）

上益城郡山都町城原（じょうはら）［緑川水系］

通潤橋の下を流れる五老ヶ滝川の滝下の脇にある

■架設年　1842（天保13）年
■橋長3.5m　橋幅2.1m　橋高1.97m　径間3.2m（地図はＰ141）

昭和63（１９８８）年の大雨では御船川橋が流失。この橋も山都町島木に架かっていたが被災し、この地に復元された。ここは通潤橋の下を流れる五老ヶ滝川の滝下の脇で、緑地広場からの道が好都合だ。木鷺野に当初架設されたのは天保13年。

## 139 瀬戸橋（せとばし）

上益城郡山都町北中島［緑川水系］

灰色の橋に真っ赤な彼岸花が映えて美しい

国道４４５号を御船町から上り、山都町へ入るとすぐ右手に神社の杜が見える。その手前に石造りの手すりが見える。これが瀬戸橋で、手すりの3分の1程の小アーチにかずらが繁茂している。案内標柱に石工宇市と記してあるがこれは同町白小野の橋（架け替え）の施工者。

■橋長6.9m　橋幅1.8m　径間3.2m
（地図はＰ103）

## 140 滑川橋（なめりかわばし）

上益城郡山都町北中島［緑川水系］

県内で国道に架設された石造アーチ橋として珍重な存在

■橋長7.3m　橋幅5m　径間6.8m（地図はＰ103）

国道４４５号が山都町の水ノ田尾付近を通るとき滑川に架けられた橋。大正時代の架設だが、県内で国道に架設された石造アーチ橋として珍重な存在。現在、橋の路面は鉄筋コンクリートで拡幅され、側面から覗かなければ石造アーチは見えない。

## 141 立野橋（たてのばし）

上益城郡山都町金内［緑川水系］

アーチ上部は石積みが異様に高い

町指定有形文化財

■架設年　1850（嘉永3）年
■橋長30.3m　橋幅2.6m　径間3.1m（地図はＰ103）

金内橋の小アーチを潜った嘉永福良用水は、台地を迂回（うかい）して立野橋（水路橋）を渡る。そのためアーチ上部は水圧負担を考慮したのか、石積みが異様に高い。なお立野橋のあたりからは「ウーさんジョーさんの石垣」を望むことができる。

## 142 金内橋（かねうちばし）

上益城郡山都町金内［緑川水系］

種山出身の石工宇市が石工頭で手がけた

町指定有形文化財

■架設年　1850（嘉永3）年
■施工者　宇市、丈八
■橋長31m　橋幅5.5m　径間16.4m（地図はＰ103）

惣庄屋布田保之助（ふたやすのすけ）に呼ばれて矢部手永の土木工事を手助けしていた種山出身の石工宇市が石工頭で手がけた橋。副頭は弟丈八が務めた。二人は近くの故西山春二宅に宿泊していたそうだ。西山氏は生前「二人は世話になったお礼にと宅地の三方に立派な石垣を築いてくれた」と話していた。人呼んで「ウーさんジョーさんの石垣」は切り込み接（は）ぎの秀作。金内橋は昭和8年夏セメントで覆い美観を損ねている。写真左の小アーチは、金内橋と同じ年に架設された中島井手の目鑑橋。

メモ　**切り込み接ぎ**　方形の石材を密着させて積み上げる方法

## 143 中島井手目鑑橋（なかしまいでめがねばし）

上益城郡山都町金内［緑川水系］

金内橋との間には水制工を設けて壁面を保護

金内橋のすぐ上流に取水堰を設け中島井手（現嘉永福良井手）を設置した。この用水は金内橋アーチの脇の小アーチを潜るため、金内橋は大小二連アーチ構造。なお両アーチの間には水制工を設けて壁面保護策が採られている。

■架設年　1850（嘉永3）年
■施工者　宇市
（地図はＰ103）

メモ　**水制工**　増水時に流水の方向を変えたり、水勢を弱めるために設置される施設

## 144 鹿生野橋（かしょうのばし）

上益城郡山都町田小野［緑川水系］

セメントで覆われて石造りの橋とは思えない

■架設年　1852（嘉永5）年
■橋長16m　橋幅6m　径間12m
（地図はＰ103）

橋架設工事中の写真が残っている。残念なことに橋の現状はすっかりセメントで覆われて石造りの橋とは思えない。橋の下を流れる上鶴川は岩盤の上を滑るように走り、岩の切れ目では激しい水音が高い。すぐ下流側に平成10（１９９８）年3月に架設された新橋を車は通行する。

## 145 夕尺橋（ゆうじゃくばし）

上益城郡山都町金内［緑川水系］

日向往還の分岐にあり、規模は小さいが重要な橋だった

■橋長4.3m　橋幅2.1m　橋高1.9m　径間2.7m
（地図はＰ103）

御船町から国道４４５号を山都町中心地へ向かうと左に金内橋を見る。すぐその先右側にこの橋がある。江戸時代の日向往還はこの付近で二筋に分かれており、夕尺橋を渡ったり渡らなかったり。規模は小さいけれど重要な橋。平成27（２０１５）年1月解体。現在、地元で復元場所を探している。

至国道218号
古閑
321
153
152
広瀬
鉄道廃橋
塚瀬ダム
緑
川
川平キャンプ場
西原
美里町
甲佐町
名越谷局
名越谷
180
至国道218号
坂谷
宮内局
鎌倉山
小鹿
旧宮内小
151
220
甲佐発電所
打越峠
安平
150
手蝶山
甲佐神社
尾北
上揚
149
東寒野
鵜ノ瀬堰
148
146
大祗神社
147
やな場
長楽山岩鼻神社
豊内
西寒野
横田
443
甲佐町役場
岩下
津
留
川
甲佐局
甲佐小
有安
甲佐高
甲佐町
中央中
至御船
甲佐駐在所
美里町
105
萱野
218
小筵
萱野池
中郡
167
カントリーパーク
中央駐在所
山ノ坊池
105
至松橋

## 146 簗の樋門橋

やなのひもんばし

上益城郡甲佐町豊内［緑川水系］

甲佐名所のやな場への流入口が石造めがね橋

■架設年　1832（天保3）年
■橋長4.5m　橋幅14.3m　橋高4.35m　径間2.43m
（地図はＰ108）

緑川は甲佐町中心街の上流に、加藤清正築造の鵜ノ瀬堰があり、分流に名物のアユ料理を供するやな（簗）場が設けられている。元々は寛永10（１６３３）年に肥後熊本藩主の細川忠利が設けた水田用水調節の場だった。このやな場への流入口が石造めがね橋。下流側から観察すると二重アーチ構造で三重目はやや不揃い。橋上は道路。

## 147 大祇神社橋

だいぎじんじゃばし

上益城郡甲佐町西寒野（にしさまの）［緑川水系］

遠山直左衛門の業績「砥用往来筋ニ三ヶ所」の橋の一つ

■架設年　天保年間
■橋長5.5m　橋幅2.2m　橋高2.1m　径間3.5m（地図はＰ108）

甲佐町を貫流する緑川の南、集落の守護神であろう大祇神社前の小橋。静かな川面にアーチの影を映す可愛い橋は、加工が丁寧な石造りの橋。遠山直左衛門の業績「砥用往来筋ニ三ヶ所」の橋の一つと考えられる。

## 148 堂迫橋（どうざこばし）

上益城郡甲佐町西寒野（にしさむの）［緑川水系］

甲佐町を流れる緑川の左岸に寒野の集落があり、大祇神社がある。この地より東へ４００ｍ進むと道が分かれる。左側の道下を覗くと平凡な石造りのアーチ橋が見え、じっと見つめたくなる。

平凡な造りだが、じっと見つめたくなる

■架設年　天保年間

■橋長5.1ｍ　橋幅2.8ｍ　橋高2.6ｍ　径間4.3ｍ （地図はＰ108）

## 149 尾北目鑑橋（おきためがねばし）

上益城郡甲佐町東寒野［緑川水系］

尾北の集落内を流れた川は緑川に注ぎ込む直前にこの橋を潜る。古文書『町在』には遠山直左衛門の業績として「天保十二年巳三月、甲佐手永分」の中に「西寒野村懸砥用往来筋二三ヶ所取繕（修繕）御普請被仰付」とある。

この橋を潜った流れは緑川に注ぎ込む

■架設年　天保年間

■橋長13.4ｍ　橋幅2.43ｍ　橋高6.0ｍ　径間5.1ｍ（地図はＰ108）

## 150 安平御手洗橋

やすひらみたらいばし

上益城郡甲佐町東寒野［緑川水系］

上流側が石積み構造がよく観察できる

■橋長22m　橋幅5m　径間9m
（地図はＰ108）

緑川に面した甲佐神社の東側から安平へ向かうと御手洗神社の小さな社前を過ぎて坂道に橋が架かる。上流側は石積み構造がよく観察できる。細い流れに比べ橋脚8段の石積み、その上にアーチ。さらに4段の石積みまでが旧姿。そのまた上部はいつかさ上げされたのか不明。下流側はコンクリート拡幅。

## 151 かよい橋

上益城郡甲佐町小鹿［緑川水系］

コンクリート製手すりの下が廃橋になったかよい橋だ

■架設年　天保年間
（地図はＰ108）

阿蘇四社の一つ、甲佐神社前から緑川右岸を上流へ。小鹿への分かれ道を登らずに川沿いの道を進むと右へ曲がりかけるとき、左側にコンクリート製手すりあり。この下が廃橋になったかよい橋。古文書『町在』では「天保十二年三月甲佐手永の分」として「坂谷村小鹿村新道筋二五ケ所（中略）取繕…」の記録があり、修繕した5基の1つと判明。

## 152 広瀬川平橋（ひろせかわひらばし）

上益城郡甲佐町坂谷［緑川水系］

山あいの川平キャンプ場近くへ流れ下る川平川に架かる旧道の橋。左岸側からの斜面を命綱頼りに降りると、コンクリートで覆われたアーチが望める。このコンクリートアーチの内側に石造りのめがね橋があることを知る人は、今では少なくなったはず。

現在はコンクリートで覆われ、石造りめがね橋の面影はない

■架設年　天保年間（地図はＰ108）

## 153 広瀬目鑑橋（ひろせめがねばし）

上益城郡甲佐町坂谷［緑川水系］

甲佐町から緑川右岸をさかのぼると、甲佐神社や旧宮内小学校、川平キャンプ場を通過し、美里町近くになると本流に旧内大臣森林鉄道の廃橋が残っている。そのすぐ上流左手の谷の斜面に足長で小アーチの石造り目鑑橋が見える。

谷の斜面に足長で小アーチの石造り目鑑橋が見える

■架設年　天保年間
■橋長7m　橋幅3.72m　径間1.7m（地図はＰ108）

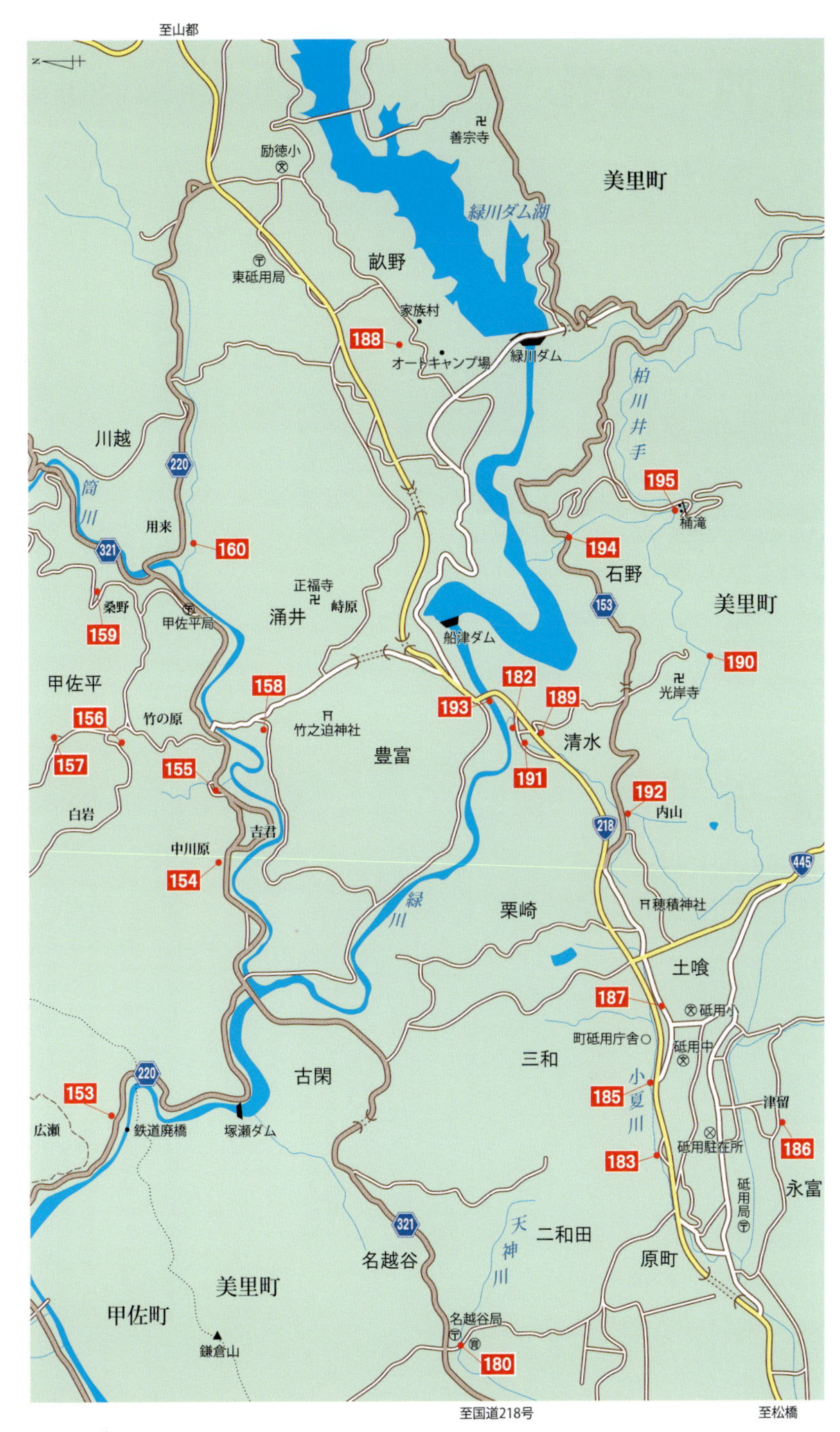
至山都
善宗寺
励徳小
美里町
緑川ダム湖
畝野
東砥用局
家族村
188
オートキャンプ場
緑川ダム
柏川井手
川越
220
筒川
195
樋滝
用来
160
194
石野
321
正福寺
峙原
涌井
美里町
桑野
甲佐平局
153
159
船津ダム
190
甲佐平
182
光岸寺
158
189
193
156
竹の原
竹之迫神社
清水
157
豊富
155
191
192
内山
白岩
218
吉君
中川原
445
154
穂積神社
緑川
栗崎
土喰
187
砥用小
町砥用庁舎
砥用中
三和
小夏川
古閑
220
153
185
津留
広瀬
鉄道廃橋
塚瀬ダム
186
砥用駐在所
183
永富
砥用局
321
天神川
二和田
名越谷
原町
美里町
甲佐町
名越谷局
鎌倉山
180
至国道218号
至松橋

154

にしのつるばし
## 西ノ鶴橋

下益城郡美里町甲佐平［緑川水系］

小さな流れに架かる可愛い石造アーチ橋

■橋長2m　橋幅1.85m　橋高1.42m　径間2m（地図はＰ113）

甲佐岳の南麓を流れる筒川に寄り添う道を行くと、甲佐平の中に中川原という集落があり、そこの小さな流れに可愛い石造アーチ橋が架かる。春夏秋冬よく陽が当たるところに大人が両手を広げたほどの規模のアーチは霊台橋と好対照。

155

いさおばし
## 井竿橋

下益城郡美里町甲佐平［緑川水系］

橋には昼前の陽光がよく当たる

■橋長8m　橋幅2.12m　径間3.86m（地図はＰ113）

美里町の東砥用地区の北方に甲佐岳が聳える。南麓の甲佐平の竹ノ原から流れ下る川が筒川を目前にする場所にこのアーチが架かる。橋を眺めるには小規模の郵便局前から道向かいの坂を下るとよい。橋には昼前の陽光がよく当たる。

## 156 白岩橋（しらいわばし）

下益城郡美里町甲佐平［緑川水系］

美里町の甲佐岳南麓、甲佐平の竹の原公民館前の四差路から徒歩で谷川沿いの細い道をしばらく下る。足場悪し。もう一つの谷川との合流点で右を振り仰ぐと石造アーチあり。周辺は天を衝く杉が林立。流れには白岩散乱。

周辺は天を突く杉が林立。流れには白岩散乱

■橋長5m　橋幅2.12m
（地図はＰ113）

## 157 中岳橋（なかだけばし）

下益城郡美里町甲佐平［緑川水系］

甲佐岳中腹に福城寺あり。そこを目指して竹の原公民館前から５００ｍも進むと舗装された旧道と分かれる。その旧道はすぐ新道と合流するのだが、橋は旧道下に隠れている。低木をかき分け土手を降りると石の構造が見える。

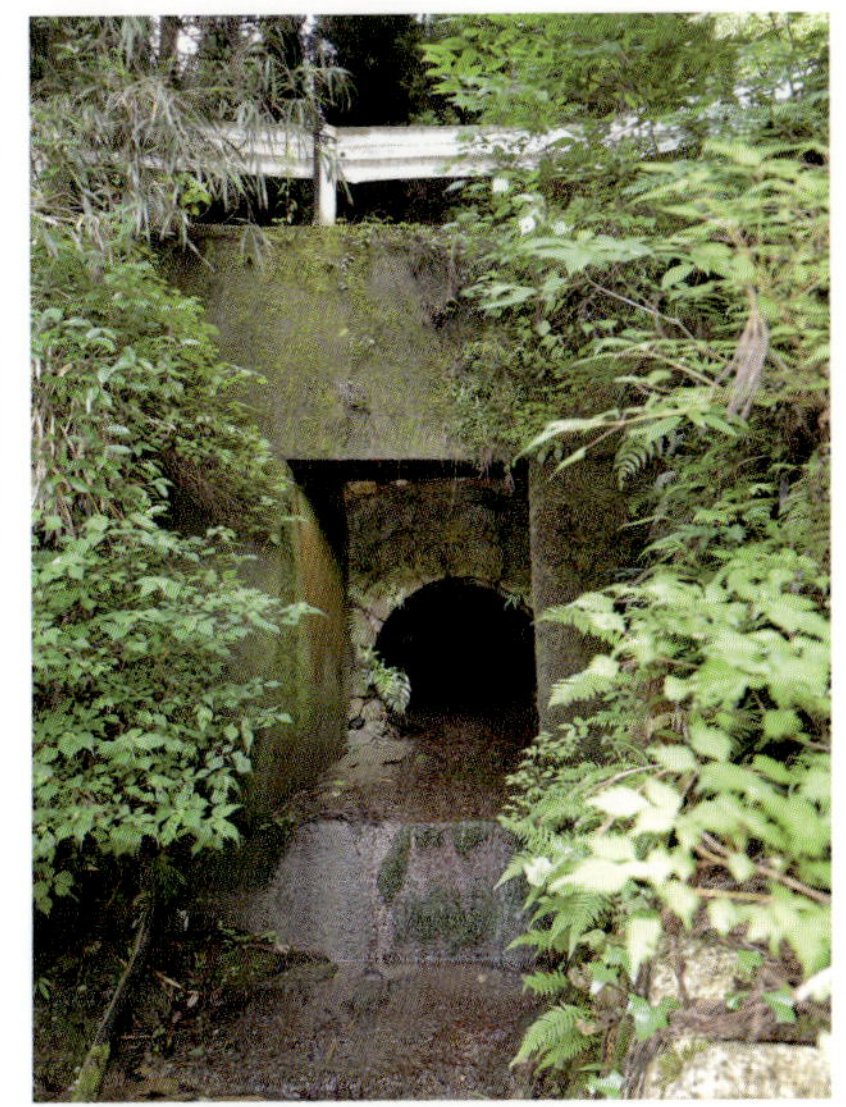
土手を降りると石の構造が見える

■橋長2.5m　橋幅2.8m
（地図はＰ113）

## 158 樋渡水路橋（ひわたしすいろきょう）

下益城郡美里町豊富（とよとみ）［緑川水系］

極めて小規模の水路橋である。緑川に支流の筒川が注ぐ付近を豊富と呼び、昔の小学校跡地近くの今村に架設されている。いつ頃、誰が企画したのか、石工は誰か―とんと分かっていない。

昔の小学校跡地近くの今村に架設

■橋長2.5m　橋幅2.13m　橋高2.35m　径間2.17m（地図はＰ113）

## 159 桑野橋（くわのばし）

下益城郡美里町甲佐平［緑川水系］

桑野の集落から一本道を東へ進むと左へゆっくりカーブする。そこに標木あり。それを目印に歩いて坂を下ると杉木立の中にめがね橋がある。右岸側の杉5本は幹の皮を鹿が食べたのか痕跡あり。橋は修復後10年程が経過している。

杉木立の中にめがね橋がある

■橋長6m　橋幅1.7m　橋高3m　径間2.35m（地図はＰ113）

## 160 下用来橋（しもようらいばし）

下益城郡美里町川越［緑川水系］

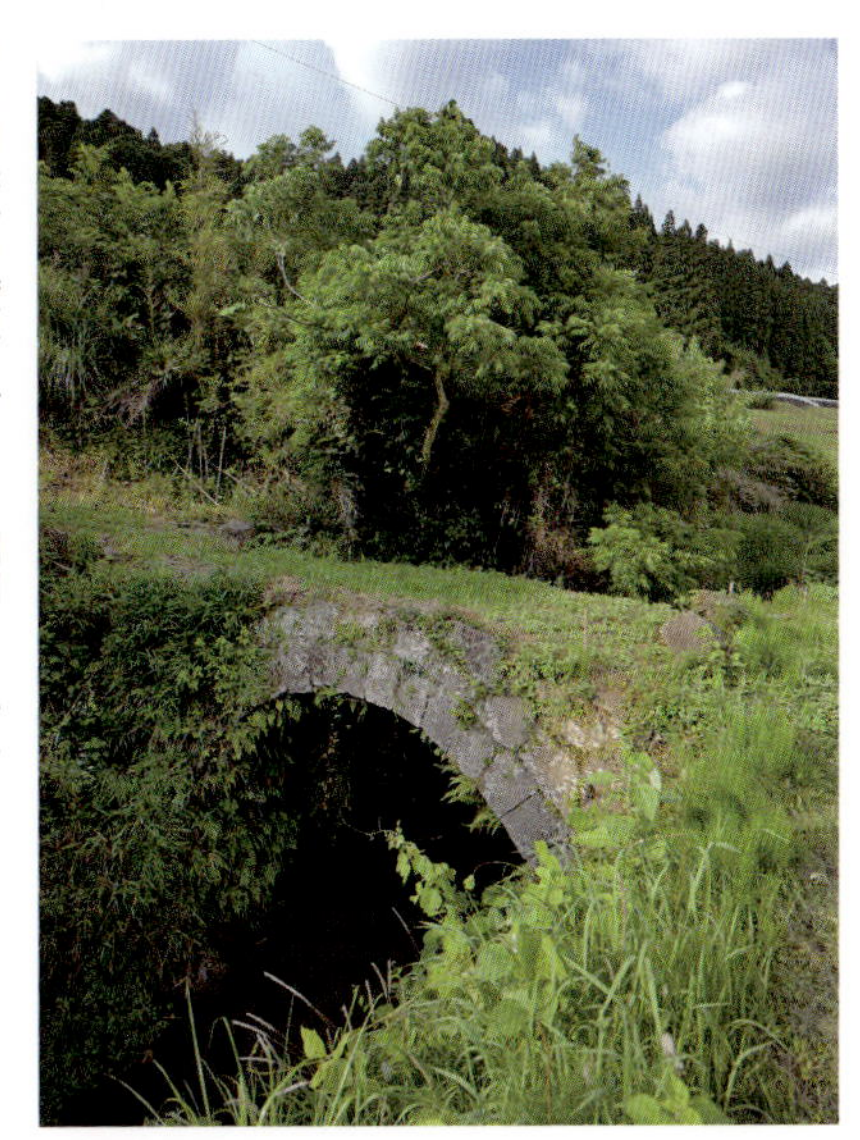

昔は用来から峙原に行くとき利用していた

緑川の支流は筒川、その支流用来川に架かる。昔は用来から峙原（そばはら）へ行くとき利用していたが、すぐ上流に鉄筋コンクリート橋が出来たので、めがね橋の取付道路はなし。すぐ横は水田。壁石3個はずれたのが路面上にあり。今後どう生かすのかと気になる。

■橋長6m　橋幅2.7m　径間4.4m
（地図はＰ113）

## 161 松尾橋（まつおばし）

上益城郡山都町三ケ［緑川水系］

松尾の溜め池の水は道路下の橋を潜って筒川に流れ下る

御船町滝尾から県道２１９号横野矢部線を上り水越からさらに東へ進む。右手に甲佐岳を望み、左は間谷（まんたん）山（やま）。この中腹を行くと山都町へ入り葛原・三ケ。左手に松尾の溜め池があり道路下の小規模めがね橋を潜って水は筒川へ流れ下る。

石造りアーチは、溜め池側からでないとよく観察できないが、危険だから無理しないことだ。

■橋長4m　橋幅6m　径間3.1m
（地図はＰ118）

# 162 申和橋（しんわばし）

上益城郡山都町柚木（ゆのき）［緑川水系］

集落を抜けるあたりにある、かずらをまとった橋

■架設年　1932（昭和7）年
■橋長9m　橋幅2.5m　径間6m

美里町と山都町を結ぶ国道218号の万坂トンネルより1・2km程西へ下った北野村から北方へ曲りくねった道を1・5km程進むと、地名のとおりユズの木が多い集落に入る。通り抜けるあたりに「申和橋」の看板があり、かずらがまとわり付いた石造アーチ橋がある。

昭和7（1932）年建造された橋は、同12（1937）年に路面をコンクリート拡張。橋の姿形を眺めるには上流側はかずらが繁茂し不適。しかし下流側だって民家前の畑なので許しを乞う必要がある。地元住民からは「下柚木橋（しもゆのきばし）」とも呼ばれる。

至旧矢部
猿渡
三ケ
囲
筒川
瀬峰
瀬峰川
松尾
161
163
165
三ケ公民館
219
〒下矢部局
164
至水越・御船
筒川
321
162
柚木
山都町
美里町
至国道218号

## 163 石堂橋（いしどうばし）

上益城郡山都町三ケ［緑川水系］

昭和期は下矢部・水越間の利用者にとって貴重な橋

■架設年　1859（安政6）年
■橋長15.3m　橋幅1.9m　径間8.6m（地図はＰ118）

路面急傾斜の橋。要石の左右の輪石数は左岸7個に対し右岸18個と差が大きい。昭和期は下矢部・水越間の利用者にとって貴重な橋であっただろうに、その後上流側に新道が出来て車輌の通行はいたって好都合となったので、石堂橋は農耕者利用が専ら。

## 164 とどろ橋

上益城郡山都町猿渡［緑川水系］

緩やかな流れは、橋を過ぎると急転直下し滝となる

■橋長9m　橋幅3.5m　径間7.85m
（地図はＰ118）

下矢部郵便局の西側に架かる。昭和9（1934）年に同石材同サイズのめがね橋で拡幅工事（石工は迫正時）がなされ乗用車通行が可能になった。橋を潜ったゆるやかな流れは、急転直下して水音を轟かせる滝となるところから、橋の名が付いた。

## 165 瀬峯橋（せみねばし）

上益城郡山都町猿渡［緑川水系］

下矢部地区を流れる瀬峯川に架かる。川底の溶結凝灰岩上に築かれたアーチは頑丈だが手すりがないので、すぐ下流側に手すり付きの新橋が出来て、山仕事や農作業に従事する人達には安全な通行ができるようになった。

アーチは頑丈だが手すりがない

■架設年　1863（文久3）年
■橋長9.3m　橋幅2.3m　径間6.7m
（地図はＰ118）

## 166 堅志田橋（かたしだばし）

下益城郡美里町堅志田［緑川水系］

江戸時代の行政区画中山手永（てなが）の中心地で、会所へ向かう道路に架設された小規模めがね橋。アーチは小さいけれど、ゆっくりした流れに影を映して円を描く。それを眺めていると、この地域の土木事業に尽力した惣庄屋の内田太右衛門や小山喜十郎の名が浮かぶ。

手永会所に向かう道路にある小さなめがね橋

■橋長4.6m　橋幅3.2m

至山都
名越谷
名越谷局
180
181
美里分署
大窪
名越谷神社
321
西福寺
三加
境
目磨局
天神川
手蝶山
幕川
218
美里町
今
津留川
坂貫
岩野
179
小岩野
171
443
釈迦院川
佐俣の湯
佐俣
佐俣阿蘇神社
年弥局
172
岩野
178
169
170
174
椿
至甲佐
至氷川
443
泰忠寺
中央中
168
吉見神社
中
鶴場局
218
長尾野
173
小筵
白石野川
至松橋
萱野池
美里町
松野原
木早川内
カントリーパーク
167
175
山ノ坊池
中郡
小市野
176
177
105
原田
津留
慶専寺
白石野

## 167 風呂橋（ふろばし）

下益城郡美里町中郡［緑川水系］

小規模ながら農業用水を渡す石造めがね橋。山都町の通潤橋よりずっと古く、県内最古の雄亀滝橋（おけだけばし）の翌年の架設。この橋を渡った水はすぐトンネルを潜り、山ノ坊池から萱野池（かやのいけ）へと2つの溜池へ。橋は平成13年に改修された。

小規模ながら農業用水を渡す石造めがね橋

■架設年　1819(文政2)年
■橋長10m　橋幅1.35m　径間2.35m(地図はＰ121)

## 168 小筵橋（こむしろばし）

下益城郡美里町小筵［緑川水系］

松橋から砥用へ向かう国道218号の小筵四差路で右（南方）を見ると、黄金色の眩（まぶ）しいイチョウの左下に単一石造アーチ橋が見える。春には橋周辺はサクラの並木で、春秋いずれも季節の彩りに包まれて幸せいっぱいの橋。

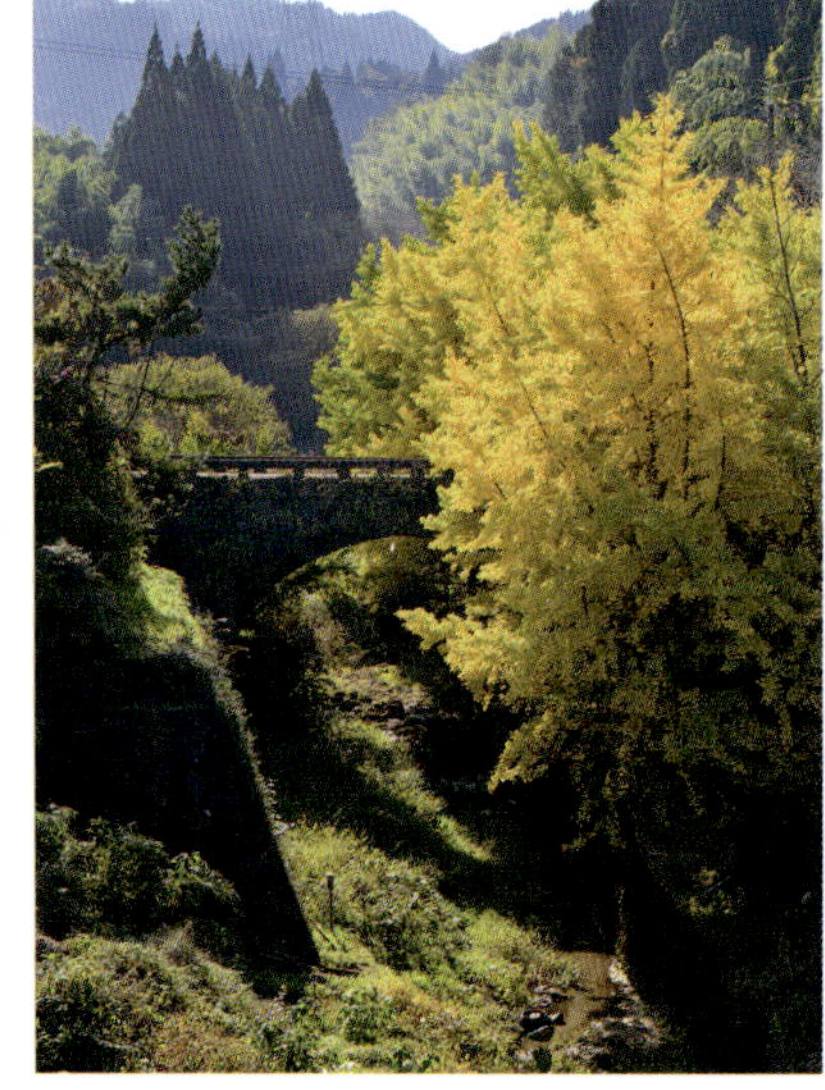
季節の彩りに包まれて幸せいっぱいの橋

町指定有形文化財

■橋長47m　橋幅2m　径間11m
(地図はＰ121)

## 170 年禰橋（としねばし）

下益城郡美里町小筵［緑川水系］

割石か雑割石で建設していた石造アーチ橋が、セメントの出現により間知石（けんちいし）と呼ぶ規格品石材で造る時代が到来した。そういう意味でこの年禰橋建設は、県内における石造アーチ橋のターニングポイントでもあり、近くの小筵二俣橋や二俣福良渡橋が空積みであるのに、年禰橋はモルタル造りの大アーチ橋である。石材節約のためも、小アーチが右岸に1基、左岸に2基併設してあるのが珍しい。

県内における石造アーチ橋の転換点となった
モルタル造りの大アーチ橋

町指定有形文化財

■架設年　1924（大正13）年
■橋長60m　橋幅5.8m　橋高24m（地図はＰ121）

**メモ** **空積み**　壁石積みの裏側は裏込め石のみ

## 171 小岩野橋（こいわのばし）

下益城郡美里町小岩野［緑川水系］

国道218号沿いにある美里町の佐俣阿蘇神社の前から南へ1・5㎞進むと麻生交通の「小岩野」バス停がある。ここから左へ入るとすぐ小岩野橋の案内板が見える。農村景観を楽しみながら歩くフットパス岩野用水コースが橋の上を通る。岩盤の上に築かれたアーチは二重で、要石は細身の二石材。

フットパス岩野用水コースが橋の上を通る

■架設年　天保年間
■橋長12.2m　橋幅1.8m　径間5.27m（地図はＰ121）

169・178

ふたまたばし、ふたまたふくらわたし（ばし）

# 二俣橋、二俣福良渡（橋）

下益城郡美里町小筵［緑川水系］

松橋から東へ堅志田を経由し砥用へ国道218号が通る。昔は堅志田往還と称し、旧道の一部は並行し多くは重なる。この旧道が釈迦院川を渡るのに木橋から石造めがね橋に架け替えられたのが二俣橋。文政12（1829）年12月のことで、すぐ横の津留川に架けられた二俣福良渡は5カ月遅れて竣工。甲佐町への往来が便利になった。共に中山手永在住小山喜十郎の功績として古文書『町在』に記録されている。橋周辺は若葉の頃よし、夏は川原で水遊び。イチョウ黄葉の秋はさらなり。冬は沈思黙考。

ある時間だけ橋の影がハート型に

町指定有形文化財

二俣福良渡（橋）
■架設年　1830（文政13）年
■橋長27m　橋幅2.5m　橋高8m（地図はＰ121）

二俣橋
■架設年　1829（文政12）年
■橋長28m　橋幅3.3m　橋高8m（地図はＰ121）

釈迦院川を渡る二俣橋（右）と、すぐ横の津留川の二俣福良渡（左）

## 172 機織橋（はたおりばし）

下益城郡美里町岩野［緑川水系］

美里町を通る国道２１８号の佐俣阿蘇神社前から南へ。国道４４３号を２㎞進むと、鉄筋コンクリート橋の左脇の旧道に架かっている。橋は要石の上に布積みの壁石が５段並び、大正期の作らしい。橋下両岸の柱状節理は太い。

鉄筋コンクリート橋の左脇の旧道に架かる

■架設年　1922（大正11）年
■橋長15m　橋幅3.65m（地図はＰ121）

## 173 妙見橋（みょうけんばし）

下益城郡美里町中［緑川水系］

白石野川が釈迦院川（緑川の支流）へ流れ込む地点に架設された橋。路面は国道４４３号が通る。そのため拡幅工事されたのが橋裏の輪石を観察すると分かる。平成26（２０１４）年度からの橋梁工事は、妙見橋に影響がないよう配慮してあったので、平成27年秋の撮影時は、下流側からアーチがよく見えた。

白石野川が釈迦院川に流れ込む地点に架設

■橋長23.4m　橋幅4m　径間9m
（地図はＰ121）

## 174 椿橋（つばきばし）

下益城郡美里町椿［緑川水系］

基礎石を設置する際、醤油を飲んで体温低下を防いだという

■架設年　1864（文久4・元治元）年
■橋長12.1m　橋幅1.6mm　径間4m
（地図はＰ121）

江戸時代末期の架設記録では「不動岩目鑑橋」と書かれている。この橋の基礎石を設置するのに醤油を飲んで体温低下を防いだという話が語り継がれている。平成19（２００７）年３月、すぐ下流に鉄筋コンクリートの「新椿橋」が出来、その橋の上から旧橋側面にはったツタの紅葉を眺め、琳派の絵を思い出した。

## 175 木早川内橋（きそがわちばし）

下益城郡美里町松野原［緑川水系］

路面や高欄はコンクリートや鋼材で補強されている

昭和32年秋、カメラを持ってアーチ下から眺めたとき、紅葉したカズラや羊歯類の衣裳をまとった木早川内橋に陶然となった記憶がある。それから半世紀以上過ぎ、路面や高欄はコンクリートや鋼材で補強され、本体異状なし。

■架設年　1921（大正10）年
■橋長10m　橋幅3m
（地図はＰ121）

## 176 古米橋（ふるよねばし）

下益城郡美里町小市野［緑川水系］

白石野川で、下流から３基目の橋

■架設年　1858（安政5）年
■橋長4m　橋幅3m（地図はＰ121）

白石野川は、下流から妙見橋、木早川内橋とアーチが続き、古米橋で３基目。すぐ上流に平成２（１９９０）年架設の鉄筋コンクリート橋が見え、古米橋はご隠居さんとなる。下流側のバショウの大葉や熟したカキを眺めて「極楽ごくらく」。

## 177 小市野橋（こいちのばし）

下益城郡美里町白石野［緑川水系］

上流側からやっと石造りのアーチが観察できる

■橋長11m　橋幅1.8m（地図はＰ121）

緑川の支流釈迦院川のまた支流白石野川へ注ぐ生勝寺川に架かる橋。下流側はつる状のフジの枝葉がアーチをすっかり隠し、上流側は路面を拡張した部分の下に、やっと石造りのアーチが観察できる。

## 179 馬門橋（まかどばし）

下益城郡美里町今［緑川水系］

備前国児嶋郡の石工たちの手になると言われる

町指定有形文化財

■架設年　1828(文政11)年
■施工者　備前石工・小板勘五郎、茂吉
■橋長27m　橋幅2.97m　橋高9.2m　径間11.9m(地図はP121)

こんな話が残っているが真偽のほどは不明。江戸期後半に備前国児嶋郡の石工たちは、八代干拓の指導に招かれて来た。彼らは肥後に石造りのアーチ橋があるのを珍しがり、その技術を身に付けようと懸命だった。彼らが肥後の各地に架けた数橋の中で馬門橋だけが健在。後年かさ上げされた路面は落葉のじゅうたん。手すり石の長さは不揃い。束柱は平板で素朴。

## 180 告乗橋（つげのりばし）

下益城郡美里町名越谷［緑川水系］

昔は「つけじょう」橋と呼ばれた

■橋長4.3m　橋幅2.3m　径間3.7m(地図はP121)

昔は「つけじょう」橋と呼ばれた。名越谷の中心地は四差路になり、近くに保育園（旧名越谷小学校跡）あり。その中間を流れる天神川に架かるめがね橋は、昭和30年代には早くもコンクリートで覆ってあり、輪石は見えていた。現在は再度拡幅工事でコンクリート施工。

181

おおくぼばし
# 大窪橋

下益城郡美里町大窪［緑川水系］

古びた輪石や壁石が166年の歴史を語る

町指定有形文化財

■架設年　1849(嘉永2)年
■施工者　新助、久左ヱ門
■橋長19.3m　橋幅2.7m　橋高6m　径間12.32m
（地図はＰ121）

国道218号沿いには、数多くのめがね橋が残る。美里町東部の砥用中心街西方には、遠目に反った石造りの手すりが見える大窪橋もその一つ。サクラの頃ならもっと目をひく。近づくと右岸側に碑があり「車通遍から須」「一、寸志五拾目」の刻字が読める。反った路面を渡り、上流側に架かる近代橋の上からめがね橋の側面を観察すると、古びた輪石や壁石が、160年余の歴史を語ってくれる。

「車通遍から須」の碑文字が冬の夕陽に浮き上がる

## 182 岩清水橋（いわしみずばし）

下益城郡美里町清水［緑川水系］

もとは国道218号沿いの二和田交差点近くにあった

■橋長5.3m　橋幅2.4mm　径間3.7m（地図はＰ113）

もとは国道２１８号沿いの二和田交差点近くに架設されていたので、小夏川の水は上小夏橋・小夏橋・舞鹿野田橋の次にこの橋を潜り津留川へ合流していた。鉄筋コンクリート橋に架け替えのため、霊台橋公園入り口に移設された。

## 183 舞鹿野田橋（もうかんだばし）

下益城郡美里町二和田［緑川水系］

路面が平坦な石組みで落下しないのが不思議

町指定有形文化財

■橋長6.7m　橋幅1.8m　径間4.08m（地図はＰ113）

国道２１８号が旧砥用町中心街の北側を通るが、そこに旧道が一部残っている。その脇に平行四辺形風のめがね橋が架かっている。路面が平坦な石組みで落下しないのが不思議。橋の近くには１㎞程西方の舞鹿野地区住民の田がある。そのため橋の名称は「舞鹿野田橋」と呼ぶようになったそうだ。

## 184 こなつばし 小夏橋

下益城郡美里町安部［緑川水系］

温泉宿の敷地内にあり、湯舟から橋が見える

砥用商店街北側にバイパスが出来る頃に、解体した橋をこの地に復元した。昭和50年代の話で、当時は雁俣公園と称していた場所だが、今は美肌温泉癒しの郷となり「離れの宿白木」の敷地内となり、湯舟から橋が見える。

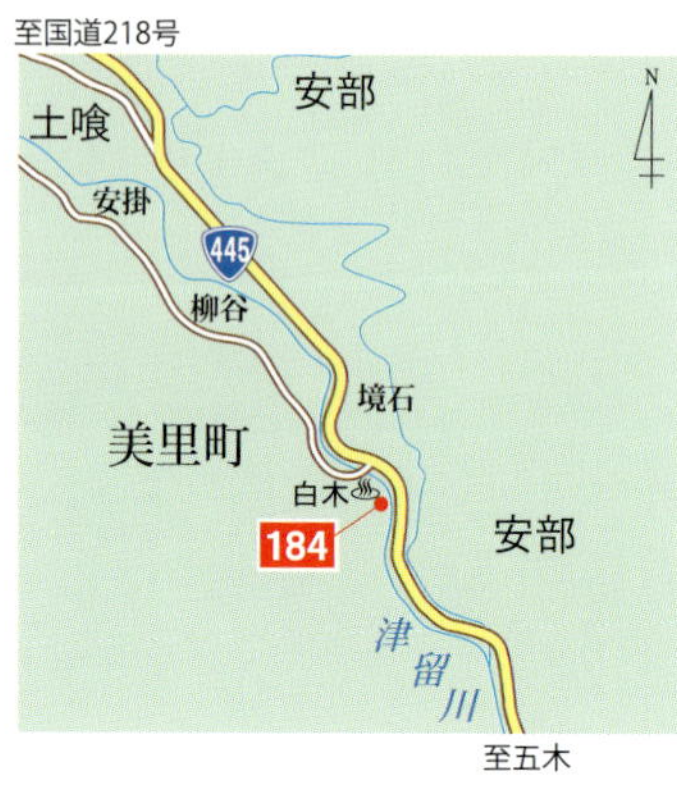


■橋長4.3m　橋幅1.8m　径間4.3m

## 185 かみこなつばし 上小夏橋

下益城郡美里町二和田［緑川水系］

小規模アーチながら村人の役に立っている

小夏川に架設された2橋の一つ。下流の橋は砥用バイパス工事の際に解体移転されたが、上流の橋だけが集落内に残り、小規模アーチながら村人の利用に役立っている。南側の高台には砥用中学校がある。

■橋長4.3m　橋幅1.6mm　径間3.5m
（地図はＰ113）

## 186 平成未来橋

へいせいみらいばし

下益城郡美里町永富［緑川水系］

その名のとおり平成13年5月に出来た橋

■架設年　2001（平成13）年
■橋長5.5m　橋幅1.65m（地図はＰ113）

命名のとおり平成13（２００１）年5月に出来た橋である。美里町永富にある津留区多目的集会所前へ渓流中園川が流れてくる。この流れに、近くに住む後藤義行さんが設計し架設した。右岸上流側の梅の古木の花の頃が愉しみ。

## 187 耳取橋

みみとりばし

下益城郡美里町土喰（つちばみ）［緑川水系］

橋はバス停「耳取」近くの細い流れを探すと分かる

■橋長2m　橋幅7m　径間1m
（地図はＰ113）

砥用商店街近くのバスの停留所には「目磨（めとぎ）」「耳取」と恐ろしい名が続く。バス道路下に暗渠（あんきょ）風の石造アーチ橋があり、長さは歩測で13ｍ程。ほとんど誰もが気付かない存在で、バス停「耳取」近くの細い流れを探すと分かる。

## 188 新鍵ノ戸橋（しんかぎのとばし）

下益城郡美里町畝野（うねの）［緑川水系］

霊台橋（れいたいきょう）の左岸下流側へ流れ落ちる小川に架かっていた橋だが、道路事情の変化で解体され、畝野の美里町ガーデンプレイス・家族村広場に復元。工事担当の石工は町内在住の竹部光春さん。この人は霊台橋修復や鹿児島の西田橋の解体移設の折に石工頭を務めた優秀な腕の持ち主だ。

家族休暇村ピクニック広場に復元

■橋長3.5m　橋幅2.28m　径間2.5m（地図はＰ113）

## 189 鍵ノ戸橋（かぎのとばし）

下益城郡美里町清水［緑川水系］

通称「上の橋」。国道２１８号を東へ進み美里町砥用庁舎の先から下り坂となる。左前方に霊台橋が望める手前右側の小さい流れに石造りの小アーチが架かる。この流れの下流にも小アーチ（新鍵ノ戸橋）が架かっていたが、それは緑川ダム湖畔の家族旅行村に移設された。

霊台橋が望める手前右側の小さい流れに架かる

■橋長2.7m　橋幅2.3m

（地図はＰ113）

## 190 志道原橋（しどうばるばし）

下益城郡美里町清水［緑川水系］

上流側の要石は細い石材で下が尖った形

■橋長3.2m　橋幅3m　径間2.54m（地図はＰ113）

雄亀滝橋（おけだけばし）へ向かう途中のトンネル手前から右へ坂道を上りきると、柏木用水に蓋をした通路がある。右へしばらく歩くとめがね橋に負担がかからないように鉄板を乗せた場所へ至る。上流側の要石は細い石材で下が尖った形をしている。

## 191 ゆきぞの橋

下益城郡美里町清水［緑川水系］

輪石の内円側は江戸切り瘤出し加工と丁寧

■架設年　1901（明治34）年

■橋長5.2m　橋幅4.9m　橋高2.8m　径間3.55m（地図はＰ113）

霊台橋より国道２１８号を西へ。１００ｍ進むと右手に旧国道が残る。その途中のガードレール下にこの橋が架かるが気付かぬ人が多い。内山から流れてきた小川に架設されており、輪石の内円側は江戸切り瘤出し加工と丁寧だ。

# 193 霊台橋（れいたいきょう）

下益城郡美里町清水［緑川水系］

国道218号を東進、美里町砥用で緑川本流を渡るとき霊台橋に出会う。

その昔、木橋を架けたが20年間に5度流失したそうで「大雨でも壊れない橋が欲しい」との地元民の願いを実現するため、砥用手永（てなが）の惣庄屋篠原善兵衛は、長崎で知った石造アーチ橋架設を企画し、実現のため尽力する。

弘化2（1845）年着手。工事は同3年からで、設計は地元崎原（そばはら）の伴七（のちの茂見伴右衛門）が主になり、大工・崎原の万助。石工は種山の宇助ら72人が集まり「さつきの初めより同じ年の霜降り月日あらずして此橋なる」。弘化4年2月に渡り初め、4月に奉行の橋検分。よって竣工は弘化4年。

嘉永5（1852）年には矢部手永惣庄屋の布田保之助が郡代と共に泊まりがけで視察に。

橋を眺めるには、見下ろすのなら左岸崖上の霊台公園からがよかろう。見上げるには上流側の川原から。単一アーチとして日本一の姿をゆっくりご覧いただきたい。

左岸側隅の小アーチは、旧内大臣森林鉄道用トンネル。

国指定重要文化財

■架設年　1847(弘化4)年　■施工者　八代種山石工・宇助
■橋長89.9m　橋幅5.45m　橋高16.03m　径間28.24m(地図はＰ113)
美里町砥用で緑川本流を渡る日本一の単一アーチ

## 192 内山橋（うちやまばし）

下益城郡美里町清水［緑川水系］

内山の集落から流れてきた小川が穂積阿蘇神社側から流れて来た川へ合流する直前に架かったきわめて小さい石造めがね橋。輪石の内側は波状金属板で補強されている。川が合流後にすぐ潜っていた小アーチは架け替え消滅。

輪石の内側は波状金属板で補強されている

■橋長2.5m　橋幅3.2m　橋高2.3m　径間2.08m（地図はＰ113）

## 194 県橋（あがたばし）

下益城郡美里町石野［緑川水系］

国道218号を東へ。美里町砥用庁舎を過ぎると下り坂。雄亀滝橋への案内板を見て右に入り、トンネルを抜けて1㎞程行くとこの橋の場所に着く。雄亀滝橋を潜った水がこの橋下へ。橋下で観察すると大正時代の拡幅工事が分かる。

橋下で観察すると大正時代の拡幅工事が分かる

■橋長5.5m　橋幅4.5m　径間3.6m（地図はＰ113）

## 195 雄亀滝橋（おけだきばし）

下益城郡美里町石野［緑川水系］

文政元年に完成した県内初の水路橋

緑川の左岸側は九州山地の北壁で、この中腹に農業用水の柏川井手が開削されたのが文化年間。桶嶽の地は谷になっており関係者は困惑したが、郡代不破敬次郎が水路橋架設を提案。八代から石工三五郎を呼びこの橋が出来た。古文書によれば文化14（1817）年8月着工、翌文政元年9月に成就。県内初の水路橋が完成した。雄亀滝は桶滝のあて字。

熊本県指定重要文化財

■架設年　1818（文政元）年
■施工者　三五郎（のちに岩永姓）
■橋長15.5m　橋幅3.6m　橋高7.4m　径間11.8m（地図はＰ113）

## 196 浜町橋（はままちばし）

上益城郡山都町下馬尾［緑川水系］

八代野津石工三五郎が男成川目鑑橋の次に造った

江戸後期、矢部手永の惣庄屋となった布田保之助は、架設事業推進の手助けに八代野津石工三五郎を招いた。初め日向往還に男成川目鑑橋（現聖橋）を、次に下馬尾川目鑑橋（現浜町橋）を依頼した。時が流れて大正期に車の通行が増えると、浜町橋は下流側にコンクリートブロックで拡幅工事がなされ現在に至る。写真は上流側の様子。

町指定有形文化財

■架設年　1833（天保4）年
■施工者　岩永三五郎
■橋長14.4m　橋幅3.6m　径間12.6m（地図はＰ141）

# 198 通潤橋（つうじゅんきょう）

上益城郡山都町長原（ながはら）［緑川水系］

江戸時代、肥後熊本藩では各地で農業用水整備がなされた。山間地の矢部手永では、水不足の白糸台地へ灌漑用の水路を開くため、緑川の支流笹原川から取水することにした。企画は惣庄屋布田保之助。取り入れ口から約6㎞の水路勾配は千分の一、途中トンネルも掘った。

井手の通潤用水は白糸台地へ達する直前に五老ヶ滝川が流れる谷に直面。そこで布田はこの谷に巨大な石造めがね橋を架設する計画を立てた。橋の上に水を渡す発想は砥用に前例がある。文政元（1818）年に完成した雄亀滝水路橋に倣い、橋の規模は弘化3（1846）年の大工事で建設された霊台橋を参考にした。資金は地元有志に寸志を募り、会所官銭と合わせたが、約半分の額。そこで残額は郡代を通じて藩から借金。技術者は種山石工中心に藩内各地から集め、資材は五老ヶ滝川の底部より採石した。

アーチ造りには4階建て支保工を用い、石垣補強には熊本城の算木積みを参考にした。

メモ　**支保工**　橋梁等の工事で、上または横からの荷重を支えるために用いる仮設構造物で、通潤橋では「下橋」という、石橋を組み上げるときに支える枠組みを用いた。

橋中央側面に土砂抜き穴を設け、必要に応じて放水する

石垣補強には熊本城の算木積みを参考にした

**国指定重要文化財**

■架設年　1854(嘉永7)年
■施工者　八代種山石工・宇一、丈八、甚平ほか
■橋長75.6m　橋幅6.3m　橋高20.2m　径間27.5m

特に橋の上を渡る水は連通管の原理を応用した。これは藩内各地の農業用水に例多く、橋上に応用したのが画期的。また橋中央側面に土砂抜き穴を設け、必要に応じて放水した。これが後年観光に生かされている。

1年8カ月を要して工事は終了。通潤用水は吹上台目鑑橋（後年、大奉行真野源之助が「通潤橋」と命名）上を流れる上井手と五老ヶ滝川から取水する下井手により、白糸台地180haを潤し、稲を育て、人を育てている。

**メモ** **算木積み**　石の長辺を石垣の角の両面に交互に出し、強度を増す工法。

## 197 えのは橋

上益城郡山都町白藤［緑川水系］

白糸台地の南、緑川の深い渓谷に鮎の瀬大橋（長さ390m、高さ140m）が架かる。Y字橋脚と斜張橋との複合型の大変珍しい橋だ。その中央付近より下流側を見下ろすと小さい石造アーチが見える。猿ヶ城キャンプ村の中に平成7（1995）年に架けられた、えのは橋だ。

えのは橋（手前）と、鮎の瀬大橋を望む

■架設年　1995(平成7)年
■橋長12m　橋幅2.47m
　橋高3.1m　径間4.5m

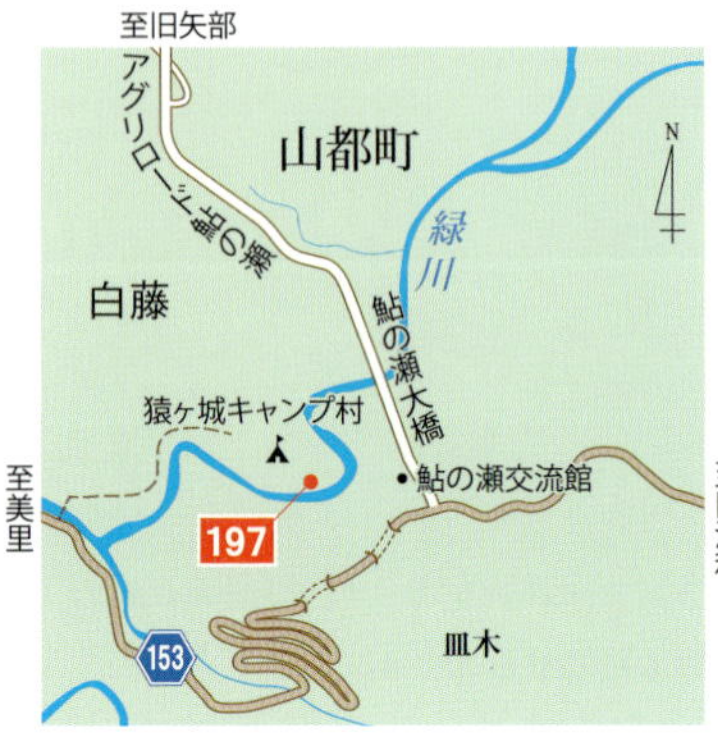


## 199 聖橋（ひじりばし）

上益城郡山都町野尻［緑川水系］

矢部手永の惣庄屋布田保之助が日向往還の要所に架けた橋。「男成川目鑑橋」ともいう。径間19・9mのやや扁平な大アーチが笹原川をまたぐ姿は壮観。昭和12（1937）年、右岸側の石材を崩して下流側に新設する橋の基礎に利用したそうで、修復は平成11（1999）年に完了した。

扁平大アーチは壮観

町指定有形文化財

■架設年　1832(天保3)年
■施工者　岩永三五郎
■橋長35m　橋幅5m　径間19.9m

## 200 男成橋（おとこなりばし）

上益城郡山都町男成 [緑川水系]

大正年間の再架設は頑丈

■橋長6m　橋幅4.3m
橋高4.5m　径間2.75m

国道218号から見える男成神社の鳥居横から、もしくは日暮崎から北へ1・5km程で橋の標識あり。小川に最初架設されたのは聖橋と同じ天保年間。現在の橋は基礎が3〜4段で、その上に輪石17列のアーチで、大正年間の再架設は頑丈。

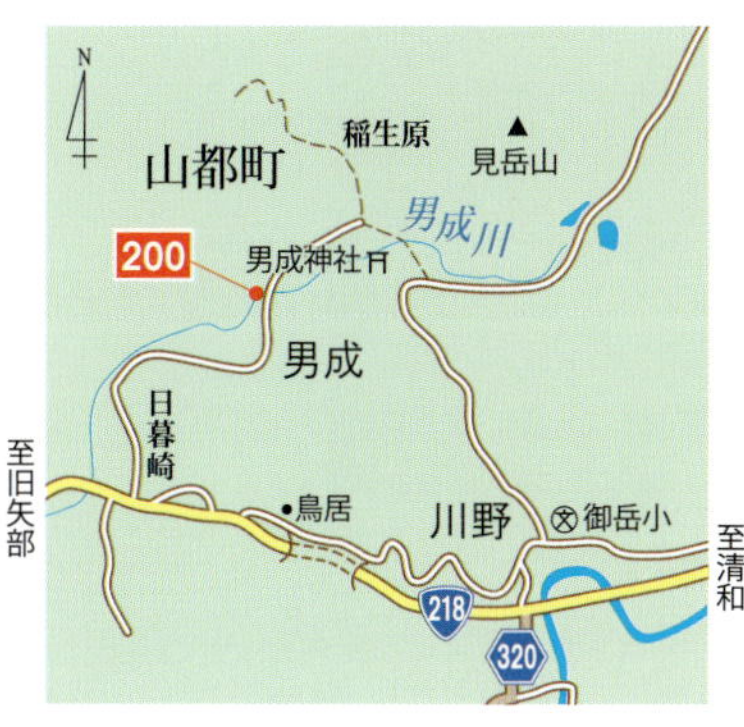


## 201 貫原橋（ぬきはらばし）

上益城郡山都町成君（なりぎみ） [緑川水系]

木立の中、黒い岩をアーチに組んだ橋

**町指定有形文化財**

■架設年　1847（弘化4）年
■施工者　白小野石工・喜兵衛
■橋長9.1m　橋幅3.6m
橋高4.5m　径間2.2m

聖橋から東へ国道218号を3km程行くと大矢川に川内橋が架かる。この橋を渡ってすぐに曲がらず、川沿いに進み大きく右へカーブして貫原へ。木立の中、左手に黒い岩をアーチに組んだ橋がある。前方上は道路で後方一段下は田。

## まいづるばし<br>舞鶴橋

上益城郡山都町郷野原［緑川水系］

迫田の中に半分埋もれ計測出来ない

■橋長4.7m　橋幅1.87m
橋高1.3m　径間1.8m

山都町の仏原から県道319号仏原高森線を郷野原（ごうのはる）の中の伊良野原（のらのはら）を目指すとよい。尋ねようにも人がいない所。バス停ならば山都ふれあいバス（コミュニティバス）の郷野原が近い。橋は迫田の中に圃場整備で取り残され、半分埋もれ計測できない。野草多し。

## ひらばるばし<br>平原橋

203

宇土市網津（あみづ）町平原［網津川水系］

かつては露出した輪石背面が道だった

■橋長5.3m　橋幅1.84m　径間4.56m
（地図はＰ145）

宇土半島の北側へ流れる網津川の一支流に架かる。輪石だけで構成された橋は、公営温泉センター「あじさいの湯」を右手に見て南へ進み、浄蓮寺への曲がり角にある。石材は地元産の馬門（まかど）石で、かつては露出した輪石背面が道だったが今は横の道を利用している。

## 204 馬門橋（まかどばし）

宇土市網津町馬門［網津川水系］

馬門石が使われ、朝夕は輪石側面の色を眺める楽しみがある

市指定有形文化財

■架設年　1854(嘉永7・安政元)年？
■橋長4m　橋幅2m

馬門石石切場跡からの流れが網津川に流れ込もうとする地点に架かる。石材は当然の如く赤肌色の馬門石使用。朝夕は輪石側面の色を眺める楽しみがある。長靴履いて橋のアーチ下へ行けば、馬門石の魅力を鑑賞できる。

**メモ　馬門石**　阿蘇熔結凝灰岩で、ピンク色をして美しく、加工もしやすいため、昔から石材として利用。熊本藩の御用石として、轟泉水道の樋管などに使われている

## 205 馬立橋（またてばし）

宇土市網津町割井川［網津川水系］

わずかにアーチ付近の壁面だけ石肌が見える

網津川に架かる。下流の2基は姿を消し、現在は最下流の橋となる。用材の馬門石はコンクリートで覆ったため美観をそこね、後年わずかにアーチ付近の壁面だけを石肌が見える程にコンクリートを剥ぎ取ってある。

市指定有形文化財

■橋長9.3m　橋幅3.63m　橋高3m　径間7.9m（地図はＰ145）

## 206 網引橋（あびきばし）

宇土市網引町猪伏［網津川水系］

新橋架設による撤去が覆り、命拾いした

命拾いしためがね橋である。昭和54（1979）年2月末、市はすぐ上流に新橋架設を計画。そのため網引橋は撤去対象となった。市教委のTさんに情報を話したら「この際、網津川の全石橋を保存したい」との答え。その足で土木事務所へ向かったTさんの熱意により状況は好転し、網引橋を含め流域の網津川眼鏡橋群が市指定の文化財となる。

市指定有形文化財

■橋長8.7m　橋幅3.63m　径間7.65m（地図はＰ145）

## 207 タカフネ橋

宇土市網引町［網津川水系］

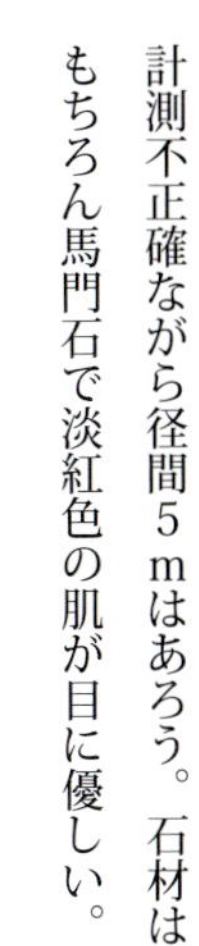

両脚部をコンクリート補強してあるので、計測不正確ながら径間５ｍはあろう。石材はもちろん馬門石で淡紅色の肌が目に優しい。

石材は馬門石で淡紅色の肌が目に優しい

**市指定有形文化財**

■橋長6.1m　橋幅2.4m　橋高3.7m　径間5.5m（地図はＰ145）

## 208 猪白橋（いびゃくばし）

宇土市網引町猪伏（いぶし）［網津川水系］

「猪伏橋」ともいう。網津川水系の石橋群中、水面からの高さが最も高い。石材は灰色の馬門石を用いてあるのが異色で、右岸側橋脚部には用水路を併設。近くのバショウの緑葉が威勢よい。

網津川水系の石橋群中、水面からの高さが最も高い

**市指定有形文化財**

■橋長6.9m　橋幅2.75m　橋高4.5m
径間6.45m（地図はＰ145）

## 209 夏越神社橋

なごしじんじゃばし

宇城市三角町中村［郡浦川水系］

門前橋よりわずかに小ぶりなアーチ

■橋長3.8m　橋幅1.55m
橋高1.8m　径間2.85m

「寺内橋（じないばし）」ともいう。専行寺門前橋より20m程下流に架設され、寺内へ渡るのに利用されている。門前橋よりわずかに小ぶりなアーチ。淡紅色の石肌から馬門石と見た。この橋より下流へ30m程で旧国道266号が通る。

## 210 専行寺門前橋

せんぎょうじもんぜんばし

宇城市三角町中村［郡浦川水系］

門徒は輪石の背を踏んで渡る

宇土半島南岸を通る旧国道266号沿いからほんのちょっと北へ入った地点に専行寺がある。その山門前に小さなめがね橋が架かり、門徒は輪石の背を踏んで渡る。輪石は右岸7列左岸8列で要石は幅広。

■橋長3.7m　橋幅2.9m　径間2.63m

## 211 底江若宮神社橋

そこえわかみやじんじゃばし

宇城市三角町手場［底江川水系］

「底江のめがね橋」ともいう。国道266号沿いの標識「底江」から山側へ向かうと旧大岳小学校あり。さらに進むと左側に集落、右下に「底江の一本杉」。そこより底江川へ下り70m程でめがね橋あり。川向こうの斜面にはお宮と蜜柑畑。

底江のめがね橋とも呼ばれる

■橋幅2.5m　径間2.4m

## 212 宮下橋

みやしたばし

宇城市三角町大口［大口川水系］

「大岳下の橋」ともいう。大口神社横の橋を潜った流れは、旧国道に架設された橋も潜る。その先に極小めがね橋が残る。通りがかりの男性の話では「横に鉄筋コンクリートの橋を造るとき、こまか橋バッテン、せっかくだから残そうか」と相談の結果現存。地域の人たちの温情に拍手。

地域の人たちの温情で生き延びた

■橋長3.2m　径間2.2m

## 213 宮ノ前橋（みやのまえばし）

宇城市三角町大口［大口川水系］

「大岳上の橋」ともいう。松橋―三角間を走る九州産交バスは集落のある旧国道を通る。三角町の東端大口の旧国道から少し離れた位置に大口神社がある。天満宮とも呼ばれているが、その鳥居横を流れる小川にめがね橋が架かり、民家が利用している。

大口神社の鳥居横を流れる小川に架かる

■橋長3.2m　径間2.5m（地図はＰ149）

## 214 松合（眼鑑）橋（まつあい（めがね）ばし）

宇城市不知火町松合［春の川水系］

松合小学校近くを流れ下った春の川は、屋敷新地の西側を流れて海へ出る。町中を通るバス道路は、春の川に架設された松合橋を渡る。この橋は地元の郷土史家嶋谷力夫さんの尽力で、文政年間に野田嶋右衛門の功績と判明。用材は網津の馬門石や天草の砂岩。橋を横から眺めると要石が広く見える。

２列の要石の端だけが倍の幅ある

市指定有形文化財

■架設年　1820（文政3）年
■橋長8m　橋幅4m

## 215 須ノ前橋（すのまえばし）

宇城市不知火町松合［浦谷川水系］

橋周辺は山須浦公園になっている

（地図はＰ150）

港町松合は住宅が密集し、一度火災が発生すると類焼し大火となることが繰り返された。そこで安政年間に海辺の浅瀬を埋め立てて屋敷新地とし、移住を促した。旧集落と新地の間には細い浦ン谷川が出来、そこに3基の小規模のめがね橋が架けられた。その中の1基で、平成11（1999）年に解体、同25（2013）年に同地に復元。翌春に橋周辺は山須浦公園となる。

## 216 鴨篭橋（かもこばし）

宇城市不知火町長崎［浦谷川水系］

小川町海東の石工による施工は良

**市指定有形文化財**

■施工者　小川海東村石工・村上
　　　　　拡幅のみ

■橋長7m

不知火中学校のやや北西にあり。昭和26（1951）年に拡幅されたが、小川町海東の石工による同石材同サイズの施工は良。ただし近年になり取り付けられた高欄は異質で違和感あり。西側の集落鴨篭からは古墳時代の石棺出土。

## 217 誉ヶ丘橋

ほまれがおかばし

宇城市豊野町山崎［大野川水系］

誉ヶ丘公園入り口に架設された橋

■架設年　1955（昭和30）年
■橋長8.7m　橋幅3.45m
　橋高5.5m　径間8.1m

豊野村時代の昭和30（1955）年前後に、国道218号脇に誉ヶ丘公園ができた。その入り口に架設された橋で、この頃は石材の間にコンクリート充填の施工がなされており、江戸時代の空積みと対照的。周辺はツツジの花やクス・シイの若葉の頃に水辺の遊歩道散策がいい。

## 218 鐙ヶ鼻水越橋

あぶみがはなみずこしばし

宇城市豊野町山崎［大野川水系］

上堤から溢れた水が中堤に落ちるとき潜る橋

■橋長10m　橋幅2m　径間3.6m

地元教育委員会は、他の古いめがね橋は文化財に指定しているが、「橋でないから」とこの橋は指定していない。鐙上堤（つつみ）から溢れた水が中堤へ落ちるとき潜る橋で、もちろん歩いて渡れる。ちなみに下の池は灌漑用の萩尾大溜池だ。

## 219 宮小路橋（みやしょうじばし）

宇城市松橋町豊福［大野川水系］

下流側から覗くと石造アーチが分かる

■橋長5m　橋幅1.5m　径間4m

国道3号脇に架かるけれど、路面は鉄筋コンクリートで拡張してあるので、下流側（南）から覗くと石造アーチが分かる。車を運転しながらではガードレールが気になりよく見えない。松橋町豊福の仕出し屋おくむらの斜め前にある。

県内で国道3号沿いに見える数少ない石造めがね橋だ。

至宇土
至松橋ＩＣ
九州自動車道
辨天
松橋町豊福
豊福小
豊福局
3
下町
220
松橋町内田
長伝寺
219
221
浅川
袴田
松橋町竹崎
312
宇城市
至八代
至八代ＩＣ

## 220 有馬田橋（ありまだばし）

宇城市松橋町内田［大野川水系］

清冽な弁天の水が有馬田を流れるとき潜る単一アーチ

■橋長5.5m　橋幅2.1m　橋高2.8m　径間4.4m

「上内田橋（かみうちだばし）」ともいう。内田の集落に2基現存するうちの1つ。清冽な湧水で知られる辨天の水が、有馬田の地を流れるとき潜るのが単一アーチ。アーチ橋を挟んで上流側のコンクリート橋の拡幅は上部路面のみ。下流側は新設道路幅。したがって上流側はかがみこんで覗けば輪石や壁石の一部が見える。

# 内田橋（うちだばし）

宇城市松橋町内田　竹の下の南［大野川水系］

川原におりて橋裏を見上げると輪石同士の接合面は良

■橋長8.2m　橋幅2.7m　橋高3.5m　径間7m（地図はＰ153）

内田の南部集落を流れる川に架かる石造アーチ橋。上流側は農業用水が流れる大きな鉄管が隣接して景観を損ね、下流側は新設道路があってアーチを隠す。川原に下りて橋裏を見上げると輪石同士の接合面は良。

222

# 娑婆神橋・上の橋（さばがみばし・うえのはし）

宇城市小川町中小野（なかおの）［八枚戸川水系］

国道3号に並行して東側山裾を、昔の道路が通る。その途中の中小野から娑婆神峠へは石畳の道で、登り口に2基架設されためがね橋のうち、上流側の1基が現存する。現在の山越え道は橋を避けて豊野・堅志田へ向かう。

娑婆神峠への石畳の登り口にある

■架設年　1855（安政2）年
■橋長7m　橋幅2.45m　径間3.95m

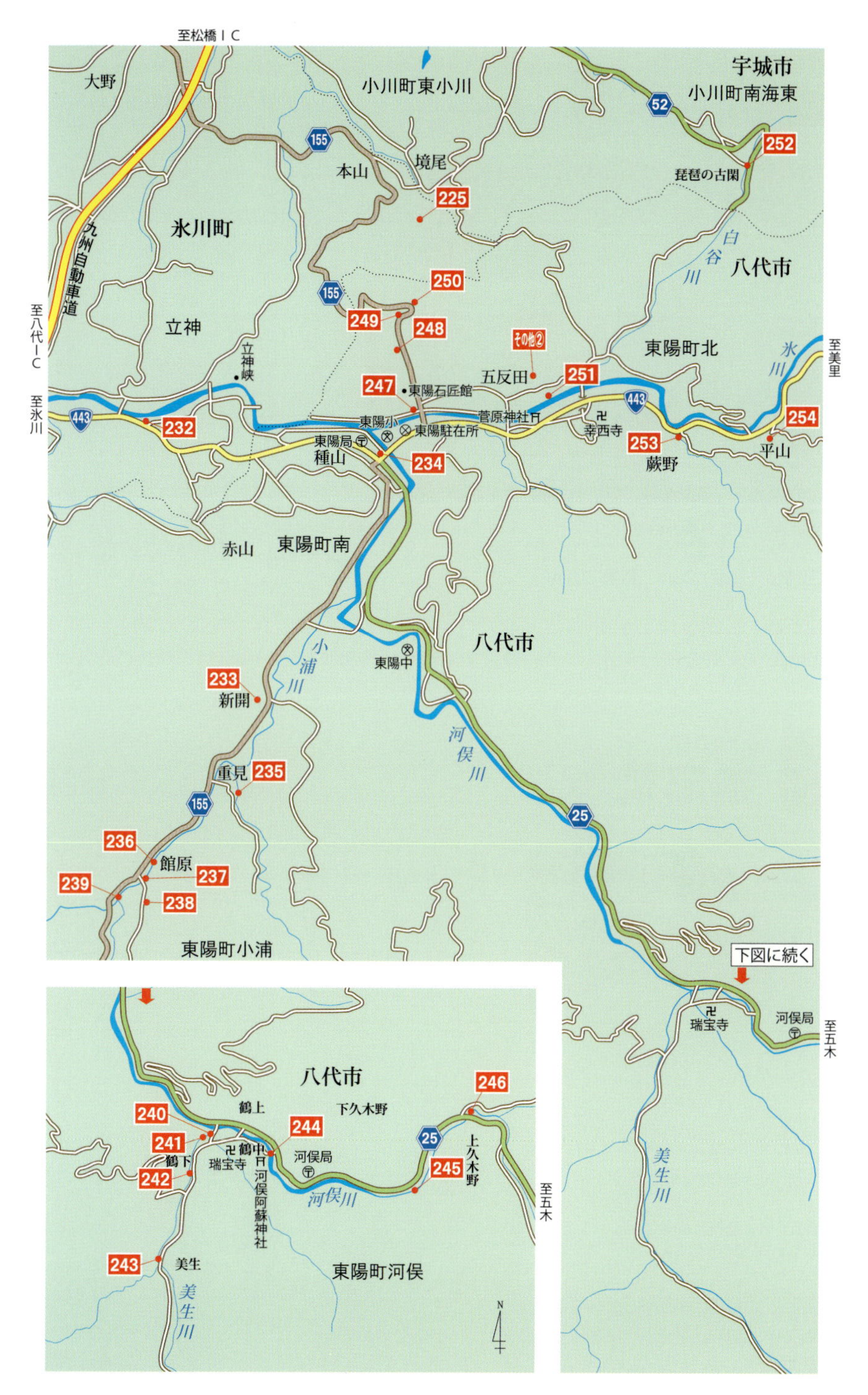
至松橋ＩＣ
大野
小川町東小川
宇城市
小川町南海東
52
155
252
本山
境尾
琵琶の古関
225
氷川町
九州自動車道
白谷川
八代市
250
155
249
248
至八代ＩＣ
立神
その他②
東陽町北
氷川
至美里
立神峡
五反田
251
247
東陽石匠館
443
至氷川
443
232
東陽小
菅原神社
幸西寺
254
東陽駐在所
253
東陽局
種山
234
蕨野
平山
赤山
東陽町南
八代市
小浦川
東陽中
233
新開
河俣川
重見
235
155
25
236
館原
237
239
238
東陽町小浦
下図に続く
瑞宝寺
河俣局
至五木
八代市
246
鶴上
下久木野
240
244
241
25
鶴中
鶴下
瑞宝寺
河俣局
上久木野
242
245
河俣阿蘇神社
河俣川
至五木
美生川
243
美生
東陽町河俣
美生川
N

# 223 寿太郎橋

じゅたろうばし

宇城市小川町川尻［砂川水系］

伝聞では種山石工の作とのこと

■橋長10m　橋幅1.26m　径間1.81m

砂川は小川町商店街の上流側と下流側で、過去2度の河川大改修工事がなされ、上流側は安政2（1855）年だが下流側も幕末、河江手永惣庄屋の内田寿太郎在住の頃。下流側の古い流れは一部が現存し個人所有の沼池となりめがね橋が架かっている。伝聞では種山石工の作とのこと。私有地のため、見学はご遠慮願いたい。

# 224 蟇田橋

ひきたばし

八代郡氷川町大野［砂川水系］

雑草を払うと橋が姿を現した

■橋長5.6m　橋幅2.8m
　橋高3.8m　径間3.5m

※蟇田橋の南東500mの地に架かっていた御講田橋は2015（平成27）年暮れに解体、現存せず。

平成26（2014）年3月開通の宇城氷川スマートインターの南。稲川の集落と向き合う所。橋はツタやテイカカズラに覆われて姿が見えない。足場のよい左岸下流側のみ伐採したら石造アーチが見えてきた。橋裏で観察すると不整形石材が多い。この橋も吉本商店衆らが整備した道の一部だ。

至八代IC

## 225 本山新開橋（もとやましんかいばし）

八代郡氷川町大野［砂川水系］

江戸時代の末に種山から氷川沿いに宮原への道が整備された。それまで小川町に隣接する吉本商店街へ買い物に行っていた種山村住民は、買い物ルートを変更して宮原へ。客足が遠のくことを心配した吉本商店衆らは、種山ルートを整備する計画を立てた。この橋架設はその計画実現の一つ。

吉本商店衆が種山ルートを整備した際に架けたらしい

町指定有形文化財

■橋長5.6m　橋幅2.88m　径間3.1m

（地図はＰ155）

## 226 塔の瀬石橋（とうのせいしばし）

宇城市小川町南海東［砂川水系］

小川町から豊野町へ向かう県道32号小川嘉島線沿いの老人福祉施設「ひだけ荘」の南にひっそり架かっている。その昔、現八代市泉町の下岳や柿迫の村人は八丁峠を越えてこの橋を渡って小川町へ買い物に通ったはず。今は渡る人は少ない。

今は渡る人も少ないが、サクラ咲く頃は華やか



市指定有形文化財

■橋長7.8m　橋幅1.9m

227・228

つつだばし、たつのはなばし
# 筒田橋、龍ノ鼻橋

下益城郡小川町南海東［緑川水系］

筒田の集落内を流れる筒田川に架かる。橋裏を観察すると2基のアーチを合体させた姿が分かる。本来の筒田橋は下流側で、上流側はかつての龍ノ鼻橋だ。

龍ノ鼻橋は元々、東海東の弦巻にあった。昭和46（1971）年夏の集中豪雨で、近くの眼鏡橋は流失したが、この橋は無事だった。その後、同町内の筒田橋上流側に解体し移設された。そのため路面が拡幅されて通行に好都合となった。

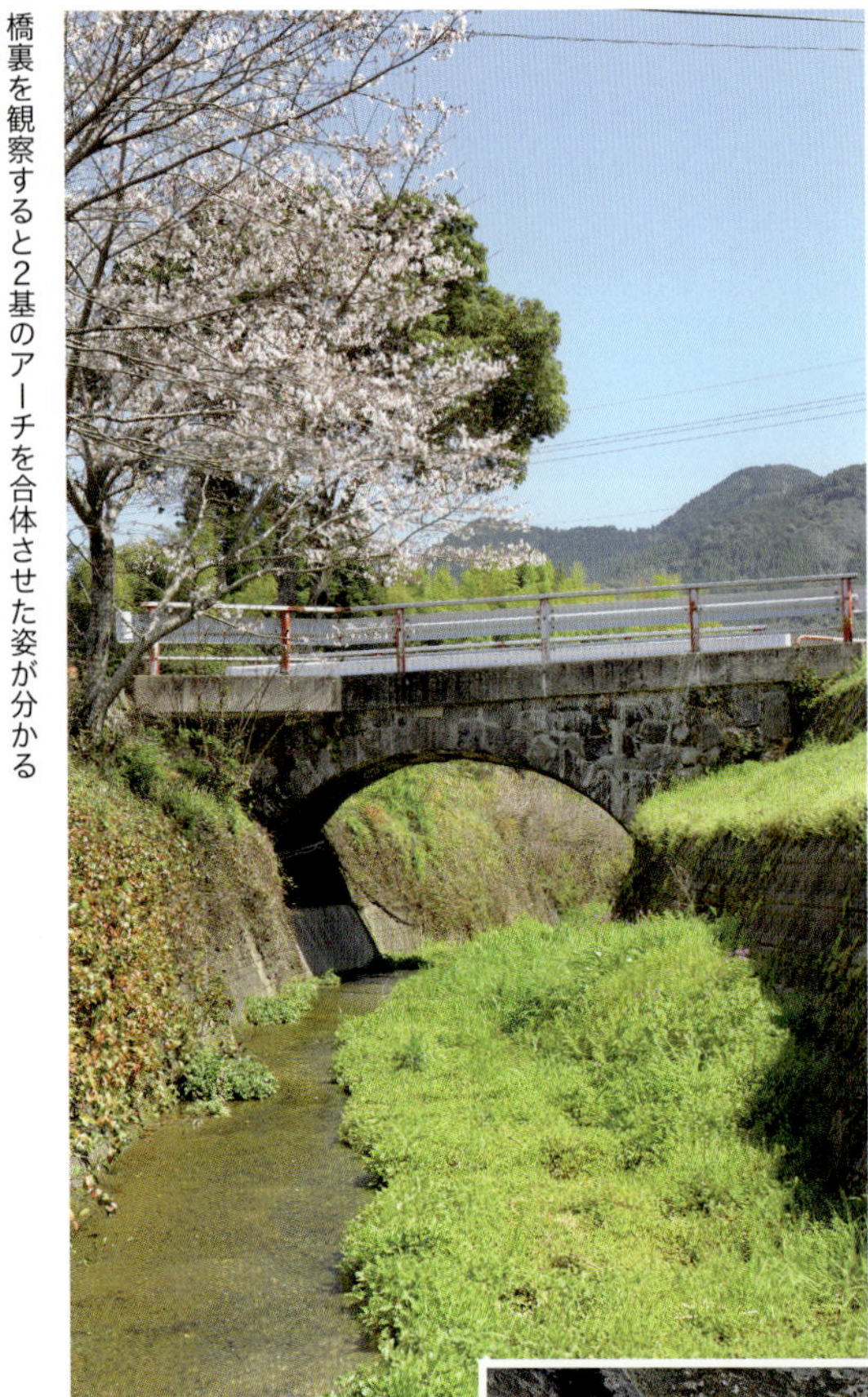

橋裏を観察すると2基のアーチを合体させた姿が分かる

筒田橋
■架設年　1855（安政2）年
■橋長9.5m　橋幅3.5m
（地図はＰ157）

龍ノ鼻橋
昭和46年夏の集中豪雨後、筒田橋の上流側（写真の左側部分）へ移設
■架設年　1921（大正10）年

## 229 三反田橋（さんたんだばし）

宇城市小川町北海東［砂川水系］

小川—豊野間を通る県道32号小川嘉島線沿いの吐合（はきあい）橋から平原へ向かう支線を少し行くと「竹崎季長の墓まで1km」の立て札があり、その左脇に架設された小さいアーチ。澄んだ水が流れる川底は小粒の砂。テイカカズラに覆われること多し。

テイカカズラに覆われた小さいアーチ

■架設年　大正頃
■橋長5.5m　橋幅2.7m　径間4.45m

## 230 吹野古橋（ふきのこばし）

宇城市小川町北海東［砂川水系］

小川町の北海東地区は砂川の上流域。この地には新旧の吹野橋が架かり、豊野から小川への旧道に江戸時代末期に架設されたのが現存する。橋周辺は竹や草木が繁茂しやすく、平成10（1998）年以来、同26（2014）年末に再度地域住民により伐採がなされ、橋や取り付け道路の観察ができるようになった。左岸橋脚部は巨岩上に座し、一間幅の扁平アーチは右岸へおだやかに延びる。江戸末期架設のこの橋の事業主は、河江手永惣庄屋の内田寿太郎。

左岸橋脚部は巨岩上に座し、扁平アーチは右岸に延びる

■架設年　1857（安政4）年
■橋長11.5m　橋幅1.8m　橋高4.7m　径間7.75m

## 231 新吹野橋

しんふきのばし

宇城市小川町北海東［砂川水系］

手すり石は幾何学的にシャープな美しさを見せる

架設は戦後の昭和25年。石工は東海東村の西本三次郎。この橋竣工により旧吹野橋は存在感が薄れた。輪石・壁石共に加工は丁寧。アーチ側面は整然とした水平目地。手すり石は切り口五角形で幾何学的にシャープな美しさを見せる。

■架設年　1950（昭和25）年
■施工者　西本三次郎
■橋長12m　橋幅3.8m　橋高6.6m　径間11.8m（地図はＰ159）

## 232 城ノ原橋

じょうのはらばし

八代郡氷川町立神［氷川水系］

赤山から流れてきた細い川に架かる

氷川町宮原から国道443号を東へ2㎞行くと立神峡への旧道分岐点あり。この下は赤山から流れてきた細い川がある。この川に江戸末期と大正期にそれぞれ架設した石造めがね橋があり、氷川側に大正期のアーチが見える。アーチの中へ入ると、道路拡張に伴って新旧の石造アーチが並ぶ。奥には近年のコンクリート製箱型が設置されている。

■架設年　1858（安政5）年
■橋長3.6m　橋幅・古橋3.7m／新橋3.3m
橋高・古橋1.7m／新橋2.7m　径間3.5m
（地図はＰ155）

## 233 新開橋（しんかいばし）

八代市東陽町小浦［氷川水系］

冬の真昼でも陽光が届かない山ふところにある

山林へ上り下りする細い道へ架かる極めて小さい石造りの橋。形は尖ったアーチで石材には黄緑色の鮮やかな苔がびっしり。苔は近くの石材にも生えている。それもそのはずで冬の真昼でも陽光が届かない山ふところに在る。

市指定有形文化財

■橋長2m　橋幅2.2m　径間1.1m（地図はＰ155）

## 234 重見橋（しげみばし）

八代市東陽町北［氷川水系］

町内唯一の信号機がある交差点近くの小公園にある

東陽町内唯一の信号機がある交差点近くの小公園に移設復元されている橋。もとは町内の重見にあり、小浦川に架かっていた。平成元（１９８９）年はまだ東陽村時代、石橋公園づくりを企画し、この地に移した。手すりは新石材使用。

■橋長9m　橋幅3.2m　径間6.5m（地図はＰ155）

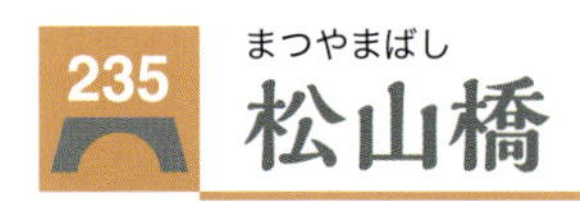

## 235 松山橋（まつやまばし）

八代市東陽町小浦 重見［氷川水系］

横面には白い苔が付着し、澄んだ川に映って一幅の絵

重見地区のちょっと奥座敷といってよい位置に架設されている。扁平な円弧の横面は白い苔が付着し、澄んだ川に映って一幅の絵。秋が深まり冬を迎える頃は、橋の上流側には熟したカキが鈴なりで食欲をそそる。

市指定有形文化財

■施工者　川野賢蔵
■橋長8.55m　橋幅1.82m　径間6.97m（地図はＰ155）

## 236 仁田尾橋（にたおばし）

八代市東陽町小浦 館原（やかたばら）［氷川水系］

小浦地区に多い小規模めがね橋の一つ

小浦地区には小規模のめがね橋が多い。すぐ上流に架設された館原橋を潜った小浦川の流れは、ほとんど同じ規模で腰高のアーチを潜る。昭和の中頃までは、橋を渡った西側の石段の上にはお寺があったが今はない。

■橋長9.71m　橋幅3.03m　径間7.43m（地図はＰ155）

## 237 館原橋（やかたはらばし）

八代市東陽町小浦 館原［氷川水系］

すぐ上流の橋の影がいつも橋にかかり気の毒

年輩の人はここの地名を「やかたんばる」と言う。かつて由緒ある武将の館でもあったのかと思われがちだが、何も話は残っていない。すぐ上流の橋の位置が高く、その影がいつも館原橋にかかり気の毒に思う。

■橋長7.25m　橋幅2.32m　径間5.93m
（地図はＰ155）

## 238 岩本橋（いわもとばし）

八代市東陽町小浦 館原［氷川水系］

畑に降りるため、路面が斜めに構築された珍しい外観

小浦地区から内ノ木場への急坂を登り始めると、左下の小川に架かる。道路側は高い崖で、下の畑へ降りるため、路面が明らかに斜めに構築された珍しい外観のめがね橋だ。

市指定有形文化財

■橋長4.26m　橋幅1.21m　径間3.01m（地図はＰ155）

## 239 今屋敷橋

いまやしきばし

八代市東陽町小浦［氷川水系］

年末になると冬紅葉の彩りを見せて美しい

■橋長7.37m　橋幅2.48m　径間6.3m（地図はＰ155）

小浦地区には八代妙見祭を見物に行く際の近道があった。近年この道が整備されて昔ながらの今屋敷橋は低く見おろされた感じで気の毒。年末になると橋の壁面の低木は冬紅葉の彩りを見せて絢爛（けんらん）絵巻を粧う。

## 240 山口橋

やまぐちばし

八代市東陽町河俣 鶴下［氷川水系］

嘉永年間に四基架設の記録があり、その一つか

東陽町の中心地から県道25号宮原五木線を河俣川沿いにさかのぼると、車で4～5分の地は鶴下の集落。右（南）に美生川が見え、単一アーチ橋が架かる。これが山口さん宅へ渡る山口橋。古文書に嘉永年間に四基架設の記録があり、その一つかと思われる。

■架設年　嘉永年間

■橋長10.97m　橋幅1.59m　径間11.68m（地図はＰ155）

## 241 鶴下村中橋
つるしもむらなかばし

八代市東陽町河俣 鶴下 [氷川水系]

上流側から見るとアーチの右半分は申し分なしの出来

■架設年　嘉永年間
■橋長13.3m　橋幅2.23m　径間9.1m（地図はＰ155）

初春ならばウメ。古木にびっしり花が咲く。晩秋は渋ガキ。近年はちぎる人がいなくなったのか。ウメやカキと顔つき合わせたような鶴下の村中の橋は上流側から見るとアーチの右半分は申し分なしの出来。左がちょっとね。写真は上流側から撮影したもの。

## 242 蓼原橋
たでわらばし

八代市東陽町川俣 鶴下 [氷川水系]

見るからに頑丈な姿

■架設年　嘉永年間
■橋長20.14m　橋幅1.98m　径間11.2m（地図はＰ155）

河俣川の支流に架かる上流から2番目の橋。見るからに頑丈な姿は150年経っても表情一つ変えず偉い。橋を利用する村人にとっては朝な夕なにお世話になるので、つい頭を下げたくなる橋である。

# 244 谷川橋（たにがわばし）

八代市東陽町河俣 鶴中［氷川水系］

氷川の支流河俣川に架かる。Mさんの話によれば、その昔Mさんが初のお宮参りのとき、丸太三本並べた橋が怖くて渡れず、下流の橋まで遠回りしたそうだ。父親は当時村会議員兼区長で、地域の子どもの将来を考慮して永久橋架設を村に提案、議決されて石造めがね橋が実現した。お宅には架設工事中、支保工に途中まで石材を積んだ写真と、渡り初めの写真がセピア色になっても貴重な語り部として残っている。

氷川の支流河俣川に架かる

■架設年　1929(昭和4)年
■施工者　種山石工・田上甚太郎
　(生前関与)
■橋長21.38m　橋幅3.55m
　径間14.91m
　(地図はＰ155)

架設工事中の写真。支保工に途中まで石材を積んでいる

245

かさまつばし
# 笠松橋

八代市東陽町河俣 久木野［氷川水系］

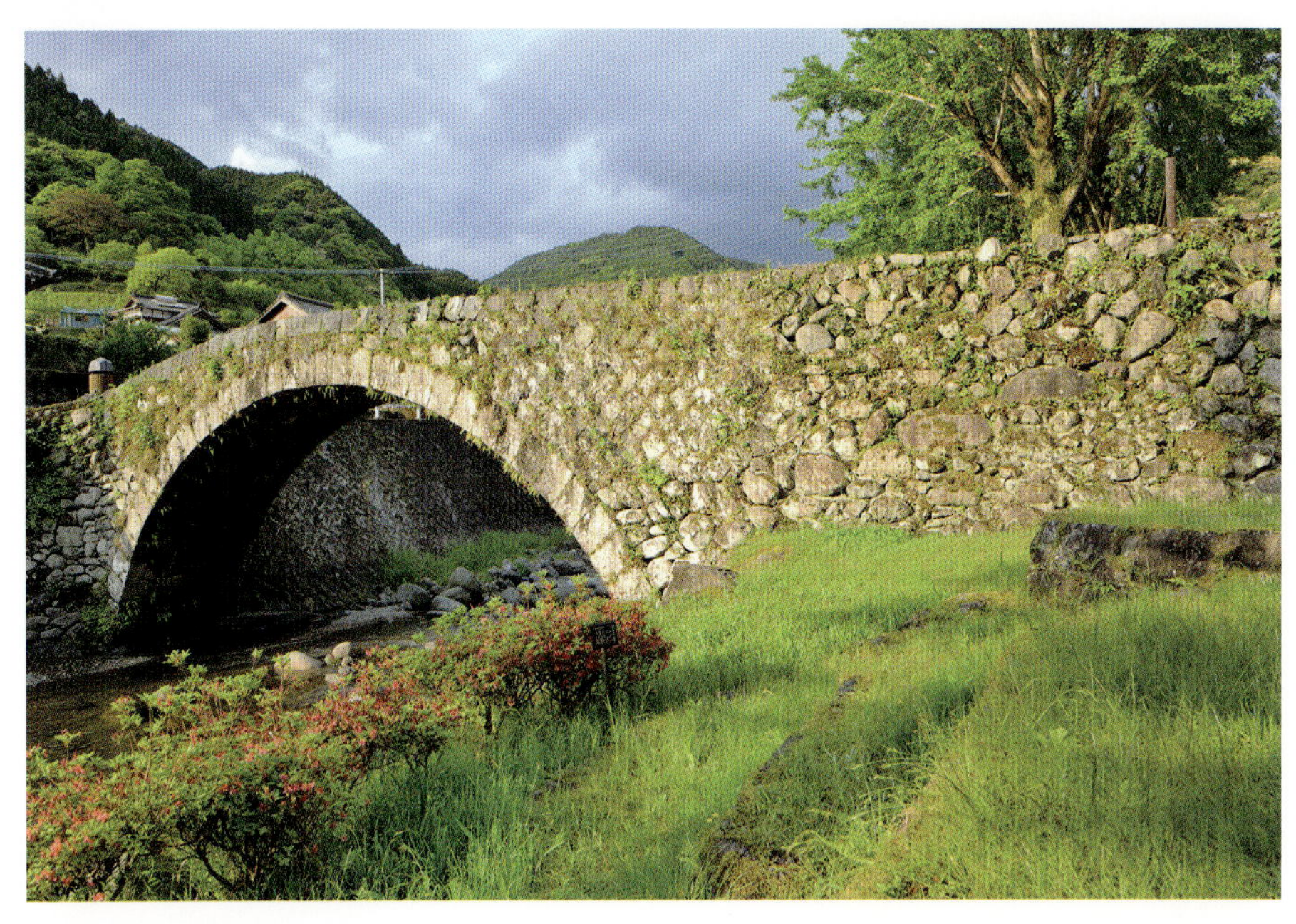

河俣川上流に架設された３基の１つ

市指定有形文化財

■橋長22.75m
橋幅2.75m
径間14.2m
（地図はＰ155）

河俣川上流に架設された3基の1つ。輪石は丁寧な加工で明治以降と思われるが、野面積みの壁面は江戸後期かと架設年代判断に苦しむ。そんな苦しみを払拭してくれるのが橋の左岸上流川のイチョウの黄金色。朝日に輝き夕日に映える。冬になると箒のような枝々が寒空を突くのが見もの。平成11（１９９９）年暮れに橋周辺は公園化された。

左岸上流のイチョウの黄金色が、朝日に輝く

メモ **野面積み** 自然石をそのまま積み上げた石垣

## 243 美生橋（びしょうばし）

八代市東陽町河俣 美生［氷川水系］

橋のあたりはしっとりとした情感が漂う

美生川の上流に架かる。このあたりはショウガの名産地で、てのひらを思わせるショウガの玉が大きい。そのショウガに比べると美生橋は姿形がいたって地味でオーソドックス。その橋の近くで村人がショウガを洗うのは一幅の絵。

■架設年　嘉永年間
■橋長8.65m　橋幅3.52m　径間7.24m
（地図はＰ155）

## 246 鹿路橋（ろくろばし）

八代市東陽町河俣 鹿路［氷川水系］

渓谷の水音が心地よく、若葉・紅葉の頃共によし

氷川の支流・河俣川最上流の石造アーチ。意外と大きい。氷川町宮原から東陽町を経由して五木村へ向かう県道25号宮原五木線の脇に架かり、手すりなしの橋。近くに車を止めて眺めると水音高い渓谷よし、若葉・紅葉の頃共によし。

市指定有形文化財

■橋長20.36m　橋幅2.77m　径間13.65m（地図はＰ155）

## 247 鍛冶屋下橋（かじやしもばし）

八代市東陽町北 西原［氷川水系］

種山石工の祖林七が文化年間に架けたといわれる

種山石工の祖林七が文化年間に架けた橋との言い伝えが残っているけれど、確証なし。現在は氷川沿岸が整備されて、橋の存在が見づらくなったが、昔は氷川の左岸側からも西原川に架設された下(しも)の橋を見ることができた。

市指定有形文化財

■橋長7.03m　橋幅2.46m　径間3.92m
（地図はＰ155）

## 248 鍛冶屋中橋（かじやなかばし）

八代市東陽町北 西原［氷川水系］

山仕事に登るため架けられためがね橋

昭和の頃は伝承鵜呑み時代と思うが、この橋も林七が文化年間に架けたとは確証がない。東陽石匠館の裏山へ山仕事に登るため、鍛冶屋谷を流れる西原川へ架けられためがね橋だ。橋裏を観察すると輪石の並びは偶数列。

市指定有形文化財

■橋長4.36m　橋幅2.67m　径間2.74m（地図はＰ155）

## 249 鍛冶屋上橋（かじやかみばし）

八代市東陽町北 西原［氷川水系］

石材に白い苔が付き、寄り添う杉の茶肌と面白い取り合わせ

近頃イノシシが出没するので、この橋を見るには防護柵の一部を開けて行かねばならない。アーチ構造はほぼ輪石だけ。その石材に下流側は白い苔が付き、すぐ上流側に寄り添う杉の茶肌と面白い取り合わせだ。

市指定有形文化財

■橋長4.1m　橋幅2.64m　径間1.27m

（地図はＰ155）

## 250 大久保自然石橋（おおくぼしぜんいしばし）

八代市東陽町北 西原［氷川水系］

橋本勘五郎が架けた自然石の石橋の一つか

（地図はＰ155）

橋本勘五郎は、明治25（1892）年から翌年にかけて現在の八女市上陽町に招かれて洗玉橋を架設した。その頃の北川内（現上陽町）村長との問答に「自然石でいくつか橋を架けた」と答えた記録が現存する。この橋はその中の一つと思われる。

## 251 ごたんだすいろきょう 五反田水路橋

八代市東陽町北 五反田［氷川水系］

昔は川の水を利用して水車を回し精米業を営んでいた。橋本勘五郎の次男弥熊名義の水車利用鑑札が現存する。氷川から導水して精米のための水車を回したら、水は再び氷川へ。その氷川へ戻すときの排水路の天井（てんじょう）が野面石（のづらいし）造りのアーチ構造で、一見暗渠風。この排水路を少年の頃に潜ったという松坂高司さんは、貴重な経験者で稀有の証言者。

精米用の水車の排水路

■施工者　橋本弥熊
■橋長2m　橋幅10m
（地図はＰ155）

## 252 びわのこがばし 琵琶の古閑橋

宇城市小川町南海東 琵琶古閑［氷川水系］

集落は小川町内だが橋下を流れる水は東陽町経由で氷川へ注ぐ。クルマ社会到来前の話では当時の泉村の人々は、小川町商店街への買い物にこの橋を渡って行っていたそうだが、規模が小さなめがね橋で現在はすぐ下流に新しく鉄筋コンクリート橋が出来た。

かつて奥山の人々が町の商店街への買い物に利用した

■橋長4.9m　橋幅2.2m　橋高2.5m　径間3.5m（地図はＰ155）

## 253 椎屋橋（しいやばし）

八代市東陽町北 蕨野［氷川水系］

蕨野の細い川が氷川に流れ込む地点に架かる

蕨野（わらびの）の細い川が氷川へ流れ込む地点に几帳面に石材を積んだアーチが架かる。すぐ下流に国道４４３号が通るので旧道の橋となる。石の加工から大正時代の作と推測できる。

■橋長7.04m　橋幅3.98m　径間3.66m
（地図はＰ155）

## 254 平山橋（ひらやまばし）

八代市東陽町北 平山［氷川水系］

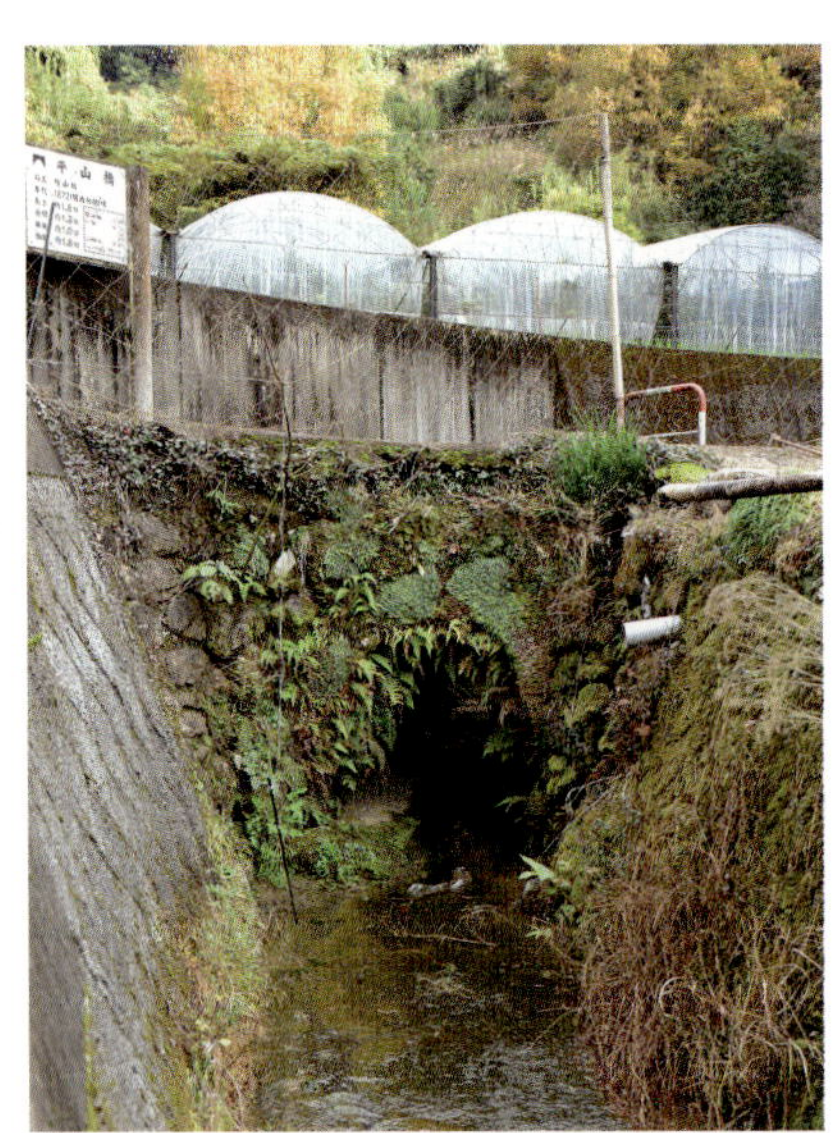

細い流れに架設された小規模アーチ

国道４４３号を氷川沿いにさかのぼり、椎屋橋の先右手の坂を逆方向に上ると細い流れに架設された小規模アーチが見える。正直なところ、〝こんな所にも支保工組んで石造りアーチを架けたのか〟と地元石工たちの苦労に恐れ入る。

■橋長1.8m　橋幅1.8m　径間1.3m
（地図はＰ155）

255

しおだいらばし

# 塩平橋

八代市泉町下岳［氷川水系］

明治から大正の頃の作風

■架設年　大正初め

■橋長5.5m　橋幅3.9m　橋高3.7m　径間3.6m

八代市の東陽町と泉村の境界を流れる小川に架かる。橋の上は国道443号が走り、橋下を流れた水はすぐ氷川に注ぐ。輪石は石材同士がきちんと接合し、明治から大正の頃の作風に見える。上流側のみ観察可能。

256 もとやしきばし
## 本屋敷橋
八代市泉町下岳［氷川水系］

昔、村人が小川町に行った古道に架かる

■橋長5m　橋幅2.2m　径間2.76m（地図はＰ173）

国道４４３号をさかのぼり、氷川と最初に交差するのは本屋敷の大道橋だ。これは昔石造二連めがね橋だったが、現在は鉄筋コンクリート橋になっている。この橋の東から細い道を左手へ50ｍ程進むとめがね橋が見える。昔、村人が小川町へ行った古道が渡る。

257 こたにばし
## 小谷橋
八代市泉町下岳［氷川水系］

氷川の支流肥賀志谷川に架かる

■橋長7.8m　橋幅2.75m　径間5.66m（地図はＰ173）

氷川をさかのぼると左側の国道４４３号が白木平を通り、支流肥賀志谷川を渡る。このとき左下に小谷橋が望める。右には商店、左には南海東への山越え道。橋は平成11（１９９９）年に一部修復されているが、現状は一般道ではない。

## 258 中尻橋（なかじりばし）

八代市泉町下岳［氷川水系］

石組みは惜しむらくは見えない

■架設年　大正末期
■橋長5m　橋幅5m　径間3.6m（地図はＰ173）

宮原町から国道４４３号を東へ約10㎞行くと、松の原集落に着く。旧道が右側を流れる氷川の方へ分かれ15ｍ程下ったら、この橋の上。アーチはコンクリートで覆ってあり、石組みは惜しむらくは見えない。犬山・広平の村人が利用したであろうが、今はすぐ下流の橋の利用が多かろう。

## 259 古閑橋（こがばし）

八代市泉町下岳［氷川水系］

氷川沿いの集落松の原の上流側にある

■橋長25.8m　橋幅3.3m　径間19.9m（地図はＰ173）

氷川沿いの集落松の原の上流側にあり、本流をまたぐアーチ。昭和44（１９６９）年に見たときから橋はコンクリートで覆ってあったので、輪石がどんな加工してあるのか、壁石の積み方はどんな方法か不明。

## 260 広瀬橋（ひろせばし）

八代市泉町下岳［氷川水系］

石組みに夏草が茂るが秋冬は黄葉の粧い

■橋長13.1m　橋幅3.1m　径間10.4m（地図はＰ173）

氷川沿いに遡上、泉町の松の原から右へ入り広平へ向かうと、この橋を渡る。石組みに夏は草が茂るが秋から冬にかけては黄葉の粧（よそお）い。アーチの規模は意外と大きく、ここ下岳や下流の種山在住の石工連中の作であろう。

## 261 沢無田橋（さわむたばし）

八代市泉町下岳［氷川水系］

橋の左上には下岳神社がある

■橋長20.4m　橋幅3.5m　径間18.3m（地図はＰ173）

氷川をさかのぼり、東陽町を過ぎて泉町に入り、トンネルの先で本流に架かる。左上には下岳神社。橋は高欄部分がコンクリートで補強されアーチはやや扁平。

## 262 土生谷川橋（つちばえだにがわばし）

八代市泉町下岳［氷川水系］

旧泉第一小東側の小さな流れに架設

下岳の六地蔵にあった泉第一小学校は閉校したが、その校地東側の小さな流れに架設され、後年コンクリートで覆われた石造めがね橋だ。国道４４３号脇の鉄製53階段を下り、氷川の川原を少し歩くと橋を見上げることができる。

（地図はＰ173）

## 263 糸原橋（いとばるばし）

八代市泉町柿迫［氷川水系］

泉町の糸原の集落にある黒いめがね橋

■架設年　江戸末期

■橋長6.8m　橋幅2.1m　径間4.12m

八代市立泉中学校は全寮制。その校舎の東の坂道を上れば、右曲左折して糸原の集落へ。最初の左へのヘアピンカーブ内側下方に黒いめがね橋を目撃。杉木立の中をやっと川原へ。石組みを凝視していたら魚影あり。山女魚か。

## 264 落合橋（おちあいばし）

八代市泉町柿迫［氷川水系］

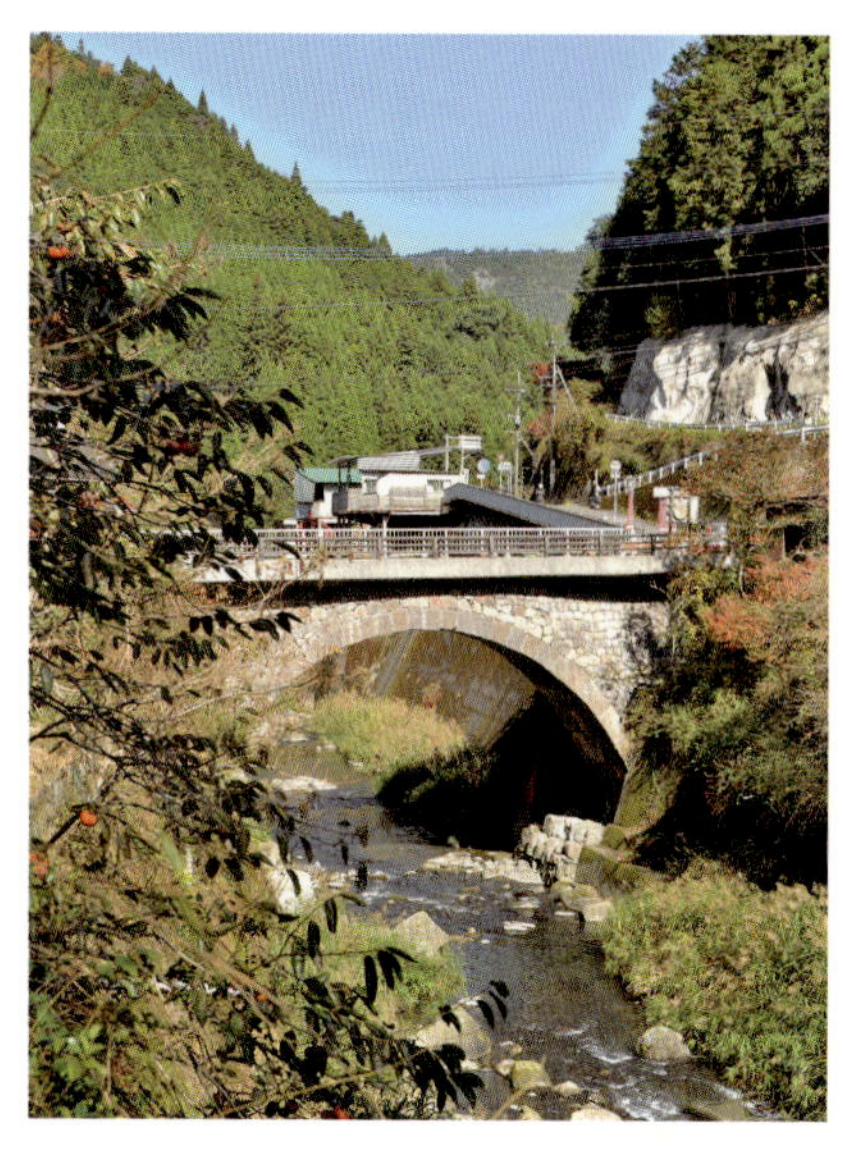

赤肌色の野添石が美観を呈す

八代市泉支所のあたりを柿迫（かきざこ）といい、五家荘の入り口に当たる。ここを流れる氷川に架設された落合橋は、近くの野添で採れる赤肌色の石材を使ってあり、美観を呈している。

左岸下流側の泉第二小は平成26（2014）年3月、廃校になった。

■架設年　1847（弘化4）年
■橋長20m　橋幅4.6m　径間15m

## 265 たけのこ橋

八代市泉町栗木［氷川水系］

奥のアーチがたけのこ橋

■橋長18.4m　橋幅3.2m
　橋高7.7m　径間12.4m

大正11（1922）年生まれの方が東陽石匠館に来館されたときの話。4、5歳の頃にこの橋の渡り初めを目撃したそうで、昭和初期の架設らしい。それだけに輪石のふちの削りがシャープ。石材は近くの野添から採石。夏はホタルが乱舞。

至氷川ダム
八代市
泉駐在所
〒
泉局
野添
264
氷川
52
265
乙川
266
泉町栗木
法泉寺
247
栗木川
深山谷
至五木

## 266 高原橋（たこらばし）

八代市泉町栗木［氷川水系］

大イチョウの黄金色の頃が一番

栗木の名刹高原山法泉寺（たこらさん）への参詣橋として架設され、100年を超えた。橋を覆う鮮苔を払うと赤肌色の野添石に瞠目する。石工は種山の田上甚五郎。サクラの頃、フジの花房の頃よし。大イチョウの黄金色の頃はさらなり。

■架設年　1902（明治35）年
■施工者　八代種山石工・田上甚太郎
■橋長15m　橋幅2.15m　橋高5m　径間11.9m（地図はＰ178）

## 267 鑑内橋（かんないばし）

八代市鏡町内田［鏡川水系］

用材は表面が風化し黒ずんでいる

市指定有形文化財

■橋長6.45m　橋幅2.8m
橋高2.6m　径間5.5m

鏡町四差路のすぐ南、鏡川の流れに沿って西へ進むと単一石造めがね橋が見える。文政年間に地元の石工岩永三五郎との伝承があるが、記録は未発見。用材は天草産の砂岩で表面が風化し黒ずんでいる。橋の脇に「史跡高札場跡」の標木が立つ。平成6（1994）年修復で手すりは新しい。

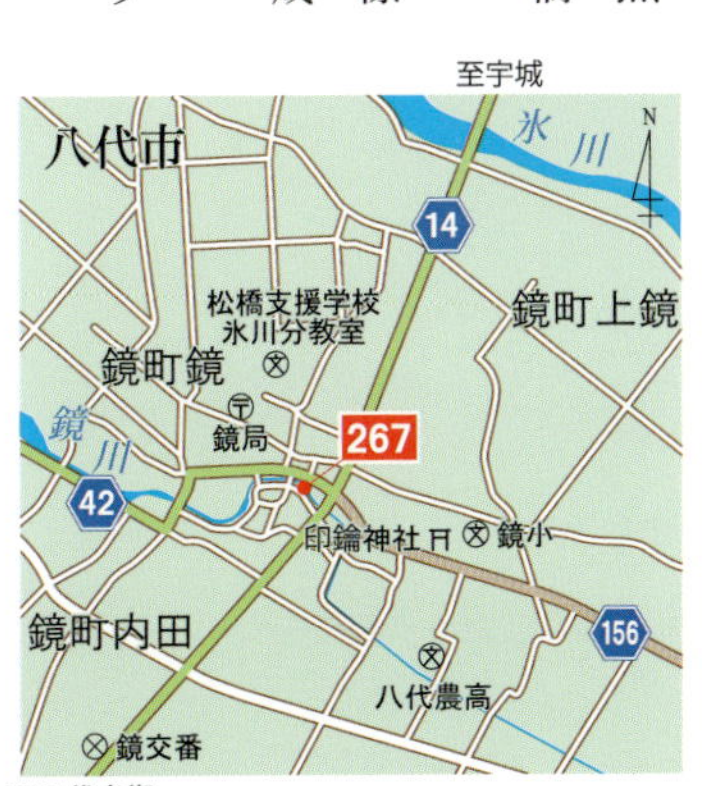

## 268 郡代御詰所目鑑橋

ぐんだいおんつめしょめがねばし

八代郡氷川町宮原［鏡川水系］

国道3号下り線の宮原交差点から左折・右折・左折し300m程東進すると、右側の用水路に橋あり。江戸期には200m下流に八代郡代の詰所があり、その入り口に架設されていたのを用水路改修時（昭和54年）に移設復元された。春のサクラの頃と初夏のアジサイの頃がよい。

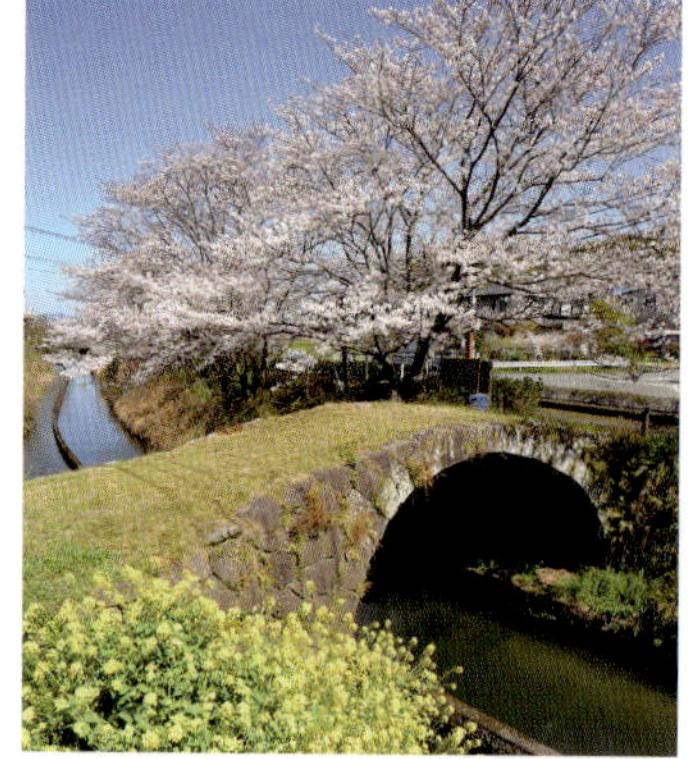

かつては八代郡代の詰所入り口にあった

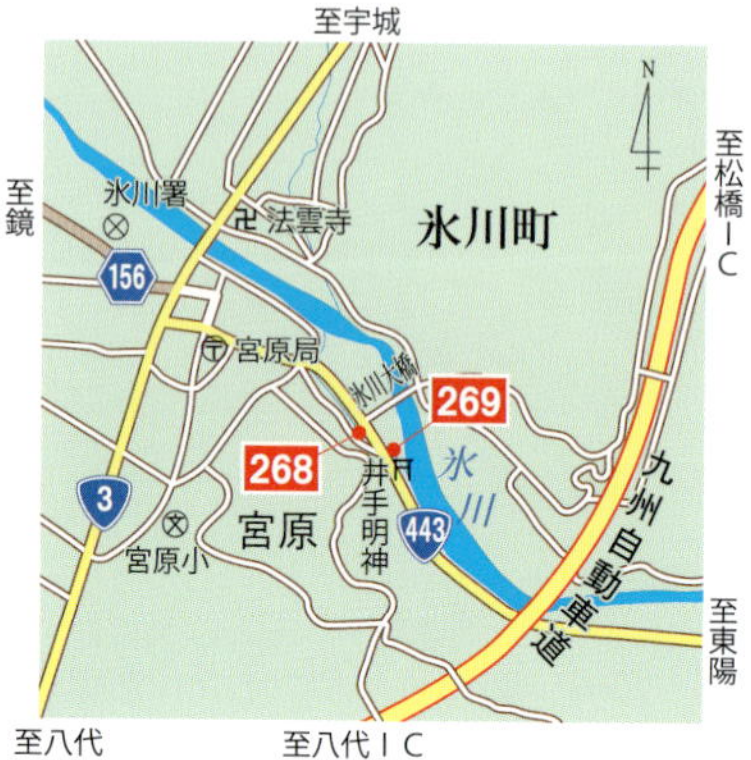


町指定有形文化財

■架設年　天保年間
■橋長12.5m　橋幅2.67m
橋高3.5m　径間6.5m

## 269 明神社目鑑橋

みょうじんしゃめがねばし

八代郡氷川町宮原［鏡川水系］

氷川から取水した一の井手に架かる。近くに井手明神があり橋の名称に付けてある。橋の構造は手すりもなく石のアーチだけで、規模も小さく目立たない存在。一の井手用水は明神橋を潜ると直ぐ国道443号を潜り、さらに移設された郡代御詰所目鑑橋を潜る。

氷川から取水した一の井手に架かる

■橋長7m　橋幅2.5m　橋高2.9m　径間6m

# 熊本県南部

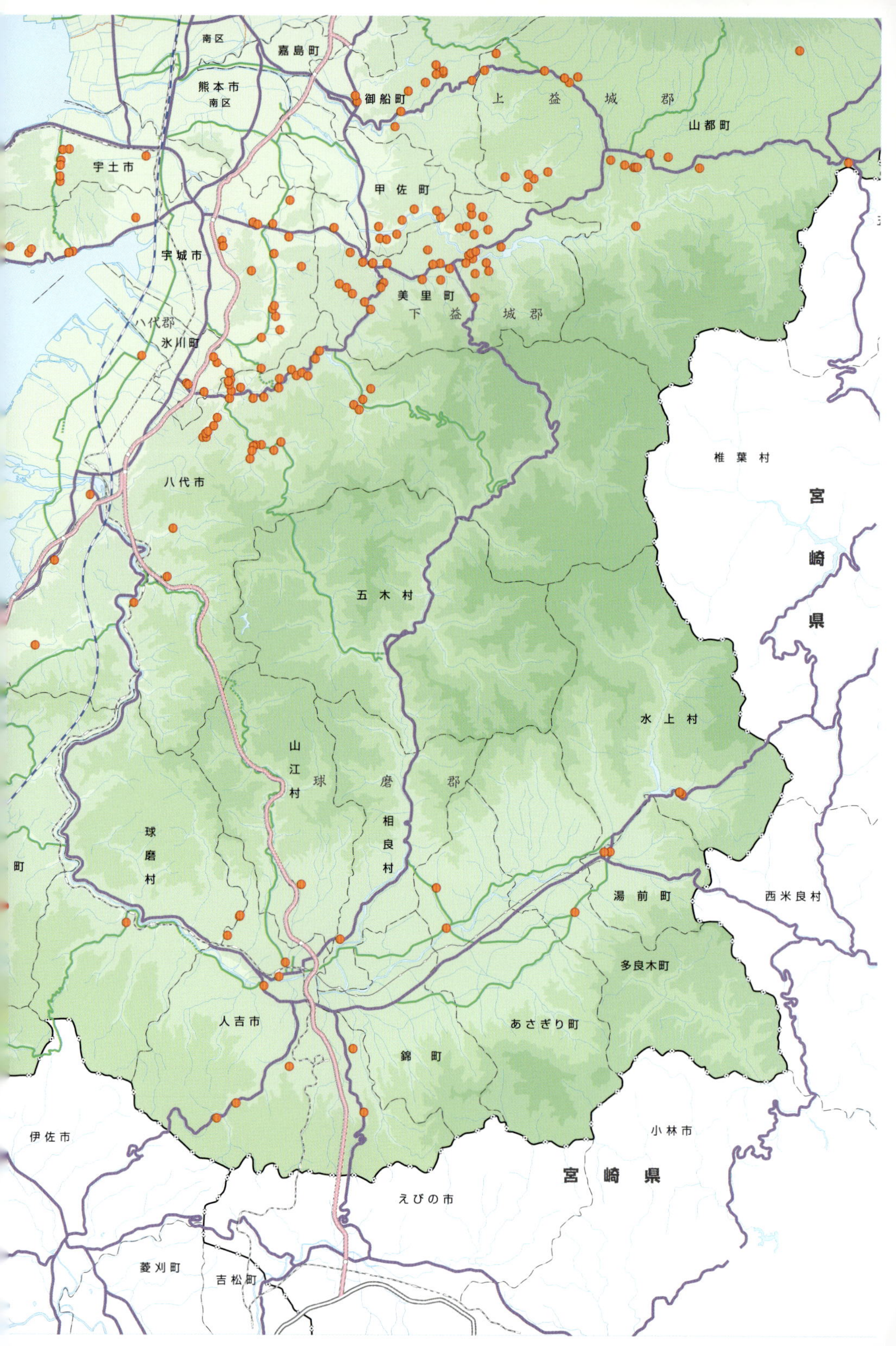

南区
嘉島町
熊本市
南区
御船町
上　益　城　郡
山都町
宇土市
甲佐町
宇城市
美里町
下　益　城郡
八代郡
氷川町
八代市
椎葉村
宮
崎
県
五木村
水上村
山
江
村
球　磨　郡
相
良
村
球
磨
村
町
湯前町
西米良村
多良木町
人吉市
あさぎり町
錦　町
伊佐市
小林市
宮　崎　県
えびの市
菱刈町
吉松町

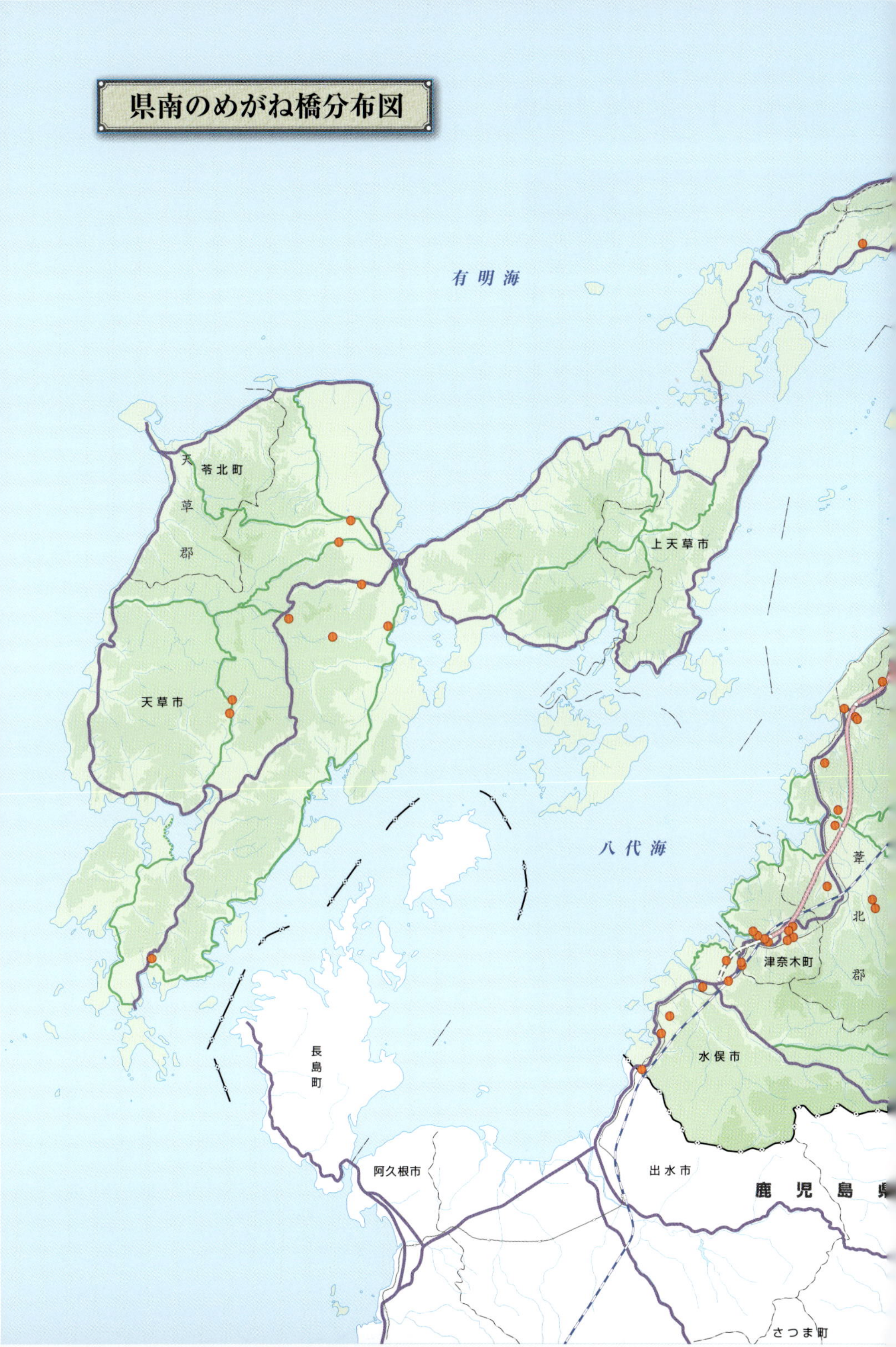
県南のめがね橋分布図
有明海
苓北町
天草郡
天草市
上天草市
八代海
長島町
葦北郡
津奈木町
水俣市
阿久根市
出水市
鹿児島県
さつま町

## 270 下深水上橋（しもふかみうえばし）

八代市坂本町深水［球磨川水系］

下深水集落を流れる小川に架かる

■橋長3.9m　橋幅1.7m
橋高1.9m　径間3.3m

球磨川左岸を国道219号沿いに上り、深水橋を渡り、支流深水川沿いの県道259号小鶴原女木線、人家のない道を上ると下深水集落に着く。集落内の傾斜面を流れる小川に2基あった眼鏡橋のうち1基が現存する。ここより南東3kmに国名勝に指定された「肥後領内名勝地」の走水滝がある。

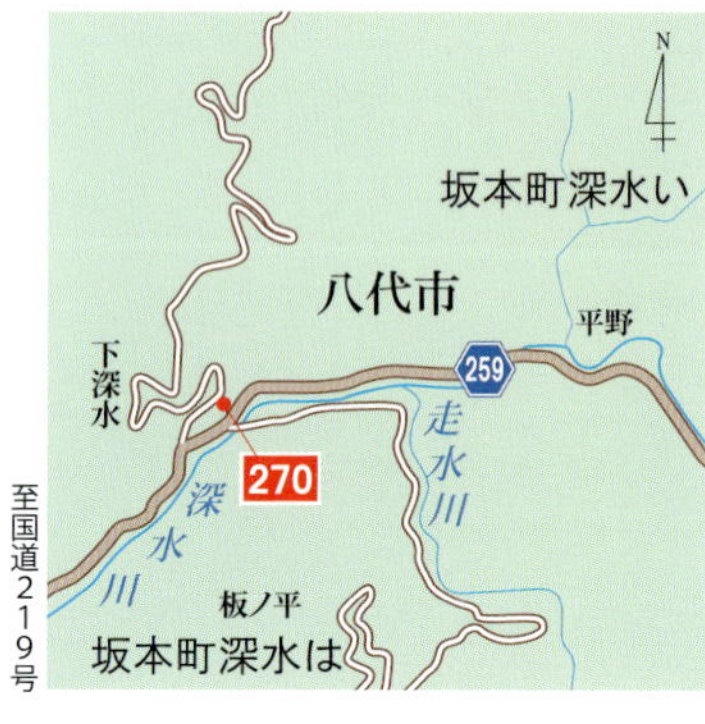

## 271 小崎眼鏡橋（こざきめがねばし）

八代市坂本町中谷［球磨川水系］

碑正面に「此橋車通遍可良須」の文字

市指定有形文化財

■架設年　1849（嘉永2）年
■施工者　恵八ほか
■橋長9.2m　橋幅3.4m
橋高6.4m　径間7m

急流球磨川に架かる中谷橋を渡ると、右岸側の支流中谷川に馬廻・小崎の集落が続く。頭上に九州自動車道の坂本パーキング。小崎で川を斜めに渡る橋のすぐ上流に、歴史を感じさせる石造りのアーチ橋が目に入る。碑正面に「此橋車通遍可良須」（はしくるまとおるべからず）の文字が刻してあるが、球磨川水系には珍しくここだけ。

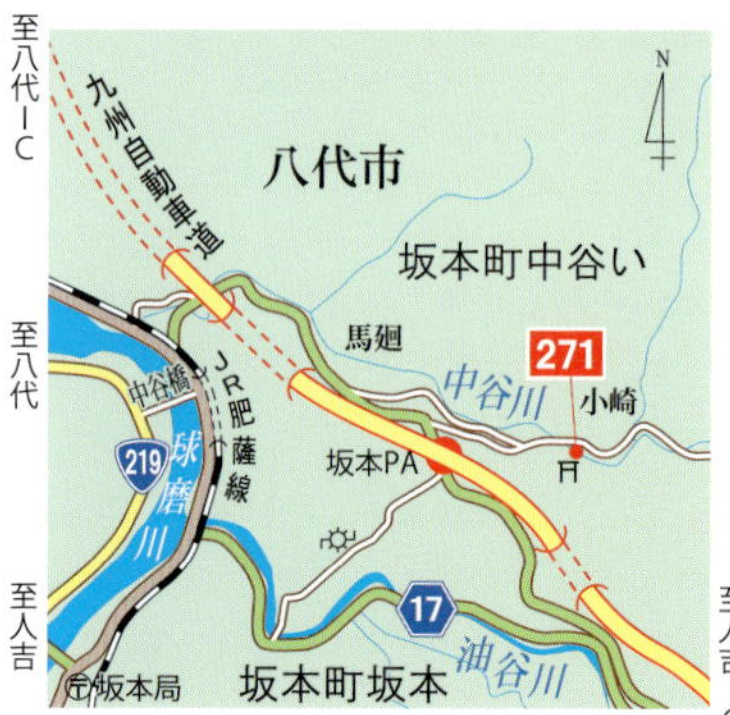

272
ふじもとてんまんぐうばし
## 藤本天満宮橋
八代市坂本町葉木［球磨川水系］

土石流危険渓流に架かる極めて小規模の目鑑橋。すぐ近くに天満宮が鎮座するが、この橋は近くの数軒の民家用に架けられた感じもする。天満宮は鳳凰の彫り物が見事。

橋は近くの民家用という感じがする

■橋長2.6m　橋幅1.9m
橋高1.68m　径間1.8m

273
はしづめばし
## 橋詰橋
球磨郡球磨村一勝地［球磨川水系］

球磨川支流の芋川に架設された2橋は共に径間20m以上のめがね橋。残念ながら下流の一勝地橋は解体されたが、この橋は健在。袖石垣付きだ。壁面は昭和30年架設だけに水平目地の布積み。付近の棚田は野面石積み累々。

袖石垣付きのめがね橋

■架設年　1955（昭和30）年
■橋長21m　橋幅3.9m
橋高7.5m　径間19m

メモ　壁面の石積みは、大正時代以降水平目地の布積みが多い。

274

せきすいじもんぜんめがねばし
# 石水寺門前眼鏡橋　人吉市下原田町西門［球磨川水系］

富士山みたいな形のめがね橋

人吉球磨地方では江戸時代唯一のもの

**市指定有形文化財**

■架設年　1854（嘉永7）年
■施工者　太次郎
■橋長21.4m　橋幅2.8m　橋高6.8m　径間12m

石水寺は応永24（1417）年、土手町の永国寺を創建した実底超真和尚の隠居寺として開かれた曹洞宗の寺。山門前を流れる馬氷川に架設されためがね橋は、人吉球磨地方では江戸時代唯一のもの。右岸に架設記念碑があり、嘉永7年4月、17代元亮和尚の代に信徒数千人の奉仕と費用銀2千目以上で建造されたもの。なお石工は太次郎。

「花の寺」とも呼ばれ、「海棠（かいどう）まつり」の頃に訪れると、川沿い桜と境内の海棠の満開時は桃源郷を思わせる雰囲気に心満たされる。

N
渡
石水寺
274
馬氷川
西門
球磨村
下原田町
人吉市
西人吉駅前局
にしひとよし
JR肥薩線
219
球磨川
至わたり　至八代
至人吉市街

**メモ**　**袖石垣**　熊本城の石垣からヒントを得たといわれる。橋の両岸部分をすそ広がりにして強度を増す工法。

275・276

つつみだに・うえのはし　つつみだに・したのはし

# 堤谷・上の橋　堤谷・下の橋

球磨郡球磨村渡［球磨川水系］

「内布橋」ともいう。村道内布線に暗渠風に架かるめがね橋は、昭和9年の架設時は、上流側と下流側の2橋（通称上の橋・下の橋）に分かれていた。上の橋は渡小本校への通学路として、下の橋は人吉方面へ行くのに利用していた。近年、村道拡幅に伴って2橋をコンクリートで継いだ。石工は地元内布の人たち。

上の橋は渡小本校への通学路

堤谷・上の橋

■架設年　1934(昭和9)年

■施工者　江口寅次、信国

■橋長2.4m　橋幅3.25m　径間1.72m

人吉方面に行くのに利用

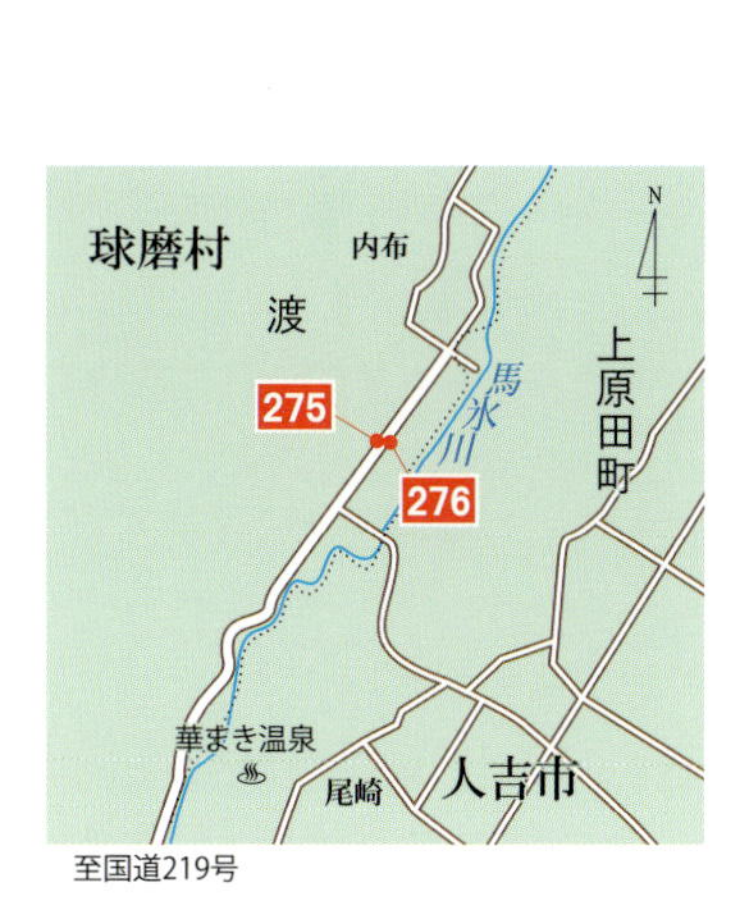


至国道219号

堤谷・下の橋

■架設年　1934(昭和9)年

■施工者　江口寅次、信国

■橋長1.7m　橋幅3.25m　径間1.72m

## 277 矢黒神社橋（やぐろじんじゃばし）

人吉市矢黒町［球磨川水系］

繊月大橋左岸下流側の矢黒神社鳥居前にある

球磨川が人吉市街地を流下するあたりに繊月大橋（国道219号）が架かる。その左岸下流側に矢黒神社が鎮座。鳥居前にこの橋あり。「工事に参加しました。大工は矢黒町の野々美さんで、石工は青井町の吉田さん父子でした」と、近くに住む山本正志さん。

■架設年　1957（昭和32）年
■施工者　早坂棟蔵（親柱刻）
■橋長6.9m　橋幅1.95m　橋高5.2m　径間6.45m

## 278 禊橋（みそぎばし）

人吉市上青井町［球磨川水系］

人吉で有名な青井阿蘇神社前のハス池を渡る

■架設年　1921（大正10）年
■橋長22.3m　橋幅3.8m
橋高3.7m　径間大6.2m／小5.7m

人吉で有名な国宝・青井阿蘇神社前のハス池に大正10年架設された三連アーチ橋。工事中の写真を見ると、アーチは石造りで壁面はコンクリート造。高欄の朱赤は冬枯れのハス池では強烈な印象を与える。

## 279 城本橋（しろもとばし）

人吉市瓦屋町［球磨川水系］

水は清く、川沿いの古石垣は趣十分

人吉駅北方台地の東側を山江村から南下する細い流れが御溝川（おみぞ）。この川が宅老所「すずらん」の前を流れるとき、この橋が架かる。水は清く、川沿いの古石垣は趣十分、見ごたえがある。

■橋長4m　橋幅2m　径間3.2m
（地図はP188）

## 280 義人橋（よしとばし）

人吉市古仏頂町［球磨川水系］

橋は基礎石4段の上に二重アーチ

人吉市の中心街を南へ抜け、国道267号を胸川沿いにさかのぼると古仏頂。そこから細い支流（寒川）を500m進むと単一アーチのめがね橋がある。近くの民家2軒のうち、南側の住人中村義人さん（故人）が架けた橋で、基礎石4段の上に二重アーチ。

■架設年　1936（昭和11）年
■施工者　人吉石工・中村義人
■橋長10m　橋幅2.46m　橋高4m　径間4.8m

282-286

にしめりんどうだいいちごう〜だいごごうきょう

# 西目林道第1号〜第5号橋

人吉市［球磨川水系］

林道に1号橋から5号橋までである。人吉の山中、私有林の中を流れる川に伐採した材木運搬用に架設されためがね橋。私有地に私費で架設した橋のため詳細な説明は省略する。私有地のため、見学はご遠慮願いたい。

3号橋

4号橋

1号橋

5号橋

2号橋

■橋幅 1号橋3.75m／2号橋4.5m／
3号橋4.8m／4号橋4.3m／
5号橋4.65m
径間 1号橋3.4m／2号橋3.7m／
3号橋2.25m／4号橋2.1m／
5号橋2.2m

## 281 かつらばし 桂橋

人吉市古仏頂町［球磨川水系］

古仏頂町の中村義人橋の上流６００ｍ程の地に架かる。ほとんどの橋は川の流れに直角に架設するが、この橋は斜めに架けてある。その理由は、伐採した木材を馬に引かせて搬出するとき、左岸の道から右岸道へ橋上を移動するのに斜橋の方が馬が引きやすい。理にかなった橋だ。

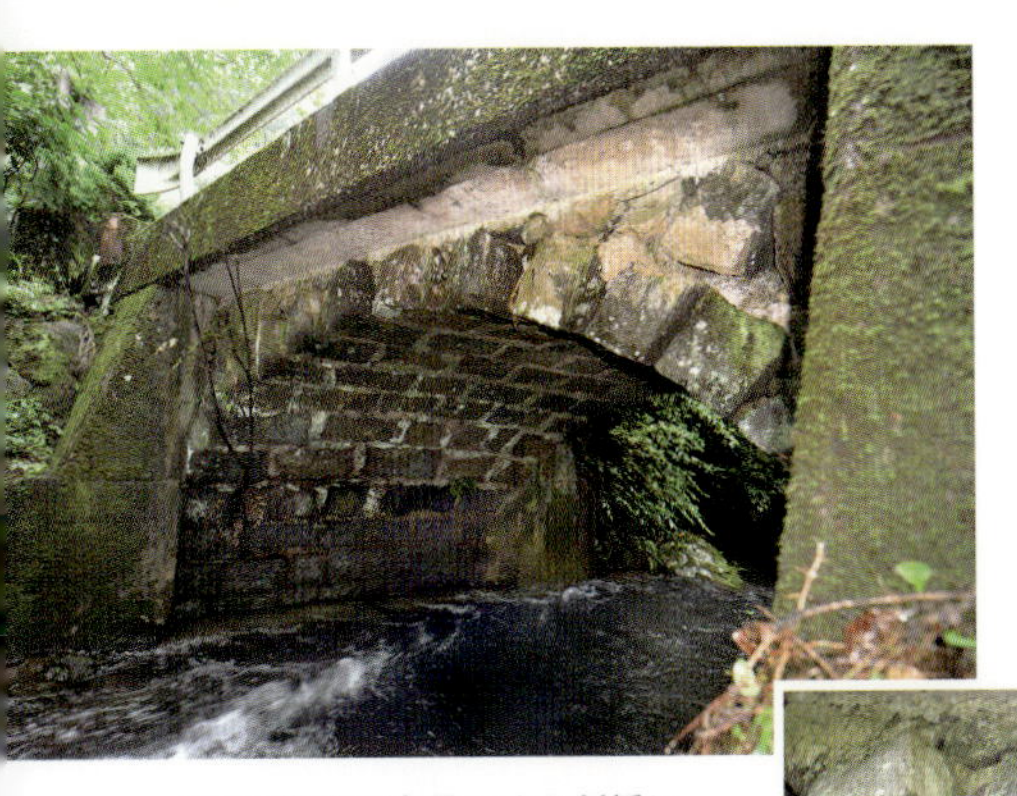

木材の搬出を容易にする斜橋に

■架設年　1925（大正14）年
■径間4.5m
（地図はＰ189）

下から見上げると側面がジグザグに

## 287 たにのひらばし 谷ノ平橋

人吉市東大塚町［球磨川水系］

球磨川支流の胸川をさかのぼると史跡大塚発電所がある。明治45（１９１２）年創業だそうで、人吉球磨の地で最古のもの。ここに豪音谷川をまたぐ石造めがね橋が残る。草木をまとい全容は見えぬが校区の文化財。横を国道２６７号が走る。

人吉球磨で最古の発電所脇に残る石造めがね橋

■架設年　1925（大正14）年
■橋長8.5m　橋幅4.8m　径間6.15m

## 288 大塚高橋（おおつかたかばし）

人吉市西大塚町［球磨川水系］

球磨川の支流胸川沿いに上流へ。東大塚の家並みを過ぎると左手の高仁田川に架かる単一アーチ橋あり。村人の話では「昔は路面が1m程低かった」と。今は高くなったから高橋なのか。周辺の草木が切られ放水設備新設。

高仁田川に架かる単一アーチ橋

■架設年　1935（昭和10）年
■橋長9.1m　橋幅3.6m　橋高5.4m　径間10.4m

人吉市
東大塚町
西大塚町
東大塚局
288
267
大塚
胸川
桑木津留川
至人吉市街
至伊佐

## 289 森下橋（もりのしたばし）

球磨郡山江村山田　西川内（にしごうち）［球磨川水系］

九州自動車道の山江サービスエリア東側を西川内川が南下する。この川に架かる森下橋はサービスエリア近く北東の位置。橋の用材は東11km程の地から採石した深田石。石工は山口峯蔵で建設時の写真が残る。下流側にメタセコイア化石あり。

石材は球磨の深田石

村指定有形文化財

■架設年　1941（昭和16）年
■施工者　西川内の山口峯蔵
■橋長4.55m　橋幅3.5m　橋高3.5m　径間2.5m

しばかさのめがねばし
## 290 柴笠の眼鏡橋

人吉市大畑町柴笠［球磨川水系］

国道221号を大畑四差路から南へ4・4km。右下の旧道に架かる。鳩胸川の川原から見上げると意外とアーチは高くて大規模。路面より50cm程下の両側面を長い鉄板でずり落ちないように補強してある。すぐ横の新橋ときわはしを渡ればループ橋へ。

アーチは意外に高くて大規模

■架設年　1899(明治32)年
■橋長19m　橋幅4.1m
　橋高8.1m　径間11.6m

はしたにばし
## 291 橋谷橋

球磨郡相良村深水［球磨川水系］

石工石本豊吉は八代郡種山から深水へ移住し、明治末期に同地の村道永江・瀬馳線の橋谷川にこの橋を架けた。昭和58（1983）年の村道改良事業に伴い、相良村役場敷地内へ移設復元した。なお豊吉の父丈作は、通潤橋架設工事者の一人。

八代種山から移住した石工の石本豊吉が架設

■架設年　明治末期
■施工者　石本豊吉
■橋長9.5m　橋幅2.8m
　橋高2.5m　径間3.9m

## 292 柳田下橋（やなぎだしもばし）

人吉市下田代町［球磨川水系］

下流側からは小規模ながら
石造アーチが見える

■橋長2.8m　橋幅2.75m
　橋高1.6m　径間2.2m

大畑（おこば）の柳田川旧河道には3基架かっていた橋の最下流のアーチのみ現存する。下流側からは小規模ながら石造アーチが見えるが、上流側は側溝がありコンクリート壁面で遮られている。よく見ると当初の路面は1間幅（約1・8m）。

## 293 立岩貫眼鏡橋（たていわぬきめがねばし）

球磨郡あさぎり町深田西［球磨川水系］

球磨川の立岩上流にある

■架設年　1923(大正12)年
■橋長6.8m　橋幅5.4m　橋高4.3m　径間3.72m

球磨川の流れが旧深田村の中心地を下るとき、右岸側は県道33号人吉水上線と木上用水路がほぼ並行して存在する。明廿橋より300m程下ると立岩（町指定史跡）が聳（そび）え、その50m程上流に用水調節施設があり、県道下は石造アーチ橋になっている。「貫橋」とはトンネルになった橋の意味。

至相良
銅山川
48
324
深田東
あさぎり町
深田小
至湯前
城泉寺
〒深田局
明廿橋
深田西
木上用水
立岩の史跡
293
球磨川
48
33
至多良木
至相良

## 294 大正橋（たいしょうばし）

球磨郡あさぎり町深田北［球磨川水系］

旧深田村には石切り場があり、深田石と呼ばれる溶結凝灰岩が採れた。大正橋は四浦往還に架けられた深田石の橋。石工は種山村（現八代市東陽町）から深水村（現相良村）へ移住した石本豊吉で、整然とした石組みは彼会心の作である。

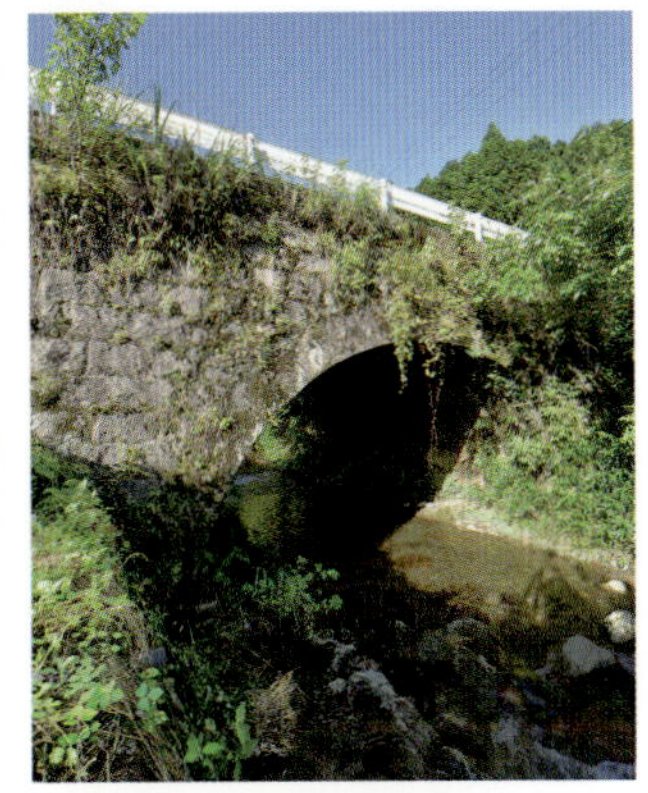

四浦往還に架けられた深田石の橋

町指定有形文化財

■架設年　1913(大正2)年
■施工者　八代種山石工・石本豊吉
■橋長21m　橋幅4.2m　径間6.3m



## 295 岳の堂橋（たけのどうばし）

球磨郡あさぎり町深田北［球磨川水系］

人吉から球磨広域農道（フルーティーロード）を東へ。あさぎり町荒茂から左折、勝福寺毘沙門堂の西下を北へ。左奥の橋を渡った先の赤い鳥居下に眼鏡橋あり。両腕を広げたほどの石造アーチ下を水音高い流れが潜る。橋を渡って山の斜面を登れば白山神社。

両腕を広げたほどの石造アーチ

■架設年　2001(平成13)年
■施工者　哲工業
■橋長4m　橋幅1.5m　径間1.4m

# 296 昭和橋（しょうわばし）

球磨郡多良木町久米［球磨川水系］

宝永2（1705）年、人吉藩士高橋政重が開削した農業用水路、幸野溝に架かる単一めがね橋。南には「ぴゅあ久米食彩館」の看板が見える建物あり、その脇に橋の親柱が3本保存してある。アーチは右岸側道路に歩道橋が出来た際に3分の1ほど覆われたが輪石は見える。道越しに酒店がある。

幸野溝に架かる単一めがね橋

■架設年　1927（昭和2）年
■橋長8.6m　橋幅5.3m
橋高2.7m　径間5.5m

# 297 古町橋（ふるまちばし）

球磨郡湯前町古町［球磨川水系］

都川に架かった下町橋より約200m下流に架かる。右岸は切り立った岩の上が竹藪で、左岸は傾斜地の中が孟宗竹林。橋を眺めるには冬期に傾斜地を下る方がよい。予想以上に高くて大きい石造アーチが望める。昭和2年架橋。

橋を眺めるには冬期に傾斜地を下る方がよい

■架設年　1927（昭和2）年
■橋長13m　橋幅4.4m　径間5.6m（地図はＰ197）

298

したまちばし
# 下町橋

球磨郡湯前町下城［球磨川水系］

下城と古町を結ぶ位置に架かるのでこの名がある

■架設年　1906(明治39)年
■橋長17m　橋幅3.4m
　橋高7.8m　径間11m

下城と古町を結ぶ位置に架かるので下町橋の名があるが、近くに権現社があるので「ごんげんばし（権現橋）」と言う人もあるとのこと。「志多未知者し」と親柱に揮毫したのは酒造会社社長林占蔵氏。アーチ下は都川の青白い流れが速い。明治39年11月架橋。

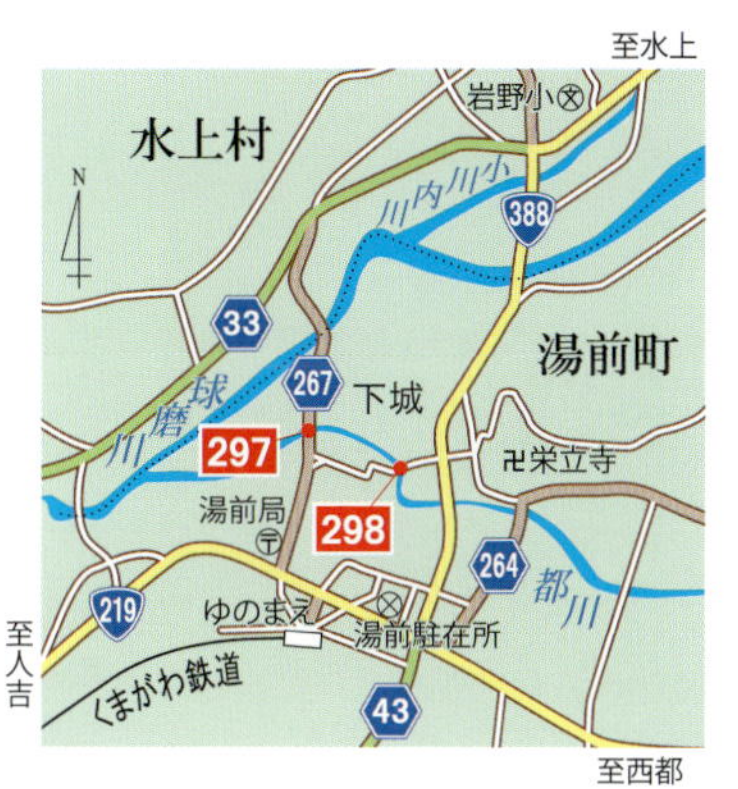


299

あせのはらしんすいこうえんにしのはし
# 汗の原親水公園西の橋

球磨郡水上村湯山［球磨川水系］

湯山川の清冽な流れが市房ダムに流れ込んだあたり、左岸側に汗の原公園がある。その中に小規模な扁平アーチ橋が架かる。公園設計業者の作で石材は白い花崗岩。公園内の芝生には6〜7月は野草のネジバナがいっぱい。平成7年3月架橋。

公園には夏、野草のネジバナがいっぱい

■架設年　1995(平成7)年
■橋長2m　橋幅2.8m　径間1.4m

## 300 汗の原親水公園東の橋

あせのはらしんすいこうえんひがしのはし

球磨郡水上村湯山［球磨川水系］

冬は東方に雪を冠った市房山が望める

汗の原親水公園は奥球磨県立自然公園内の市房湖の湯山側にある。湖近くに水路があって上流の方に小規模の石造アーチ斜橋が架設されている。石材は花崗岩で白っぽい。冬は東方に雪を冠った市房山がそびえる。平成7年3月架橋。今村建設施工。

■架設年　1995（平成7）年
■橋長2m　橋幅2.75m　径間1.5m
（地図はＰ197）

## 301 敷川内橋

しきがわちばし

八代市敷川内町［流藻川水系］

扁平アーチ上の壁は不整形石積みが厚い

■橋長5.18m　橋幅7.54m
橋高3.9m　径間1.76m

国道3号の敷川内交差点から東へ。水路併設の道を100m近く行くと細い水路と交差する。この水路の暗渠（あんきょ）が石造めがね橋構造で、扁平アーチ上の壁は不整形石積みが厚い。上流側6段・下流側8段。この水路は金剛小学校の敷川内分校東側を流れている。

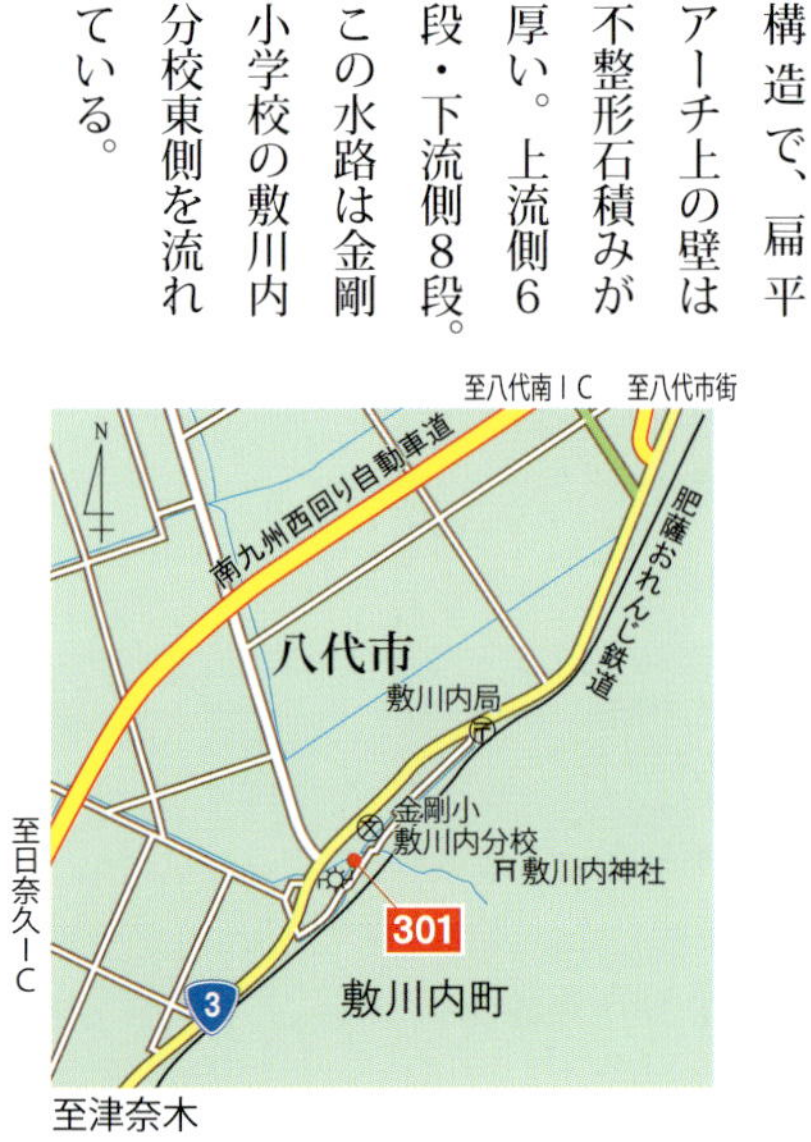

## 302 茶碗焼橋（ちゃわんやきばし）

八代市豊原下町（ぶいわらしも）［流藻川水系］

平山新町の茶碗焼川に架かっていた橋

■橋長4m　橋幅1.95m
橋高1.1m　径間2.3m

平山新町の茶碗焼川に架かっていた橋だが、南九州西回り自動車道建設に伴って市が調査後に解体撤去。平成6（1994）年1月に高田地区の小公園に移設復元。輪石10個、手すりは不ぞろいの割石を並べ、反った路面はコンクリート板貼り付き。

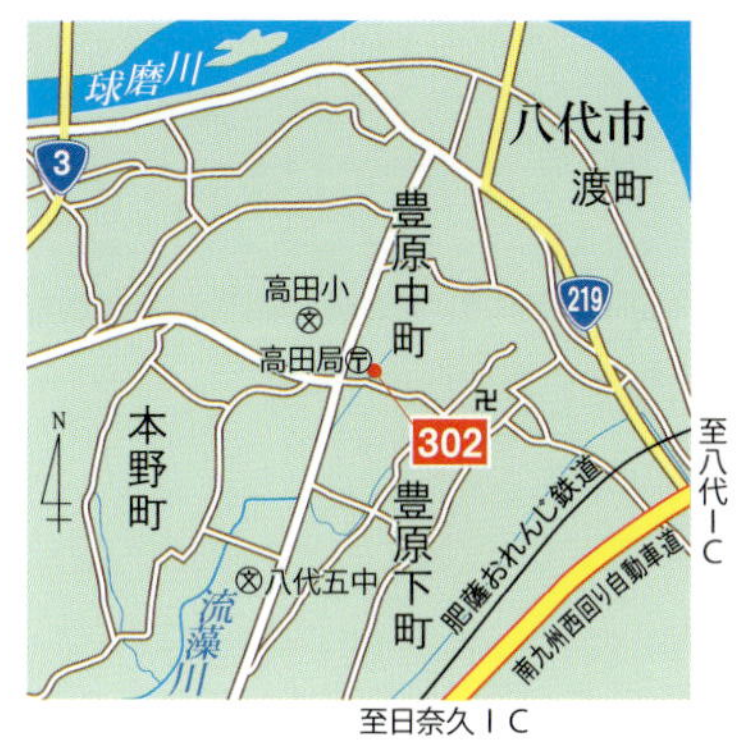


## 303 床並めがね橋（とこなみめがねばし）

八代市二見野田崎町［二見川水系］

現橋の下流側30mの地点にある

■橋長9.68m　橋幅2.3m
径間7.29m

国道3号を南下、日奈久を過ぎて二見川合流点の君ヶ渕から左折し、下大野川沿いにさかのぼると野田崎町の床並橋へ着く。現在の橋は鉄筋コンクリート橋で、下流側30mの地点に石造アーチ橋あり。中規模の橋ながら利用する人はなさそう。

304 しんめんめがねばし
# 新免目鑑橋

八代市二見本町［二見川水系］

旧薩摩街道に架かる橋

■橋長11.93m　橋幅3.42m
橋高4.6m　径間10.14m

旧薩摩街道に架かる橋。二見川下流だけに径間は10ｍを超える。形状はやや扁平なアーチだが、国道3号から反ったコンクリート部分が望める。架設については田浦手永惣庄屋が嘉永6年7月に架けるよう仰せ付かっており、嘉永年間の終わりか安政年間の初めと思われる。

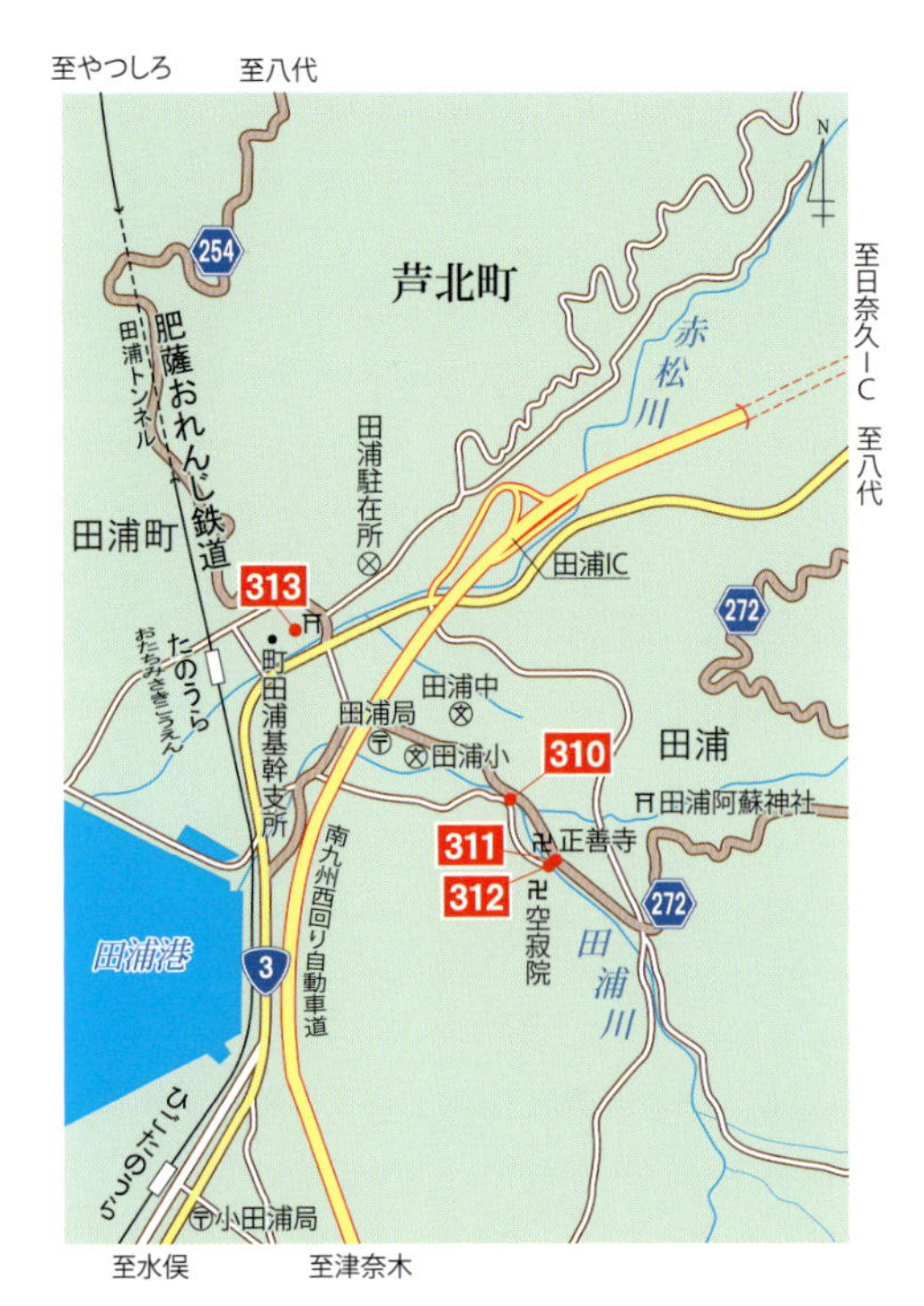


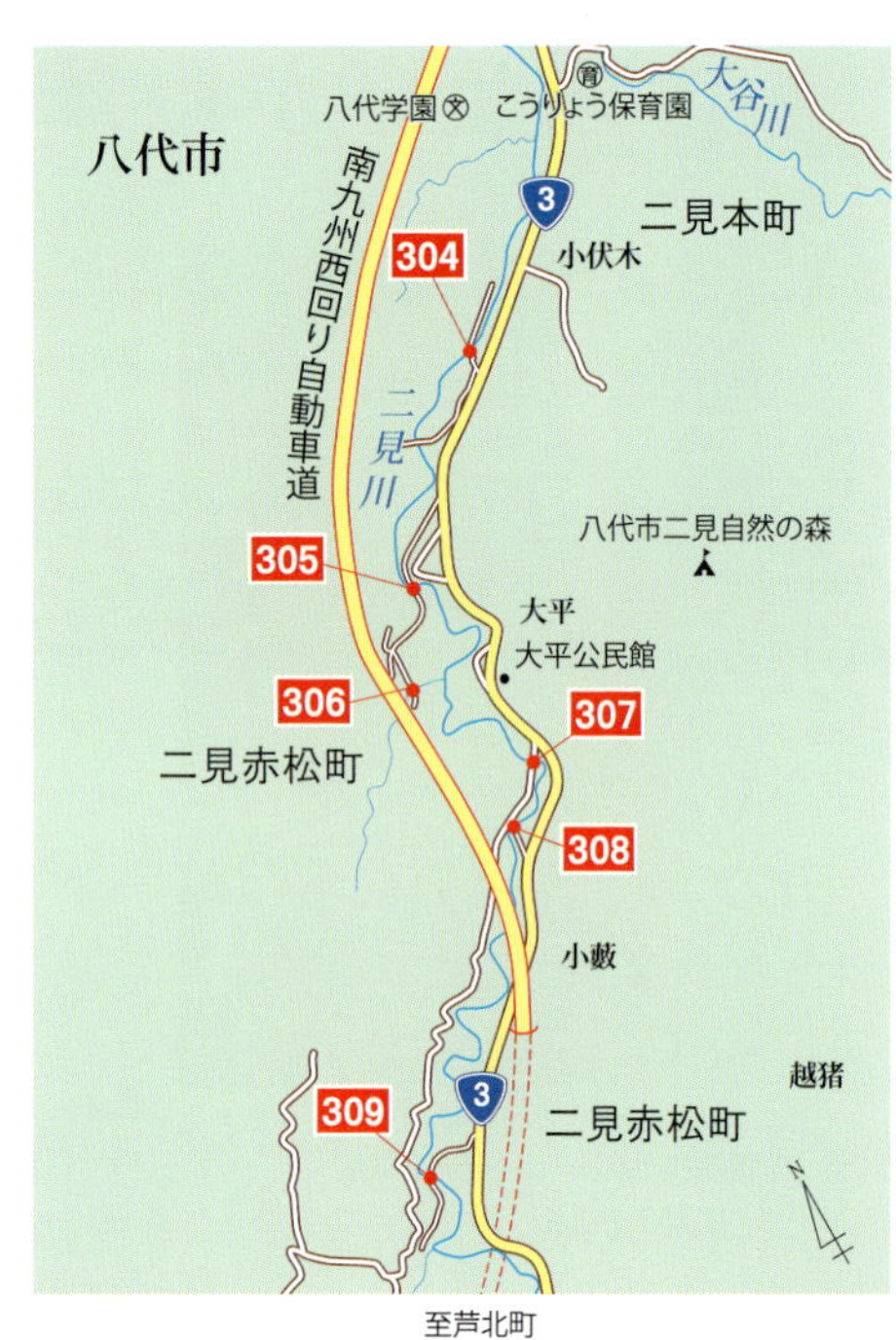

305

あかまつだいいちごうめがねばし

# 赤松第一号眼鏡橋 八代市二見赤松町岩下［二見川水系］

橋本体もいいが、高欄の細工が見事

市指定有形文化財

■架設年　1852（嘉永5）年
■橋長12.32m　橋幅3.12m
　橋高4.7m　径間8.15m（地図はＰ200）

橋本体もいいが、高欄の細工が見事。まず橋裏を見ると、輪石各列のすり合わせが基本に忠実な仕事ぶり。輪石側面は江戸切り仕上げ。高欄を見ると石工の感情の発露かと思わせる種々の彫り物が目を楽しませてくれる。上流側束柱に彫られたやかんに湯呑みは秀逸。

上流側束柱に彫られたやかんに湯呑みは秀逸

## 306 おおひらふるばし 大平古橋

八代市二見本町［二見川水系］

赤松第一号橋を渡り山越えして大平へ出ると、二見川の支流に小さな石造アーチ橋が架かる。架設年代は古文書によれば嘉永年間の終わりから安政年間の初めと思われる。なお下流側壁石は、後年かさ上げしたのが観察できる。

二見川の支流に架かる小さな石造アーチ橋

■橋長4.98m　橋幅2.47m　橋高3.7m　径間2.92m
（地図はＰ200）

## 307 おおひらしんばし 大平新橋

八代市二見赤松町［二見川水系］

国道3号の二見赤松町付近の坂を上り終えると、右に入る道路あり。石碑に明治38年5月に大牟田の実業家圓佛七蔵氏により架設と彫られている。二見川に架かる最大の橋で、9段の基礎石上に整形石材が整然と積まれ見事。

9段の基礎石上に整形石材が整然と積まれ見事

■架設年　1905（明治38）年
■橋長24.57m　橋幅5.3m　径間9.07m（地図はＰ200）

## 308 こやぶめがねばし 小薮目鑑橋

八代市二見赤松町［二見川水系］

大平新橋のすぐ南に架かる

■架設年　1852（嘉永5）年＝年々覚合類頭書
■橋長13.45m　橋幅3.75m　径間7.13m（地図はＰ200）

大平新橋のすぐ南に架かる。古文書によれば嘉永５（１８５２）年11月に田浦手永惣庄屋が架設を仰せ付かっているので、嘉永年間の終わりから安政年間の初めに架設されたと思われる。後年、国道３号の整備工事の際ダンプカーを通すため補強し、橋の姿を著しく損ねているのが惜しまれる。

## 309 すだめがねばし 須田目鑑橋

八代市二見赤松町［二見川水系］

稲田黄金色の頃は景観最良

■架設年　1849（嘉永2）年＝年々覚合類頭書
■橋長11.84m　橋幅3m　橋高3.6m　径間8.37m（地図はＰ200）

八代市の南、二見赤松町を流れる二見川の最上流に架かる石造アーチ橋。この地は旧薩摩街道で、古文書によれば嘉永２（１８４９）年11月までは存在せず、嘉永年間の終わり頃に架けられたと思われる。稲田黄金色の頃は景観最良。

# 「車一切通遍可良須」の碑

現在の宇城市から美里町にかけて「めがね橋」の近くにこの碑がある。読み方は「くるま　いっさい　とおるべからず」。つまり車輌通行制限というわけだが、江戸時代末期の車輌はどんなものか。人が引っぱる荷車か手押し車を指すのか。馬が引っぱる馬車はどうだったのか、詳しくは分からない。

碑の建つ場所（著者が確認した分のみ）

◎宇城市（現豊野町）

| | | |
|---|---|---|
| 1 | 下休（しもやすみ）目鑑橋（現安見下鶴橋） | 現存 |
| 2 | 駄渡（うまわた）し目鑑橋（現山崎橋） | 現存 |

◎美里町（旧中央町・旧砥用町）

| | | |
|---|---|---|
| 3 | 馬門橋 | 現存 |
| 4 | 栫（かこい）目鑑橋 | （流失）美里町公民館に保管 |
| 5 | 鶴木野目鑑橋 | （洪水により崩壊）村人再建 |
| 6 | 大窪橋 | 現存 |
| 7 | 下津留橋 | （半壊後撤去）行方不明 |

◎八代市坂本町

| | | |
|---|---|---|
| 8 | 小崎眼鏡橋 | 現存 |

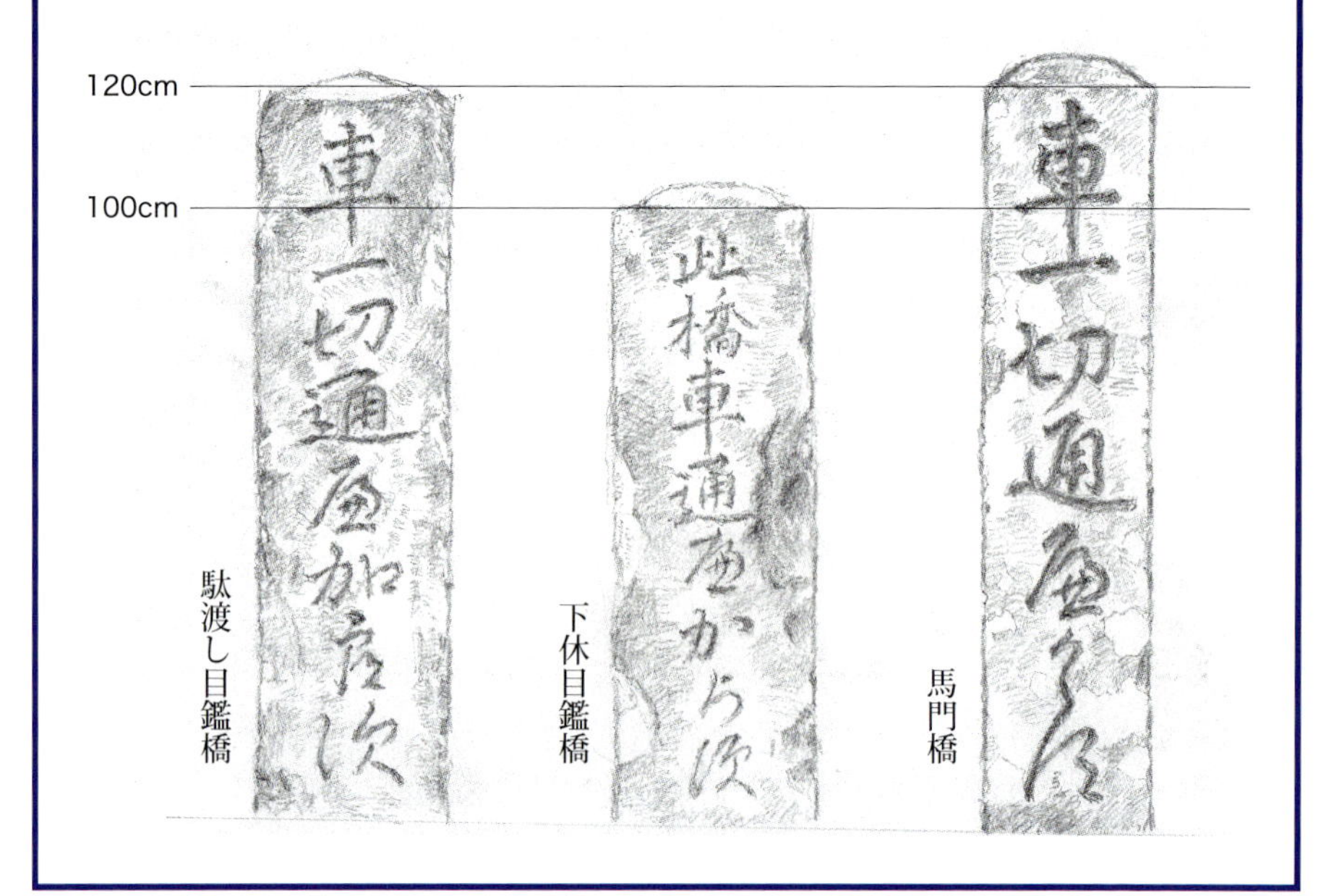

310 はしのもとめがねばし
## 橋本眼鏡橋
葦北郡芦北町田浦［田浦川水系］

田浦川に架かる２橋の中の１基

すぐ横に架かる鉄筋コンクリート橋には「橋の元橋」と彫られてあり、この橋も「はしのもとはし」と称す。田浦川に架かる２橋の中の１基。輪石側面は丁寧な江戸切り加工。

町指定有形文化財

■橋長10m　橋幅3.7m　橋高4m　径間9.22m
（地図はＰ200）

311·312 もんぐちめがねばし・もんぐちこばし
## 門口眼鏡橋・門口小橋
葦北郡芦北町田浦［田浦川水系］

田浦川上流の正善寺門横に架かる

田浦川上流の正善寺門横に架かる。橋を渡った先（南西方向）には田浦手永会所跡と惣庄屋桧前（ひのくま）家の菩提寺（空寂院）がある。安山岩の橋左岸下流側に隣接した小アーチがある。左岸川の排水出口で、それにしては丁寧な造作。

町指定有形文化財

門口眼鏡橋　■橋長9.4m　橋幅3.62m　橋高4.7m　径間8.42m
門口小橋　■橋幅3.5m　橋高2.85m　径間1.45m（地図はＰ200）

313

しおやめがねばし
## 塩屋眼鏡橋

葦北郡芦北町田浦［宮ノ浦川水系］

芦北町田浦支所の北側の小さな流れに架かる

芦北町田浦基幹支所の北側の小さな流れに架かる。本来は1・5㎞程南の塩屋の小川に架設された薩摩街道沿いの橋を、宮浦川改修により昭和60（1985）年現在地に移設復元したもの。

町指定有形文化財

■架設年　1854(嘉永7・安政元)年
■橋長5.27m　橋幅3.6m　橋高1.8m　径間4m
(地図はＰ200)

314

のぞえめがねばし
## 野添眼鏡橋

葦北郡芦北町小田浦（こだうら）［小田浦川水系］

南九州西回り自動車道の田浦インターで降り、国道3号を南下、小田浦の志水から左へ脇道を500m進むと、旧薩摩街道が小田浦川を渡る。

この地に架かる石造眼鏡橋は、平成10年代に左岸上流側の輪石2個が崩落した。当時の田浦町教委は、平成20（2008）年に支保工を組み解体、基礎本体修復が完了。

旧薩摩街道が渡る眼鏡橋

町指定有形文化財

■橋長3.8m　橋幅3.35m　橋高1.9m　径間3.22m

## 315 山本家門前橋（やまもとけもんぜんばし）

葦北郡芦北町道川内（みちがわち）［佐敷川水系］

橋の上流側も下流側も通路

■橋長3m　橋幅1.78m
橋高1.6m　径間2.1m

自民党県連の重鎮山本秀久氏宅の長屋門前の道越しの水路に架かる。橋の上流側も下流側も通路になり、要石や輪石の背面がわずかに見え、アーチを眺めるには水路に入り潜らねばならない。100m程下流にも薩摩街道の坂を下った橋があったそうで、石材が残る。

## 316 清瀧神社橋（きよたきじんじゃばし）

葦北郡芦北町佐敷［佐敷川水系］

利用する人はいるのかと思うほど人の気配がない

■橋長2.5m　橋幅2.5m　橋高1.7m　径間1.8m

芦北町佐敷では杉本院と言った方が早分かり。その境内左脇の細い流れに小さなアーチが架かっている。流れの左（南）斜面は杉林だが、この橋を利用する人はいるのかと疑いたくなるほど人の気配がない。静寂な空間。

## 317 せとばし 瀬戸橋

葦北郡芦北町丸山［佐敷川水系］

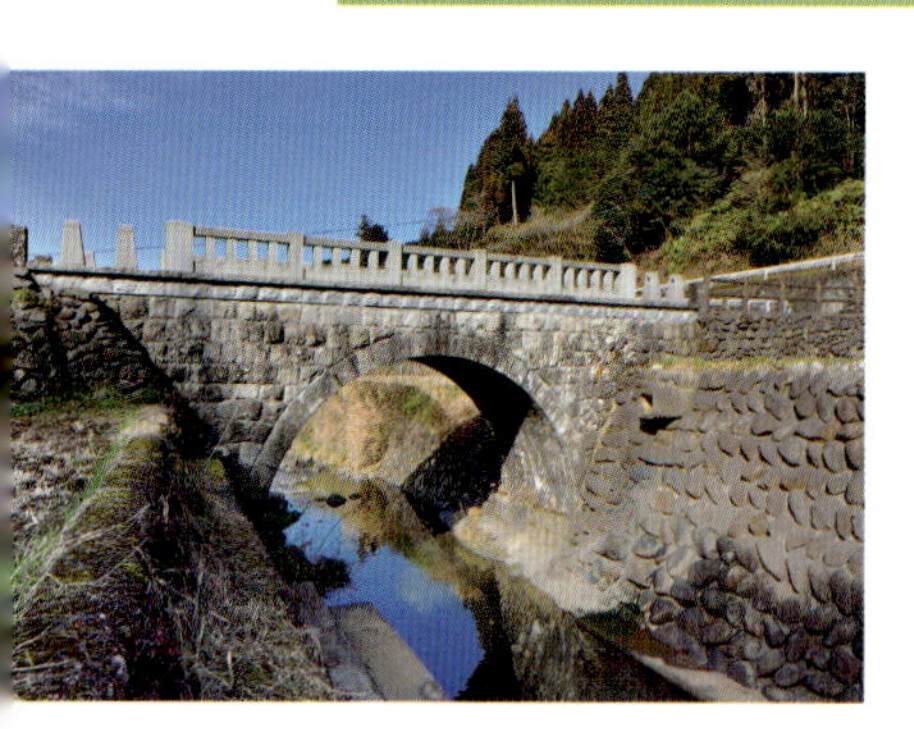

田川川をさかのぼると、最初に出会う

**町指定有形文化財**

■架設年　1920(大正9)年
■施工者　佐敷町・田中三作（天草出身）
■橋長13.6m　橋幅3.3m

佐敷川の支流田川川をさかのぼり、最初に出会うのがこの橋。西側に民家が3戸あって、中央の家の倉井大丈夫（ますらお）さん（故人）が瀬戸橋落成時の写真を保存しておられ、見せていただいた。32年前の話。近年高欄が新しくなった。

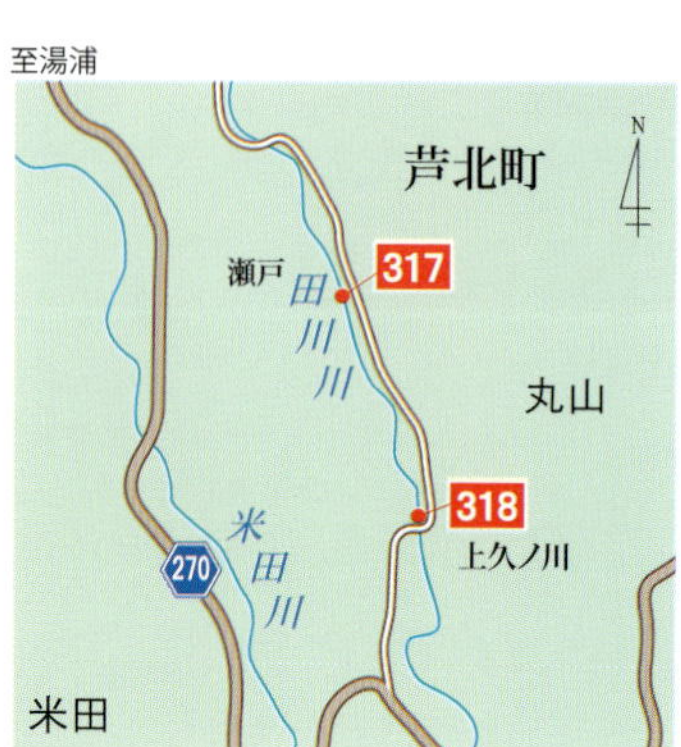


## 318 うめのきづるばし 梅木鶴橋

葦北郡芦北町丸山［佐敷川水系］

瀬戸橋の上流に2年半早く竣工した橋

**町指定有形文化財**

■架設年　1918(大正7)年
■施工者　佐敷町・田中三作（天草出身）
■橋長11.3m　橋幅3.6m

瀬戸橋の上流に2年半早く竣工した橋。この頃は石材の間にセメントを練って詰める工法が採られ、故倉井大丈夫さん所有の竣工記念写真ではセメント樽も写っている。平成20（2008）年、すぐ上流に鉄筋コンクリート橋ができた。

## 319 中園橋（なかぞのばし）

葦北郡芦北町大野［佐敷川水系］

芦北町南東部に位置する大野小校区内の中園にあり、本来は農業用水を渡す石造アーチ橋であった。橋付近で曲がっていた水路を直線化したため、水路橋の役目は終了し、町指定の文化財として大切に残してある。

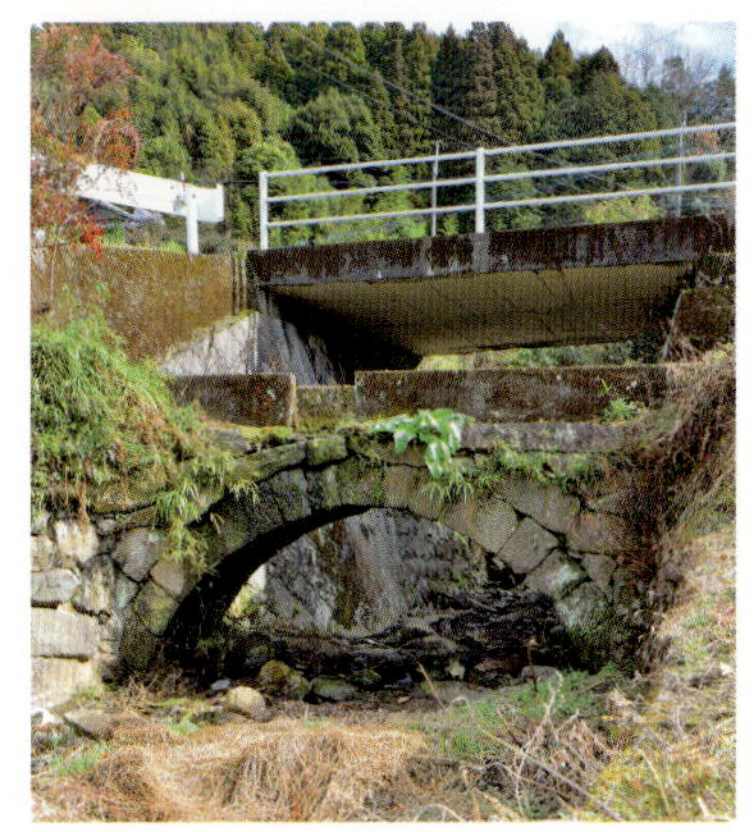

本来は農業用水を渡す橋

**町指定有形文化財**

■橋長5.6m　橋幅1.6m　径間3.8m

## 320 橋本橋（はしもとばし）

葦北郡芦北町湯浦［湯浦川水系］

芦北町の温泉どころ湯浦の中学校北側の道を小川沿いにさかのぼると、極めて低い手すりの石造アーチの背面が見える。上流側の長い手すり石には架設の年月や関係者名が読みとれる。

小川に架かる物静かな石橋

**町指定有形文化財**

■架設年　1888（明治21）年
■施工者　水俣石工・小山惣一
■橋長4.84m　橋幅1.88m
　橋高2.4m　径間3.55m

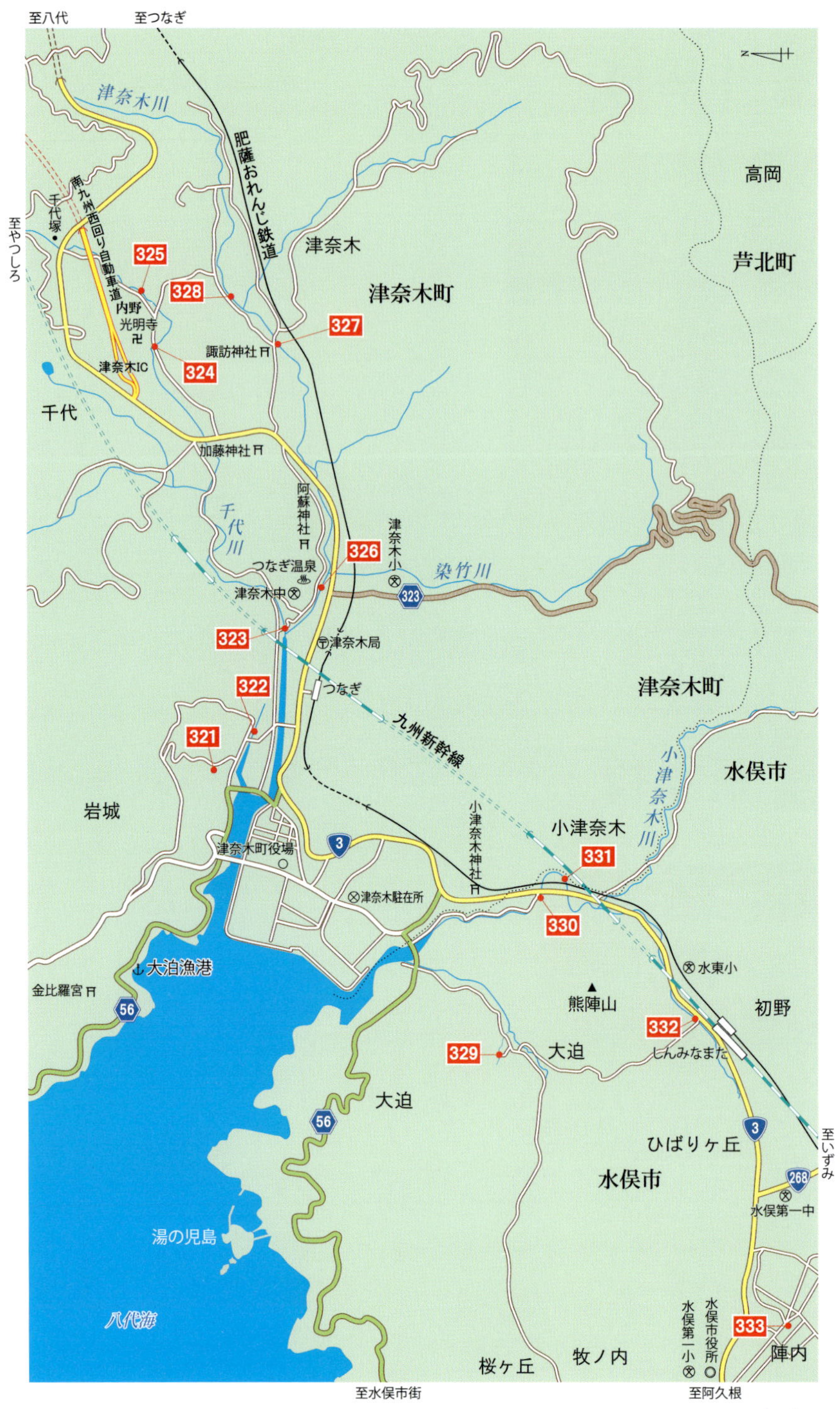
至八代
至つなぎ
津奈木川
肥薩おれんじ鉄道
高岡
芦北町
南九州西回り自動車道
千代塚
至やつしろ
津奈木
津奈木町
325
328
327
324
内野
光明寺
諏訪神社
津奈木IC
千代
加藤神社
阿蘇神社
千代川
津奈木小
326
つなぎ温泉
染竹川
津奈木中
323
323
津奈木局
つなぎ
322
津奈木町
九州新幹線
321
小津奈木川
水俣市
岩城
小津奈木神社
小津奈木
331
3
津奈木町役場
津奈木駐在所
330
大泊漁港
水東小
金比羅宮
56
熊陣山
初野
332
329
大迫
しんみなまた
大迫
56
3
至いずみ
ひばりヶ丘
水俣市
268
水俣第一中
湯の児島
八代海
水俣市役所
水俣第一小
333
陣内
桜ヶ丘
牧ノ内
至水俣市街
至阿久根

## 321 しんむらめがねばし 新村眼鏡橋

葦北郡津奈木町岩城 浜平 ［津奈木川水系］

町内最小規模の石造アーチ橋

町指定有形文化財

■橋長2.5m　橋幅1.4m　径間1.62m（地図はＰ210）

津奈木川が津奈木湾に流れ込むあたりの右岸側は大字岩城。そこの古川地区に町内最小規模の石造アーチ橋が残る。珍しいのは上流側要石のみ横幅2倍。川底は、冬は水なし。両岸の野面石積みが珍しいが誰も注目しないと思われる場所。

## 322 はまめがねばし 浜眼鏡橋

葦北郡津奈木町岩城 濱 ［津奈木川水系］

輪石が川面に映って美しい円を描く

町指定有形文化財

■橋長5m　橋幅1.78m　径間3.6m（地図はＰ210）

津奈木町の北側を流れる古川に2基架設された中の下流部の1基が現存する。輪石が川面に映って美しい円を描く。架設年に関しては永青文庫の古文書『町在』の津奈木手永・竹本寿七郎の功績に「安政六年十二月濵村目鑑橋掛方之節右入目銭」とあり架設は翌年か。浜村下目鑑橋とも。

323

なかむらめがねばし
# 中村眼鏡橋

葦北郡津奈木町岩城 城 ［津奈木川水系］

アーチは点々と赤肌色の石材が混じる

支流千代川が津奈木川に合流する地点に架設された橋。西正面には九州新幹線が走り、東から南へは南九州西回り自動車道が通る。径間10ｍ超の扁平なアーチは、点々と赤肌色の石材が混じる。町内大迫産の安山岩であろう。

町指定有形文化財

■橋長13.4m　橋幅2.72m　橋高4.2m　径間10.25m（地図はＰ210）

324

てらまえめがねばし
# 寺前眼鏡橋

葦北郡津奈木町千代 松原 ［津奈木川水系］

旧薩摩街道が千代川を渡る橋

津奈木町千代の内野地区を旧薩摩街道が通る。南下した千代川が流れを西方へ変えたあたりで街道と交差し、橋が架設された。扁平な石造アーチ橋は後年上流側に堰が設けられ、アーチ本体は負荷減少を考慮した工法で保護されている。橋を横から観察すると、アーチ本体と路面部間のすきまが、横長に細く見えるのがそれだ。

町指定有形文化財

■橋長旧7.3m／現13.5m　橋幅旧3.6m／新6.18m／径間5.1m
（地図はＰ210）

## 325 うちのめがねばし 内野眼鏡橋

葦北郡津奈木町千代 松原 ［津奈木川水系］

輪石は２色で赤肌色が大半。他は灰色

国道3号を南下し津奈木トンネルを抜け、千代塚から左脇道を下り内野集落へ。この集落内を流れる千代川に架かる。アーチを下から観察すると輪石は2色で赤肌色が大半。他は灰色。採石場は恐らく大迫（おんざこ）。

**町指定有形文化財**

■橋長5.5m　橋幅1.85m　橋高3.6m　径間3.9m（地図はＰ210）

## 327 なかおめがねばし 中尾眼鏡橋

葦北郡津奈木町津奈木 柏原 ［津奈木川水系］

津奈木川に架かる石造アーチ橋では2番目に大きい

津奈木川に架かる石造アーチ橋としては2番目に大きい。径間は8m弱で、高さが5m超。2段の基礎石上に左右それぞれ13個の輪石が積まれ、中央に要石。手すり石は五角断面の長石で壁面を抑え、通行人の転落防止策。

**町指定有形文化財**

■橋長9.9m　橋幅1.85m　径間7.95m
（地図はＰ210）

326

# 重盤岩眼鏡橋

ちょうはんがんめがねばし

葦北郡津奈木町岩城 上原［津奈木川水系］

旧薩摩街道が津奈木川を渡る大橋。橋自体の造作が見事、高欄の装飾も凝っている

旧薩摩街道が津奈木川を渡る地点に架設された大橋である。地元在住の郷土史家岡松荘一郎さんの話では「明確な架設年代を記録した文書がない」そうで、「近くの神社に奉納してある水盤が架設記念のものではないか」と推測されて嘉永2年説。橋本体の造作も見事だけれど、高欄の装飾も凝っている。野津石工岩永三五郎の弟三平の作だとざれ唄が伝承されているが、三平は実在した人物なのか謎。川面に映る円相に見惚れる。

**熊本県指定重要文化財**

■架設年 1849(嘉永2)年(推定)
■施工者 蓑田大作（神社水盤の作者）
■橋長16.85m 橋幅4.26m
橋高7.46m 径間16.53m(地図はＰ210)

## 328 金山眼鏡橋

かなやまめがねばし

葦北郡津奈木町津奈木 大丸［津奈木川水系］

要石や輪石の背面が磨滅し、金色の鮮苔が歴史を語る

町指定有形文化財

■橋長7.55m　橋幅2.2m　橋高3.75m　径間6.88m（地図はＰ210）

津奈木川の上流に架かる。国道３号沿いの亀萬酒蔵南の道を左折、諏訪宮下の中尾橋より４００ｍ程上流、坂を下って右手に見える。要石や輪石の背面が磨滅し、金色の鮮苔（せんたい）が歴史を語る。南方２００ｍを肥薩おれんじ鉄道が走る。

## 329 大迫下の竹本家入口橋

おおさこしものたけもとけいりぐちばし

水俣市大迫［小津奈木川水系］

個人宅の入り口に架設された例は珍しい

■施工者　金子（天草出身）
■橋長2.8m　橋幅1.43m　径間1.83m（地図はＰ210）

水俣市大迫の集落内の小川（元村川）に架かるが、個人の家の入り口に架設された例は珍しい。「何代か前に竹本家の娘が嫁いだ先が天草出身の石工金子で、その人物が架けた」と竹本さん。路面はコンクリートで拡幅されている。

## 330 上原めがね橋

うえはらめがねばし

水俣市小津奈木［小津奈木川水系］

伸びやかな扁平アーチ橋

市指定有形文化財

■橋長9m　橋幅4.04m　橋高3.5m　径間7.36m（地図はＰ210）

薩摩街道が小津奈木川を渡るとき架けられた橋の一つ。伸びやかな扁平アーチ橋。輪石に添った壁石が両翼を少し上向きにした布積みで、すぐ上流の瀬戸眼鏡橋と同じ石工の技であろうけれど、石工名は現時点で不明。

## 331 瀬戸眼鏡橋

せとめがねばし

葦北郡津奈木町小津奈木 前田［小津奈木川水系］

小津奈木川に架かり、瀬戸めがね橋ともいう

町指定有形文化財

■橋長10.4m　橋幅3.4m　橋高3.9m　径間3.5m（地図はＰ210）

小津奈木川はくま川鉄道の線路下を潜り、瀬戸眼鏡橋下を潜ったら再度左曲して線路下を流れ上原めがね橋下へ向かう。線路と並行した国道3号も二度潜る。『熊本県歴史の道調査1　薩摩街道』では「前田めがね橋」と記載されている。

## 332 隈迫めがね橋

くまさこめがねばし

水俣市初野［小津奈木川水系］

以前は初野川に架かっていたが、現在は小津奈木川水系

■橋長4.8m　橋幅2.7m　橋高2.7m　径間3.92m（地図はＰ210）

九州新幹線の新水俣駅北東側に並行して走る国道3号の上り線外側空き地に復元（平成15年頃）されている。それ以前は初野川に架かっていたが、現在は小津奈木川水系。旧橋の写真は熊本日日新聞社の『熊本の石橋313』227ページに掲載されている。

## 333 陣内橋

じんないばし

水俣市陣内［水俣川水系］

陣内用水路に架かる小規模の目鑑橋

■架設年　1824（文政7）年

■橋長4.35m　橋幅右3.05m／左3.2m
橋高1.89m　径間3.5m（地図はＰ210）

「新町目鑑橋」ともいう。水俣市内を流れる陣内用水路に架かる小規模の目鑑橋。古文書『町在』の徳富才七の功績を見ると文政7（1824）年に土橋から架け替えられたことが分かる。ほとんど輪石だけの構造。薩摩街道の橋なれど民家にはさまれた状態。

## 334 坂口橋（さかぐちばし）

水俣市月浦（つきのうら）［坂口川水系］

薩摩街道が水俣市街地を南へ抜け、丘陵地帯を進むとハゼの木が多い侍地区を通る。坂を下ると坂口川があり鉄筋コンクリートの前平橋が架かる。この橋の前身はめがね橋で、左前方に移設復元されているのが見える。

前平橋の左前方に移設復元された

■架設年　1850（嘉永3）年
■橋長5.3m　橋幅2.83m　径間4.22m

## 335 冷水橋（ひやすじばし）

水俣市袋［袋川水系］

水俣市街地を抜け国道3号をさらに南下、3㎞も行くと右手に袋湾が見える。国道が左へ曲がった先の左上に薩摩街道が通り、小さな流れに架かる。輪石内側を6本の鉄骨アーチで補強してあるのが目立つ。

輪石内側を6本の鉄骨アーチで補強

■架設年　嘉永年間
■橋長8.2m　橋幅3.45m　橋高3.7m　径間5m

## 336 境橋（さかいばし）

水俣市袋 神川（かみのかわ） ［境川水系］

鹿児島県境を流れる境川に架設

■架設年　1883（明治16）年
■橋長13.3m　橋幅4.95m
橋高4.5m　径間11.7m

鹿児島県出水市との境を流れる境川に架かる。石材は肥薩火山類の安山岩で輪石の両端や要石・高欄は灰色、輪石の中央部や壁石は赤肌色をそれぞれ使用。アーチは扁平、路面は水平。架橋以前に頼山陽がこの地で詠んだ詩がある。

一潤平分南北
州／乱沙深草
両辺秋／曽無
所属唯渓水／
幾股潺湲随意
流

## 337 市ノ瀬橋（いちのせばし）

天草市本町下河内 下向 ［広瀬川水系］

旧本渡市の中心街を抜けた広瀬川に架かる

市指定有形文化財

■架設年　創建時1882（明治15）年
再建年不明
■施工者　下浦石工・大塚光治ほか3人
■橋長22.2m　橋幅4.65m

旧本渡市の中心街を北に抜けると水の平焼の看板が見え、左（西）折すると広瀬川に架かる市ノ瀬橋が現れる。明治15年架設の記念碑があり、関係者氏名が列挙されていてありがたい。同19（1886）年夏に洪水で倒壊し、後年再建されたのが現橋。

338

やまぐちのせむいばし

# 山口の施無畏橋

天草市本渡町本渡 甲 ［町山口川水系］

無畏庵の前にある穏やかな印象の石造アーチ橋

熊本県指定重要文化財

■架設年　1882（明治15）年
■施工者　下浦石工・大塚光治ほか2人
■橋長22m　橋幅3.15m

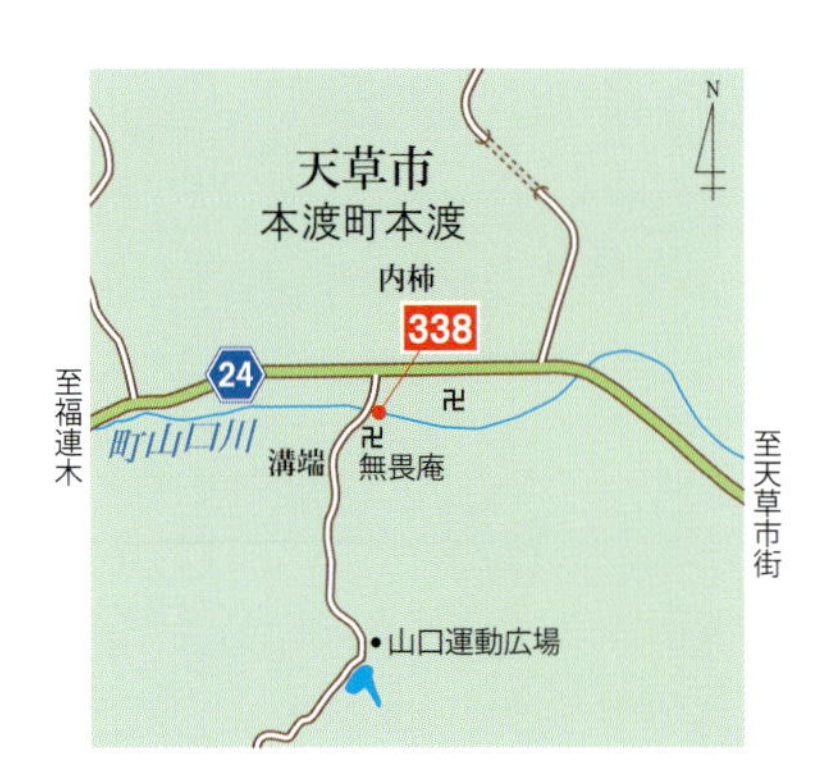


天草市中心街を流れる町山口川を３㎞さかのぼると、染岳登山口にある無畏庵の前に穏やかな印象の石造アーチ橋が架かる。穏やかな印象は、アーチ中央の高さをご本尊の位置より低く設計したため。一方で架設記念碑の肉太い文字も印象的だ。

## 339 志安橋（しあんばし）

天草市亀場町食場［亀川水系］

天草市の亀場から枦宇土への往還道が亀川の支流宇土川を渡る地点に架かった橋。近年できた大型商業施設の西100m程に位置する。砂岩を使用した本体は保存状態良好だけれど、親柱が風化し「志安橋」以外は判読不可能だ。

砂岩を使用した本体は保存状態良好

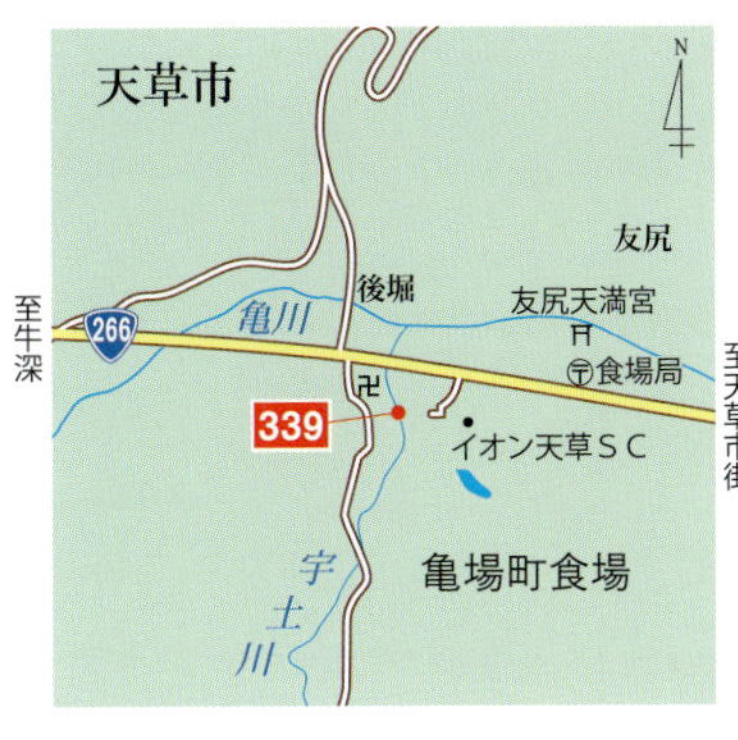

**市指定有形文化財**

■架設年　1882（明治15）年
■施工者　下浦石工・大塚光治ほか4人
■橋長8.8m　橋幅3m　径間7.1m

## 340 蓮河橋（れんがわばし）

天草市枦宇土町［亀川水系］

瀬戸大橋を渡り、国道266号を10km超進むと下田温泉への分岐点。そのすぐ手前から左へ入り1km進むと舗装が切れ、右曲すると親柱4本が見える下に二重輪石のアーチあり。輪石の上は12段の壁石垣で鞘石垣付き。橋を西へ進むと長平越え。「蓮河川橋」とも。

輪石の上は12段の壁石垣

■架設年　1901（明治34）年？
■橋長15m　橋幅7m

# 341 楠浦の眼鏡橋

くすうらのめがねばし

天草市楠浦町 中田原［方原川水系］

石材は相撲取りの一文字が運搬したという

熊本県指定重要文化財

■架設年　1878(明治11)年
■施工者　下浦村の松次、内田村の紋次
■橋長16.3m　橋幅3m

天草市中心街から県道26号本渡牛深線を南進、３km程行って右手の県道２７８号宮地岳本渡線へ入り、１km弱で左脇道を進むと方原川へ。右手上流側に高い石造アーチが見える。明治になり庄屋宗像堅固が企画し、石材は相撲取りの一文字が木馬に乗せて牛に引かせて運搬。大工和田茂七が下橋を組み立て、石工は下浦の松次らが担当し、明治11年６月着工、同８月に天草下島初のめがね橋完成。費用は２４８円59銭だった。

10月には楠浦諏訪神社の秋祭りがあり、橋を神輿行列が渡る様子は壮観だ。

## 342 平尾橋（ひらおばし）

天草市楠浦町［方原川水系］

楠浦ダム上流の方原下にあるめがね橋

■架設年　1910(明治43)年
■橋長13m　橋幅4.2m

天草の瀬戸大橋を渡り南へ。楠浦町を流れる方原川沿いに県道278号宮地岳本渡線をさかのぼり、楠浦ダム上流の方原下に新方原橋（平成20年架橋）がある。すぐ上流に見えるのが廃道橋のめがね橋。輪石はすべて江戸切り瘤出し加工。要石はわずかに下へ伸び、壁石面は鞘石垣へ曲面でつながる。

## 343 轟橋（とどろばし）

天草市河浦町今田 楠原［一町田（いっちょうだ）川水系］

橋周辺の砂岩の巨石群と碧潭は天然の庭園

市指定有形文化財

■架設年　1914(大正3)年
■施工者　伝天草瀬戸石工・江崎仁吉ほか5人
■橋長12.5m　橋幅5.05m　橋高6.1m　径間9.25m

天草下島の県道35号牛深天草線沿いにある2基のめがね橋の1つ。河浦の一町田から福連木（ふくれぎ）へ道路改修に伴って、橋の下流側を鉄筋コンクリートで拡幅したため景観を損なっている。周辺の砂岩の巨石群と碧潭（へきたん）は天然の庭園。

## 344 芦刈橋（あしかりばし）

天草市河浦町今田［一町田川水系］

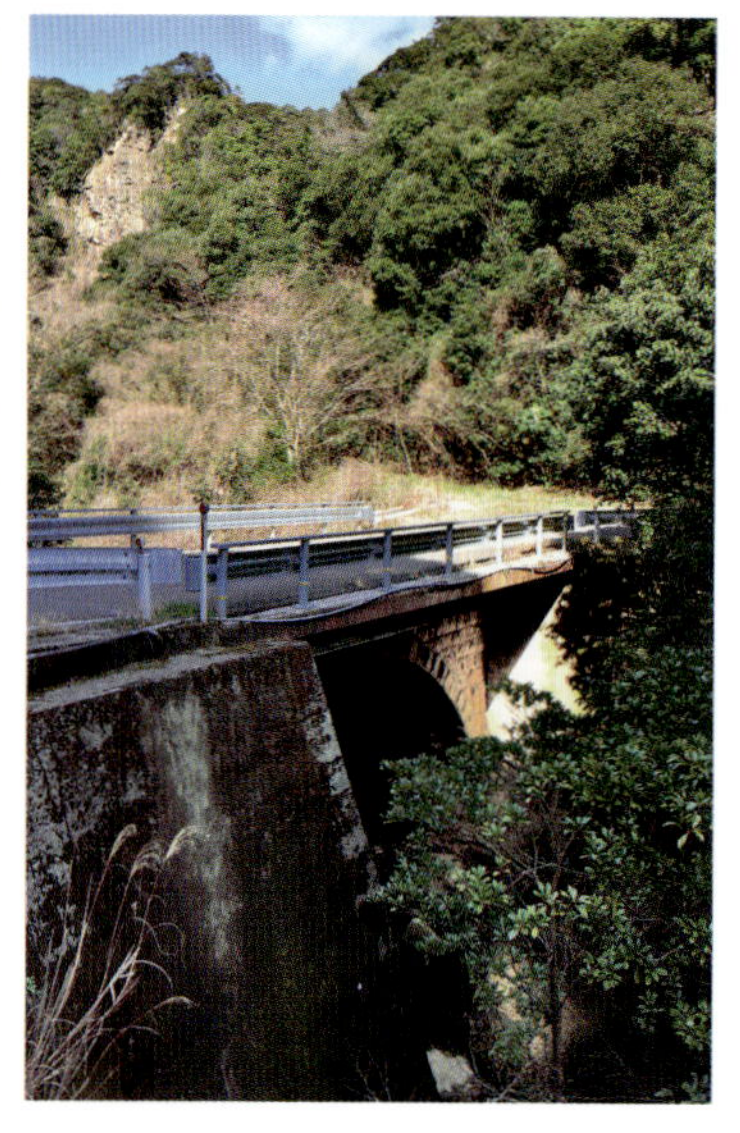

今田川に架かる石造めがね橋

天草下島のほぼ中央の宮地岳（みやじだけ）から西へ県道２９１号宮地岳今田線を進むと今田の三差路に至る。今田川に架かる石造めがね橋は下流側のみわずかに拡幅。壁石は布積み。アーチ全体を観察するには、左岸下流側カシ群生の急斜面を下ると見えるようだけれど、無理は禁物だ。

■架設年　1914(大正3)年
■橋長10m　橋幅5.2m
(地図はＰ223)

## 345 無量寺橋（むりょうじばし）

天草市久玉町本郷［久玉川水系］

本体の石材は砂岩で、輪石・壁石・高欄いずれも温和な表情

市指定有形文化財

■橋長8.15m　橋幅2.85m
橋高2.8m　径間8.2m

国道２６６号を天草市から牛深へ向かい、久玉小学校を目標に左折。同校運動場北側の駐車場が空いていれば橋観察に最適だ。本体の石材は砂岩で加工しやすいので、輪石・壁石・高欄いずれも温和な表情を見せる。橋の路面は無量寺門前へ向かう上り坂の参道スタート地点。

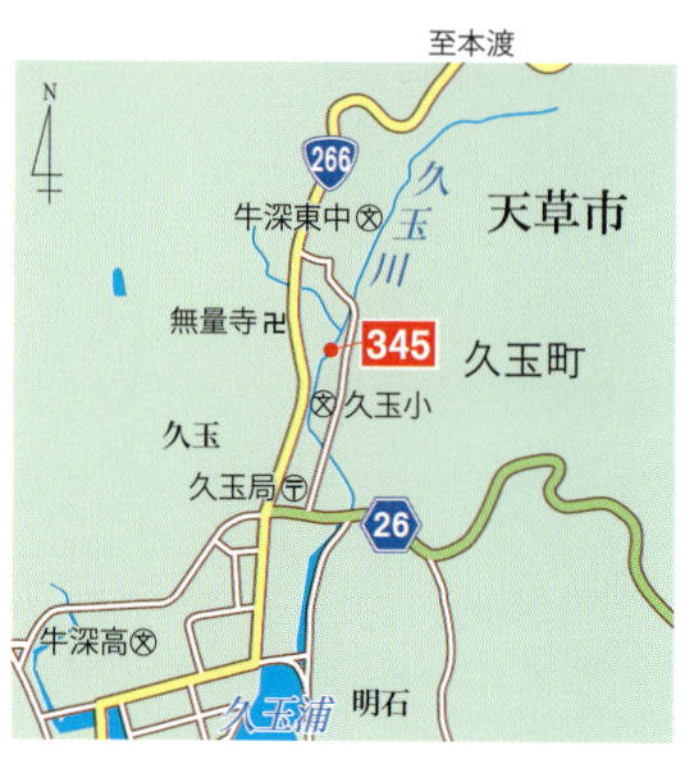

## その他① 遊水橋・踊水橋・花漣橋

ゆうすいきょう・ようすいきょう・かれんきょう

上益城郡山都町 城原（じょうはら）［緑川水系］

平成23（2011）年度から始まった肥後種山石工技術継承講座の受講生が師匠竹部光春さんの指導で架けた橋だ。同年遊水橋、同24年（2012）年踊水橋が造られた。花漣橋は未完。

踊水橋

遊水橋

花漣橋

■架設年　2011（平成23）年
■施工者　棟梁・竹部光春
■橋幅1.8m　径間4m
（地図はＰ141）

## その他② 白髪山天然石橋

しらがやまてんねんいしばし

八代市東陽町北 五反田［氷川水系］

言い伝えでは、白髪山に住む神様が山から下るとき、巨岩が邪魔でエイッと足蹴にしたら、ポッカリ穴があきアーチ状の岩が残ったそうだ。しかも蹴った岩の一片は田圃の中に現存。作り話が上手な翁が居たのだろう。秋深まると橋の上はハゼの紅葉が鮮やかで、西側のイチョウは黄金色。錦秋絵巻。

秋はハゼの紅葉、イチョウの黄金色で。まさに錦秋

（地図はＰ155）

きと感動の表現が素直。

そのあとは、もし地震で揺れたらどうなるか、と揺らしてみせるとアーチは直ぐに復元する力がある。少々の揺れにもめがね橋は強くて壊れない。

県内に現存する石造りのめがね橋が、百有余年役目を果たしているわけは、このように壊れにくい構造が秘密の原因。江戸時代後半から「永代不朽の橋」として期待されて、県内各地に架設されためがね橋は、今や石造文化の華として再評価・高評価されていい。

写真②

写真①

写真③

---

石工たちの匠の技を見て、聞いて、触れて、感じる

〒869-4302 熊本県八代市東陽町北98-2
☎0965-65-2700　FAX0965-65-2717

◆開館時間　9:00～16:30（入館は16:00まで）
◆休 館 日　月曜日（祝日の場合は翌日）、12/29～1/3
◆料　　金　大人300円、大学・高校生200円、
小・中学生100円　※団体20人以上割引

●交通のごあんない

| | |
|---|---|
| 九州自動車道 | 八代ICから約20分<br>松橋ICから約30分<br>※駐車場20台 |
| ＪＲ鹿児島本線 | 有佐駅から<br>バス約15分<br>タクシー約10分 |

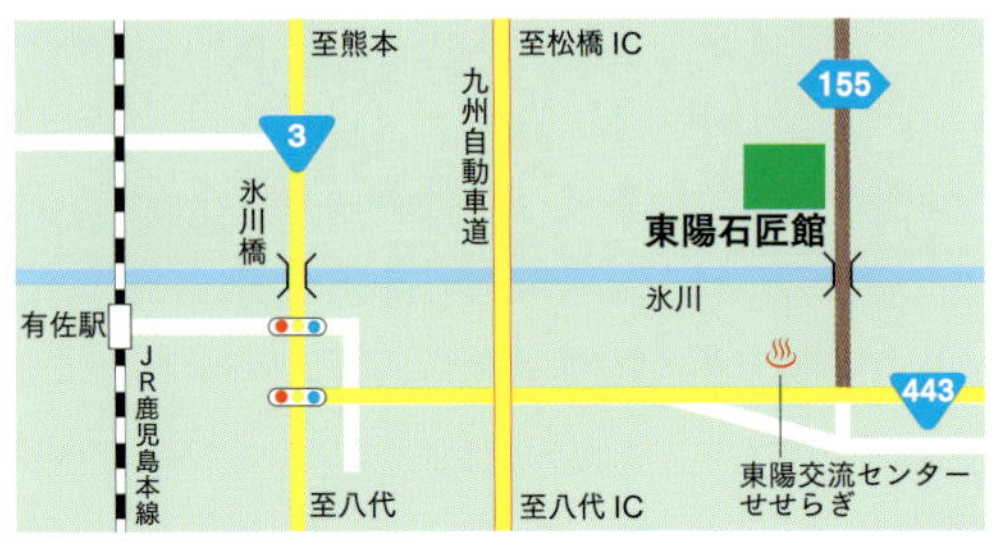

# めがね橋はなぜ壊れないか

東陽石匠館では、来館者相手にめがね橋の模型を組み立てて、丈夫なところを理解してもらっている。

まず、大工が組み立てた木製支保工を、想定した川の上に置く。

架設工事中、川の水は流れるように支保工下に木片（または平盤な小石）を敷き、その上に支保工を設置（写真①）。

次には石工が加工した輪石を、支保工の左右それぞれに一列ずつ並べて積む。それを繰り返す。(壁石積みは口頭で説明)

輪石を左右からそれぞれ同数積み重ねていくと、中央一列分が余白として残る。ここは要石を納めるところ（写真②）。

【要石の納め方】小規模アーチの場合は、両端から中央部へ一個ずつ納める。大規模アーチの場合は、支保工の上部を水平に分割して持ち上げると、要石を納める余白部分が広がり、要石納め作業が容易になる。

最後は、支保工下に敷いた木片（または平盤な小石）を取り除くと支保工が下がる。このとき輪石アーチは浮いた状態になる。そのため、支保工をずらして輪石下からはずしても、輪石は互いに支え合ってアーチを形成し、崩れることはない（写真③）。

社会見学で来館した小学生は、接着剤も使わないのに輪石がくっつきあってアーチが出来たのを見て「ワァーッ」と驚きの声をあげて、思わず拍手。驚

撮影：中野敏憲

未来へ伝えたい石橋文化

# あとがき

上塚　尚孝

熊本日日新聞社から15年前に刊行された『熊本の石橋３１３』は、今も欲しいという人が結構いる。そこで、熊日関係者に「改訂版を出しませんか」と話しかけていたら、幸いにも「作ることにしました」という返事を聞き、言い出しっぺとしては協力せざるを得なくなった。

平成13、14、15の3年間、熊本県の文化企画課から日本の石橋を守る会への依頼で、県内の石造めがね橋の調査をしたけれど、その後に姿を消した橋や新発見の橋が十指を超したのも、改訂版を出してほしい理由の一つ。

例を上げると、砥用の目磨橋（めとぎ）や阿芹場橋（あせりば）、東陽の鍛冶屋自然石橋が大雨で流失。水俣の集（あつまり）の橋は土石流の犠牲になった。九州北部豪雨では阿蘇黒川橋が姿を消した。それ以外では一勝地橋のように水害の元凶とみなされ解体されたのもある。

その一方で、新発見のも多い。私有地に架設されていたため、市町村も存在を知らなかったのが5基を超える。存在したのにごく近所の人しか知らなかった。つまり知名度が低かったわけ。また、新規架設のもある。

そういうわけで、今回県内に現存するめがね橋探訪は３４０基ほどになった。

10年ぶりに再会する橋の所在地は、迷わず行きつくところがある一方で、新規道路を通ると至近距離に到達しながら迷うこともあった。久しぶりに会う橋は、石材の大きさに目を奪われたり、石工の緻密（ちみつ）な技に驚いたり、橋近くの草木の美しさに目を細めたり、川音に耳を澄ますことも数知れず。自然と共存しているめがね橋は、景観の一部として主役になったり脇役に甘んじたり。こんな橋を眺めていると、「黙々として道を歩く。それもよい。四方の風光に心を流しながら道を歩く」という歴史学者中村直勝の文章が脳裏をよぎり「それは更によい」の文で私はゆっくり頷（うなず）いた。

………

ここで一つ断わっておくのは、今回の探訪は石造りのめがね橋だけ。支柱・桁（けた）のある石橋は省いた。アーチが川面に映って描く円相に魅力があり、それは円満という若年時から目指した好ましい人柄に心惹（ひ）かれたという理由がある。

………

今回の探訪で私はもっぱら案内役に徹した。あと一つ、３４０基の紹介・説明文の執筆を担当し、撮影は次男の寿朗に任せた。

もう一つ私の役目は除草作業。撮影上邪魔な雑草は刈り取り、カメラに収まった橋のいくつかは散髪後の姿と言えよう。そのために車に積み込んだ高枝切り鋏はとても重宝した。重宝したのはカーナビも同じで、撮影予定地へ無駄なく誘導してくれたのに感謝したい。

探訪しためがね橋をどう整理するか、については①県北・県央・県南と分ける案、②市町村別の案、③水系別の案を考えたが、不変ということでは③案だろうということに落ちついた。水系別での問題点は用水路だが、流水先の水系に含めた。また同一水系の橋は、下流から上流へと並べ、本流から支流の順にした。

ここでもう一度中村直勝の文章を引用する。

「その風光の後ろにある歴史を思いながら道を歩く。それが最も美しい道の歩き方ではなかろうか」

熊本県内にめがね橋が多いのは、私の調査では江戸時代の宝暦年間の政治改革後、「地域のことは地域にまかせる」という方針で、各手永の惣庄屋が推進役となり、道路や用水路の整備に伴い「永代不朽の橋」が架設され、その数は１００基を超している。この土木事業の成果として、肥後熊本藩の産業等が盛んになり、住民の生活は潤うことになった。

明治以降も県内各地でこの傾向は続く。そんな歴史を思いながら、めがね橋やその周辺の景観を眺め回し、石造文化の恩恵に浸った愉しい一年であった。

最後になって申し訳ないが、この本が体裁を整えるにあたっては、熊日出版の沼田富士彦さんのご丁寧なご指南を仰ぎ助かった。おかげさまで私にとっては傘寿記念の一冊を残すことができ、有難く感謝申し上げたい。

# 撮影を終えて

上塚　寿朗

本書を手にしていただきありがとうございます。

撮影は春夏秋冬、また朝夕の様々なときに行いました。石の表情は時々に応じていずれも魅力的でした。それは石がもつ表情が既に自然の一部となっていることに一因があるのでしょう。長い時間のなかで、苔(こけ)や風雨で風合いが増した石橋はそれだけで絵になります。最近の人工的な建造物は完成時が最も絵になることが多いのですが、石橋に関しては年月を経ていることで、むしろ魅力が増しているようです。

撮影した石橋の多くは、姿を変えることなく数百年間同じ姿を見せてきたものですが、石橋を撮影していると近くに住む方々が声をかけてこられることがよくあります。自分が小さい頃の橋にまつわる思い出、また親や先祖が関わった橋にまつわる話など、数々のエピソードを教えていただきました。それだけ石橋が多くの人々にとって身近で思い出深く大事なものであったことを強く感じ、温かい気持ちになりました。

一方で、撮影した石橋の中には、いまや人が近づきづらい場所にあるものもありました。そのような橋の中にはまさに自然と一体になっているような橋もあります。架けられた当時は多くの人が往来したことでしょうが、そのような橋が静かに自然と一体になって森の中にたたずむ姿も撮影し掲載することができてうれしく思います。

撮影にあたっては天気によって非常に多彩な表情を見せる石橋のどの面をとらえるかに気を使いました。普段は地味な橋の風景が桜の季節や紅葉などで、思いもよらないような華やかさを見せてくれたりします。また地味な姿それ自体も味があります。行くたびに様々な姿を見せてくれる姿は大変魅力的でした。今回の撮影において、そのような多くの橋に出合い、または再会することが出来ました。

そして、そのような機会を与えていただきました熊日出版の沼田富士彦さんに感謝申し上げたいと思います。また編集におきましても大変お世話になりました。それから私一人では分からないような小さな橋まで撮影場所を教えてくれ、撮影を手助けしてくれた父にも、この場を借りて感謝したいと思います。

最後に、この本を手にされた方が一層石橋に興味を抱かれ、また石橋の姿を楽しんでいただけたら幸いです。

## 技を受け継ぐ

日本の石橋を守る会が主催して、2011（平成23）年から肥後種山石工技術継承講座を始めた。石工師匠は美里町在住の竹部光春さん。この人は通潤橋架設工事時の石工頭宇市の技の継承者で、国指定文化財霊台橋修復時の石工頭を勤め、鹿児島市西田橋の解体・移設復元の際の石工頭を担当した方。

実技受講生は現在５名。講習を見学していると、石工の技術を細かく分けることが出来る。列記してみよう。

・穿つ＝せり矢を入れる穴をあける。
・削る＝石材を薄くそぎ取る。
・叩く＝金鎚でのみを打つ。続けて打つ。
・接ぐ＝二つの石材を合わせる。
・据える＝場所を定めて石材を置く。動かないようにする。
・割る＝力を加えて二つ以上に分け離す。
・積む＝同質のものをうずたかく重ねる。
・架ける＝ある所から他の所まで渡す。

---

日本の石橋を守る会
～石橋とその文化を大切に～
日本の石橋
検索
■ホームページ
http://www.ishibashi-mamorukai.jp
※石橋に関する情報はこのホームページでも紹介されています。
■事務局所在地
〒861-3513
熊本県上益城郡山都町下市182-2
通潤資料館内
☎ 0967-72-3360
霊台橋
撮影：中村まさあき

# 資料編

# 熊本の目鑑橋一覧

（上塚尚孝監修）

水系は北から南へ、橋は下流から上流への順

状態凡例　アーチ石橋：■、移設・復元：□、消失：×、参考：※

| 水系 | No. | 名称 | 所在地 | 架設年 | 橋長 m | 橋幅 m | 橋高 m | 連数 | 径間 m | 拱矢 m | 環厚 cm | 輪石（列数） | 河川 | 石工 | 備考 |
|---|---|---|---|---|---|---|---|---|---|---|---|---|---|---|---|
| 五ヶ瀬川 | 001 | ■木郷橋 | 阿蘇郡高森町 | 1906 | 11 | 6.1 |  | 1 | 6.1 | 3 | 45 | 35 | 木郷川 |  | 1921（大正10）年に拡幅したと推定 |
|  | 002 | ■木郷水路橋 | 阿蘇郡高森町 | 1915 | 19.5 | 1.7 | 6 | 1 | 8 | 3.6 |  |  | 木郷川 |  | 白水井路橋とも |
|  | 003 | ■下番橋 | 上益城郡山都町 | 1835 | 5.7 | 3.2 |  | 1 | 2.9 | 1.8 | 40 | 17 | 畑ノ地川 |  | 旧蘇陽町。馬見原御口屋脇小橋とも |
|  | 004 | ■瀬戸坂下目鑑橋 | 上益城郡山都町 | 1855 | 4.5 | 3.3 | 3.5 | 1 | 1.8 | 0.9 |  |  |  |  | 旧蘇陽町。道路下に埋まっている |
| 大野川 | 005 | ■石尾野橋 | 阿蘇郡産山村 | 1923 | 17.6 | 3.16 | 6.6 | 1 | 9.2 | 3.8 | 56 | 45 | 産山川 |  | 1957年鉄筋コンクリートで拡幅 |
|  | 006 | ■湊橋 | 阿蘇郡産山村 | 1889 | 20.0 | 5.6 |  | 1 |  |  |  |  |  | 八代種山石工：遠坂岩吉他3名、産山石工1名 | 架橋碑あり |
|  | 007 | ■栃の木橋 | 阿蘇郡産山村 | 1899 | 12.2 | 4.1 | 6 | 1 | 6.5 |  | 60 | 24 | 産山川 | 野田寅蔵 |  |
|  | 008 | ■小園橋 | 阿蘇郡産山村 | 1916 | 10.3 | 3.2 | 5.1 | 1 | 6.5 |  | 50 | 28 |  | 野田寅蔵 | 鉄筋コンクリートで6・4m拡幅 |
|  | 009 | ■川久保橋 | 阿蘇郡産山村 | 1935 | 20 | 3.6 | 9.6 | 1 | 16 | 2.9 | 61 | 67 | 産山川 | 野田寅蔵 |  |

| 水系 | No. | 名称 | 所在地 | 架設年 | 橋長 m | 橋幅 m | 橋高 m | 連数 | 径間 m | 拱矢 m | 環厚 cm | 輪石（列数） | 河川 | 石工 | 備考 |
|---|---|---|---|---|---|---|---|---|---|---|---|---|---|---|---|
| 筑後川 | 010 | ■椿ノ塔橋 | 阿蘇郡小国町 | 1912 | 5.2 | 4.4 | 上流側3.3 | 1 | 2.17 | 1 | 32 | 11 | 秋原川 | | 親柱刻。現在廃道。秋原川橋とも |
| | 011 | ■通浄橋 | 阿蘇郡小国町 | 1922 | 3.67 | 2.2 | 2 | 1 | 3.65 | 1.42 | 36 | 15 | | | 出資者：鎗水要・サチ夫妻 |
| | 012 | ■蓬莱橋 | 阿蘇郡小国町 | 1892 | 14.46 | | 5.2 | 1 | 10 | 4.1 | 51 | 40 | 蓬莱川 | 松本平四郎 | 鳳来橋とも。架橋碑あり。出資者：山野志希子 |
| | 013 | ■鯛之田橋 | 阿蘇郡小国町 | 1926 | 8.0 | 2.7 | 4.1 | 1 | 6.35 | 1.75 | 38 | 25 | | | 出資者：宇都宮正造（大分） |
| 関川 | 014 | ■岩本橋 | 荒尾市上井手 | 1863 | 32.7 | 3.4 | | 2 | 12.6 | 5.9 | | | 関川 | 櫟野石工：金兵衛他3名 | 上井手目鑑橋とも |
| | 015 | ■十蓮寺橋 | 荒尾市平山 | | 5 | 2.5 | | 1 | | | | | | | |
| | 016 | ■山添めがね橋 | 玉名郡南関町 | | 5.2 | 2.5 | | 1 | 4.2 | 1.9 | 36 | | | | |
| | 017 | ■転び石めがね橋 | 玉名郡南関町 | | 5 | 2 | | 1 | 3.72 | 0.66 | 36 | | 前原川 | | |
| | 018 | ■藤の木下橋 | 玉名郡南関町 | | 6.1 | 2.16 | | 1 | 3.3 | 0.65 | 36 | 12 | 前原川 | | |
| | 019 | ■藤の木上橋 | 玉名郡南関町 | | 4.5 | 2.1 | | 1 | 3.55 | 0.7 | 38 | 14 | 前原川 | | |
| | 020 | ■はんじゃくみの目鑑橋 | 玉名郡南関町 | | 6.5 | 2.1 | | 1 | 4.1 | 1.9 | 39 | | 関川 | | |

| | | | | | | | | | | | | | | | | |
|---|---|---|---|---|---|---|---|---|---|---|---|---|---|---|---|---|
| 菜切川 | 021 | ■ | 八幡橋 | 荒尾市野原 | 1911 | 5 | 4.2 | | 1 | | | | | | | |
| 菊池川 | 022 | ■ | 高瀬目鏡橋 | 玉名市高瀬下町 | 1848 | 19 | 4.1 | 4.9 | 2 | 右6.57<br>左6.63 | 3.66 | 45 | 右31<br>左29 | 裏川 | | 施工主：町奉行高瀬寿平 |
| 菊池川 | 023 | □ | 秋丸眼鏡橋 | 玉名市高瀬下町 | 1832 | 11.7 | 3.7 | | 1 | 5 | 2.5 | 45 | 21 | 裏川 | | 平成10年2月裏川下流に復元 |
| 菊池川 | 024 | ■ | 石貫車橋 | 玉名市石貫 | | 6.1 | 1.9 | 2.75 | 1 | 5.03 | 1.92 | 43 | 22 | 鮎返川 | | |
| 菊池川 | 025 | ■ | 豊岡の眼鏡橋 | 熊本市北区 | 1802 | 12.8 | 3.5 | 6.3 | 1 | 11.5 | | 45 | | 滑川・中谷川 | 理左衛門他 | 旧植木町。滑川石橋とも。１９５８年手すり改修 |
| 菊池川 | 026 | ■ | 谷の橋 | 熊本市北区 | 1935頃 | 10.7 | 4.4 | 6.35 | 1 | 7.9 | 4.2 | 46 | 39 | 中谷川 | | 旧植木町。谷の目鑑橋とも |
| 菊池川 | 027 | ■ | 円台寺鉄道橋 | 熊本市北区 | 1891 | | 24 | | 1 | 6.8 | | | | 木葉川 | | 旧植木町 |
| 菊池川 | 028 | □ | 滴水橋 | 熊本市北区 | | 6.1 | 4.46 | 4 | 1 | 3.2 | 1.54 | 31 | 17 | 滴水川 | | 旧植木町。２０１０年撤去。小野泉水公園に移築 |
| 菊池川 | 029 | □ | 麻扱場橋 | 玉名郡南関町 | | 9.3 | 2.85 | 5.25 | 1 | 9 | 4.25 | 46 | 35 | 内田川 | | おこんば橋　１９９３年９月大津山自然公園に復元 |
| 菊池川 | 030 | ■ | 竈門橋 | 玉名郡和水町 | 1921 | 12.5 | 4.2 | | 1 | 8.7 | 4.2 | | | 久米野川 | 菊水石工：木村連、山鹿米田村石工合作 | 旧菊水町。蛇田橋 |
| 菊池川 | 031 | ■ | 久米野橋 | 玉名郡和水町 | 1918 | 15.3 | 5.2 | | 1 | 8.5 | 5.8 | | | 久米野川 | | 旧菊水町。県道玉名山鹿線にある |
| 菊池川 | 032 | ■ | 上板楠神社橋 | 玉名郡和水町 | | 4.5 | 1.3 | 1.6 | 1 | 2.7 | 1.3 | 30 | | 宮裏小川 | | 旧三加和町。三霊神社橋とも |

| 水系 | No. | 名称 | 所在地 | 架設年 | 橋長 m | 橋幅 m | 橋高 m | 連数 | 径間 m | 拱矢 m | 環厚 cm | 輪石（列数） | 河川 | 石工 | 備考 |
|---|---|---|---|---|---|---|---|---|---|---|---|---|---|---|---|
| 菊池川 | 033 | □ 六四郎橋 | 玉名郡和水町 | 1915 | 4.85 | 4.2 | 3 | 1 | 2.7 | 1.4 | 35 | 15 | 六四郎川 | 三加和石工：小山世作、一松 | 旧三加和町。1996年4月歴史と文化ふれあい広場前用水路に復元 |
| | 034 | ■ 鬼丸眼鏡橋 | 玉名郡和水町 | 1916 | 10.7 | 4.6 | 3.6 | 1 | 5.2 | 3.15 | | 29 | 和仁川 | 三加和石工：小山世作 親柱刻 | 旧三加和町。2015年移設復元 |
| | 035 | □ 平山橋 | 山鹿市 | 1861 | 10 | 4.9 | | | 6.34 | 3.17 | | | 岩村川 | | 2015年平山阿蘇神社近くの空き地に移設復元 |
| | 036 | ■ 湯山橋 | 山鹿市 | 1914 | 8 | 2.7 | | 1 | 5.49 | 2.98 | | 29 | 内野川 | | |
| | 037 | ■ 小原橋 | 山鹿市 | | 2.45 | 1.84 | | 1 | 2.1 | 1.03 | | | 小川 | | 釘ノ元橋とも |
| | 038 | ■ 東深倉橋 | 玉名郡和水町 | 1921 | 7.4 | 4.4 | 6.4 | 1 | 2.7 | 1.3 | 37 | 15 | 深倉川 | 山鹿志々岐石工：坂梨浅八他2名 | 親柱刻 |
| | 039 | ■ 坂田橋 | 山鹿市 | | 15 | 2.8 | | 1 | 9.9 | 4.8 | | 23 | 坂田川 | | |
| | 040 | ■ 坂田川橋 | 山鹿市 | 1915 | 12.1 | 5.2 | | 1 | 8.9 | 3.4 | 54 | | 坂田川 | | |
| | 041 | ■ 石村八幡宮前石橋 | 山鹿市 | | 2.4 | 2.14 | | 1 | 2.42 | 0.6 | 23 | 9 | 神社境内の池 | | |
| | 042 | ■ 丸山橋 | 山鹿市鹿北町 | 1881 | 8.5 | 5.6 | 3.4 | 1 | 5.4 | 2.25 | 43 | 24 | 川原谷川 | | 旧鹿北町 |
| | 043 | ■ 勝負瀬橋 | 山鹿市鹿北町 | | 4.86 | 2.35 | 2 | 1 | 2.65 | 1.3 | 33 | 16 | 勝負瀬谷 | | 旧鹿北町 |

菊池川

| | | | | | | | | | | | | | | | |
|---|---|---|---|---|---|---|---|---|---|---|---|---|---|---|---|
| 044 | ■ | 水天宮二号橋（すいてんぐう） | 山鹿市鹿北町 | | 4.5 | 2.45 | 0.85 | 1 | 2.65 | 0.85 | 34 | 13 | 小川 | | 旧鹿北町 |
| 045 | ■ | 水天宮一号橋（すいてんぐう） | 山鹿市鹿北町 | | 4.7 | 2.5 | 2.7 | 1 | 3.44 | 1.47 | 34 | 19 | 田代谷 | | 旧鹿北町 |
| 046 | ■ | 高井川橋（たかいがわ） | 山鹿市鹿北町 | 1881 | 19.6 | 5.6 | 8.8 | 1 | 14.83 | 5.6 | 70 | 35 | 男岳川 | 橋本勘五郎、弥熊 | 旧鹿北町 |
| 047 | ■ | 弁天橋（べんてん） | 山鹿市鹿北町 | 1881 | 11.2 | 5.6 | 5.2 | 1 | 9 | 2.65 | 50 | 29 | 中津川 | | 旧鹿北町。国県道路調査1件 |
| 048 | □ | 女田橋（おなだ） | 山鹿市鹿北町 | 1914 | 11.8 | 4.6 | | 1 | 7.8 | | | 41 | 架設当初：男岳川 | 辺春石工：中村時次郎 | 旧鹿北町。1997年3月瞑想の森公園内に復元 |
| 049 | ■ | 上麻生橋（かみあそう） | 山鹿市鹿北町 | | 3.5 | 1.4 | 3.25 | 1 | 2.4 | 1.6 | 39 | 16 | 麻生川 | | 旧鹿北町 |
| 050 | □ | 板曲橋（いたまがり） | 山鹿市鹿北町 | 1909 | 7.7 | 4.2 | 3.8 | 1 | 4.55 | 2.27 | 40 | 23 | 架設当初：開山川 | | 旧鹿北町。2001年5月廻淵小公園内に復元 |
| 051 | ■ | 田中橋（たんなか） | 山鹿市鹿北町 | 1858 | 16.7 | 4.13 | 7.1 | 1 | 12.7 | 5.05 | 55 | 37 | 岩野川 | 相良今村石工：藤左衛門、藤兵衛他 | 旧鹿北町。化粧矼 |
| 052 | □ | 湯町橋（ゆまち） | 山鹿市 | 1814 | 17.7 | 4.8 | | 2 | 右7.1<br>左7 | 4 | 43 | 左30<br>右30 | 吉田川 | 勘右衛門他 | 1975年日輪寺公園内に復元。架設時は湯町川橋 |
| 053 | □ | 大坪橋（おおつぼ） | 山鹿市 | 1865 | 23.2 | 2.4 | 4.5 | 2 | 8.9 | 4.2 | | 左53<br>右53 | 吉田川 | | 1984年3月山鹿市立博物館前に復元 |
| 054 | ■ | 杉稲荷神社橋（すぎいなり） | 山鹿市 | 1857 | 3.3 | 2.4 | 0.6 | 1 | 1.8 | 0.5 | | | 寺島用水路 | | |
| 055 | ■ | 方保田橋（かとうだ） | 山鹿市 | 1884 | 15.3 | 7.3 | 2.7 | 1 | 8.1 | 2.6 | | | 方保田川 | | 現在コンクリ巻き。福岡往還筋 |

| 水系 | No. | 名称 | 所在地 | 架設年 | 橋長 m | 橋幅 m | 橋高 m | 連数 | 径間 m | 拱矢 m | 環厚 cm | 輪石(列数) | 河川 | 石工 | 備考 |
|---|---|---|---|---|---|---|---|---|---|---|---|---|---|---|---|
| 菊池川 | 056 | ■厳島神社門前橋 | 山鹿市 | 1862 | 3.3 | 2.5 | 0.8 | 1 | 1.8 | 0.5 | | | | | 再建 |
| 菊池川 | 057 | ■山鹿温泉鉄道橋 | 山鹿市鹿本町 | 1921 | | 9.2 | | 1 | 1.3 | 0.55 | 46 | 5 | 水田用溝 | | |
| 菊池川 | 058 | □三十六の目鑑橋 | 熊本市北区 | 1850 | 7.5 | | | 1 | 3.9 | | | | 千田川 | 吉兵□ | 旧植木町。乙貝橋とも 1984年3月清水八幡宮境内に復元 |
| 菊池川 | 059 | □正院目鑑橋 | 熊本市北区 | 1856 | 5.5 | 2.1 | 2.2 | 1 | 4.8 | 3.3 | | | 豊田川 | 八代 吉平 | 旧植木町。1977年3月小野泉水公園に復元 |
| 菊池川 | 060 | □桃源橋 | 熊本市北区 | 1882 | | | | 1 | 5 | 1.9 | 42 | | 豊田川 | 山本村石工：上村漳歳 | 旧植木町。1977年3月星野邸内に復元。高爪橋、今古閑下の目鑑橋とも |
| 菊池川 | 061 | □後川辺橋 | 合志市 | 1826 | 3.2 | 3.0 | 1.6 | 1 | 2.45 | 1.17 | 36 | 15 | 上庄川 | 菊池出田村、吉崎喜八良 | 旧合志町。1996年10月橋際小公園に復元 |
| 菊池川 | 062 | ■竹迫橋 | 合志市 | 明治中期 | 6.1 | 2.38 | 2.6 | 1 | 4.25 | 1.9 | 45 | 22 | 新堀 | | 旧合志町。1934年手すり改修、1970年拡幅 |
| 菊池川 | 063 | ■弘化橋 | 菊池郡大津町 | 1845 | 10.45 | 2.3 | 4.1 | 1 | 8 | 2.7 | 45 | 35 | 矢護川 | | |
| 菊池川 | 064 | □洞口橋 | 山鹿市菊鹿町 | 1774 | 7 | 0.58 | 2.49 | 1 | 6.65 | 1.25 | 35 | 7 | 架設当初：太田川 | 菊鹿下内田村石工：仁平 | 旧菊鹿町。1994年9月、日渡橋際公園に復元 |
| 菊池川 | 065 | ■駒返橋 | 山鹿市菊鹿町 | 1865 | 4.7 | 2.1 | 3.2 | 1 | 2.9 | 1.47 | 41 | 15 | | 今村石工：原口棟朔他 | 旧菊鹿町 |
| 菊池川 | 066 | ■山内橋 | 山鹿市菊鹿町 | 1917 | 6.6 | 4.3 | 3.1 | 1 | 3.64 | 1.77 | 40 | 17 | 山内川 | 大牟田石工：山本藤市他3名、坂梨浅八、高橋久太郎、松舟辰次 | 旧菊鹿町 |

| 菊池川 | | | | | | | | | | | |
|---|---|---|---|---|---|---|---|---|---|---|---|
| 078 | 077 | 076 | 075 | 074 | 073 | 072 | 071 | 070 | 069 | 068 | 067 |
| ■ 立門橋（たてかど） | ■ 岩下橋（いわした） | ■ 相生橋（あいおい） | ■ 鳳来橋（ほうぎ） | ■ 長野橋（ながの） | ■ 虎口橋（こぐ） | ■ 龍門橋（りゅうもん） | ■ 雪野橋（ゆきの） | □ 仲好橋（なかよし） | ■ 綿打橋（わたうち） | ■ 迫間橋（はざま） | ■ 確巌矼（かくがんこう） |
| 菊池市 | 菊池市 | 菊池市 | 菊池市 | 菊池市 | 菊池市 | 菊池市 | 菊池市 | 菊池市 | 菊池市 | 菊池市 | 山鹿市 菊鹿町 |
| 1860 | 1872 | 1852 | 1906 | 1910 | 1850 | 1889 | 1903 | 1914 | 1826 | 1829 | 1871 |
| 36.6 | 9.5 | 9.8 | 10.3 | 6.5 | 24.85 | 22 | 24.95 | 3.9 | 9.8 | 36.4 | 6.2 |
| 3.7 | 2.5 | 5 | 4.8 | 4.3 | 4.48 | 4.3 | 4.63 | 2.6 | 2.2 | 3.35 | 2.05 |
| 10.2 | 6.43 | | | 5.2 | 16.82 | 12.25 | 8.8 | | | 8.7 | 3.15 |
| 1 | 1 | 1 | 1 | 1 | 1 | 1 | 1 | 1 | 1 | 1 | 1 |
| 20.4 | 7.68 | | 9.5 | 5 | 15.6 | 16.1 | 9.12 | 3.3 | 7.7 | 20.2 | 4.52 |
| | 3.73 | | | 3.5 | 6.87 | 6.6 | 3.82 | | 2.6 | 6.45 | 1.63 |
| 72 | 40 | | | 40 | 64 | 67 | 47 | | | 64 | 40 |
| 49 | 上流25 下流24 | | | 31 | 52 | 59 | 41 | | | 65 | 20 |
| 鋒ノ甲川 | 河原川 | 菊池川中洲 | 鳳来川 | 長野川 | 迫間川 | 迫間川 | 雪野川 | 架設当初：白木川 | | 迫間川 | 山内川 |
| 矢部手永小野尻村 宇市 | | | 葛原仙七、原田亀次郎、原田市平、有働徳治郎 | 菊池石工：辻仁平 | 仙左衛門、伊助、幸兵衛 | 西木戸亀喜他2名 | 菊川金八 | 富田辰蔵、富田三次 | 東迫間村、栄八 | 西迫間村：伊助、喜左衛門他 | 石工 原口棟朔 |
| 立門目鑑橋とも。取り付け道端に持ち送り橋あり | 輪厚薄い | 藤輪（ふじわ）橋とも。架設碑あり | 架橋碑あり | 現在橋下保存 | 架橋碑あり | 架橋碑あり | 大滝橋とも | 架設当初は白木橋。1995年3月上反尺親水公園内に復元 | | 1853年に手すり石設置 | 旧菊鹿町。確巌矼 |

| 水系 | No. | 名称 | 所在地 | 架設年 | 橋長 m | 橋幅 m | 橋高 m | 連数 | 径間 m | 拱矢 m | 環厚 cm | 輪石（列数） | 河川 | 石工 | 備考 |
|---|---|---|---|---|---|---|---|---|---|---|---|---|---|---|---|
| 菊池川 | 079 | ■竹之牧橋（たけのまき） | 菊池市 | 1824 | 11 | 4.9 | | 1 | 3.9 | 6.7 | | | | | |
| | 080 | ■永山橋（ながやま） | 菊池市 | 1878 | 21.14 | 4.7 | 14.8 | 1 | 20.4 | 7.7 | 72 | 47 | 菊池川 | 八代種山石工：橋本勘五郎 | 永山村目鑑橋とも |
| 河内川 | 081 | ■鮎帰橋（あゆがえり） | 熊本市西区 | 1846 | 12.3 | 6.5 | | 1 | 7.9 | 5 | | | 河内川 | | 河内町 |
| 坪井川 | 082 | □中松尾橋（なかまつお） | 熊本市中央区 | | 7.5 | 1.7 | | 1 | 6.7 | | | | | | 1957年水害後、南熊本寺田公園内に復元 |
| | 083 | ■明八橋（めいはち） | 熊本市中央区 | 1875 | 21.4 | 7.2 | | 1 | 17 | 3.3 | | | 坪井川 | 橋本勘五郎 | 西唐人町・新町三丁目 |
| | 084 | ■明十橋（めいじゅう） | 熊本市中央区 | 1877 | 22.7 | 7.9 | | 1 | 15.8 | 3.7 | | | 坪井川 | 橋本勘五郎 | 西唐人町・新町二丁目 |
| | 085 | □入道水眼鏡橋（にゅうどうみず） | 菊池郡菊陽町 | | | | | 1 | | | | | | | 2000年解体2001年3月菊陽杉並木公園に復元 |
| | 086 | ■古閑原眼鏡橋（こがばる） | 菊池郡菊陽町 | 1838 | 6.7 | 2.2 | | 1 | 4.9 | 2.8 | | | 上井手 | 鹿本石工：貞助 | |
| | 087 | ■井手上橋（いでうえ） | 菊池郡大津町 | 1817 | 5.1 | 3.3 | | 1 | 4.7 | 2 | | | 上井手 | 猿渡吉衛 | 塔之迫橋とも |
| | 088 | ■大願寺橋（だいがんじ） | 菊池郡大津町 | | 5.8 | 2.2 | | 1 | 5.5 | 2.8 | | | 上井手 | | |
| | 089 | ■松古閑橋（まつこが） | 菊池郡大津町 | | 5 | 2.5 | | 1 | 2.3 | | | | 上井手 | | |

| | | | | | | | | | | | | |
|---|---|---|---|---|---|---|---|---|---|---|---|---|
| | 白川 | | | | | | | | | | 坪井川 | |
| | 101 | 100 | 099 | 098 | 097 | 096 | 095 | 094 | 093 | 092 | 091 | 090 |
| | ■天神(てんじん)橋 | ■殿塚(とのづか)橋 | ■銭瓶(ぜにがめ)橋 | ■舞堂(まいどう)橋 | ■栗木家(くりきけ)入口橋 | ■不動谷(ふどうだに)橋 | ■樋口(といのくち)橋 | ■上津久礼(かみつくれ)眼鏡橋 | ■井口(いぐち)眼鏡橋 | ■大井手(おおいで)橋 | ■地蔵(じぞう)橋 | ■光尊寺(こうそんじ)橋 |
| | 阿蘇市一の宮町 | 阿蘇市 | 阿蘇郡南阿蘇村 | 阿蘇郡南阿蘇村 | 菊池郡大津町 | 菊池郡大津町 | 菊池郡大津町 | 菊池郡菊陽町 | 菊池郡菊陽町 | 熊本市中央区 | 菊池郡大津町 | 菊池郡大津町 |
| | 1847 | 1945〜55 | 1918 | | | 1884 | | 創建1838<br>再建1868 | | 1903<br>拡幅 | | 1815 |
| | 10.02 | 6.0 | 15.4 | 6.5 | 2.5 | 14 | | 14.0 | 6.7 | 初4.8<br>現6 | 7.5 | 6.2 |
| | 4.7 | 5.63 | 5.5 | 21.7 | | 創4.4<br>後5.0 | | 2.6 | 3 | 3.6<br>6.3 | 4.4 | 2.1 |
| | 4.8 | 3.15 | 5.9 | 3.6 | | 9.0 | | 3.1 | 2.4 | 4.0 | | 2.9 |
| | 1 | 1 | 1 | 1 | 1 | 1 | 1 | 2 | 1 | 1 | 1 | 1 |
| | 6.4 | 1.7 | 9 | 3 | | 9.06 | | 7.3 | 6.5 | 4.4 | 6 | |
| | | 0.8 | 4.5 | 1.2 | | 5.45 | | | 2.15 | | 3 | |
| | 50 | 33 | 65 | | | 45 | | 創31<br>再25 | | 33 | | |
| | 25 | 9 | 43 | 17 | | 47 | | 創29<br>再19 | 21 | 22 | | |
| | 平保ノ木川 | | 床瀬川 | 放水路 | 外牧集落内水路 | | 下井手 | 津久礼井手<br>瀬田下井手 | 馬場楠井手 | 大井手 | 上井手 | 上井手 |
| | 種山：宇（夘）助 | | | | | | | 戸次村：治助 | | | | |
| | 旧一の宮町 | 旧阿蘇町。斜暗渠（あんきょ）風。昭和20年代に架設 | 旧長陽村。床瀬川橋とも。県道河陰阿蘇線（旧赤水道路）に架設 | 旧長陽村。九電放水路に架設 | | 廃道に伴い廃橋。後年下流側拡幅 | 下流側鉄筋コンクリート拡幅 | 1989年圃場整備で保存。川底の高さ 右高、左低 | 後年上流側拡幅。太枘（だぼ）石付き工法 | 九品寺1丁目。親柱刻。現在継アーチ | 出分橋とも | 親柱刻「山鹿郡内田村石工」氏名欠落 |

| 水系 | No. | 名称 | 所在地 | 架設年 | 橋長 m | 橋幅 m | 橋高 m | 連数 | 径間 m | 拱矢 m | 環厚 cm | 輪石（列数） | 河川 | 石工 | 備考 |
|---|---|---|---|---|---|---|---|---|---|---|---|---|---|---|---|
| 白川 | 102 | ■濁川橋 | 阿蘇郡南阿蘇村 | 1918 | 17 | 4.9 | 7 | 1 | 9 | 4.5 | | 41 | 濁川 | | 旧長陽村。県道河陰阿蘇線の旧赤水道路に架設 |
| | 103 | ■仮屋橋 | 阿蘇郡南阿蘇村 | 1901 | 7.4 | 9.4 | 6 | 1 | 2 | 1 | 30 | 11 | 木戸川 | | 旧長陽村。宮崎往還筋に架設 |
| | 104 | ■尾道橋 | 阿蘇郡南阿蘇村 | 1900 | 11.5 | 6.4 | 5.6 | 1 | 4.5 | 2.25 | 37 | 25 | 大畑川 | | 旧長陽村。栃木橋とも。宮崎往還筋に架設 |
| | 105 | ■松畑橋 | 阿蘇郡南阿蘇村 | 1900 | 6.7 | 9.9 | 5.5 | 1 | 2.1 | 1 | 30 | 11 | 谷川 | | 旧長陽村。下牧橋とも |
| | 106 | ■深谷尻橋 | 阿蘇郡南阿蘇村 | 不明 | 5 | 10.35 | 5.4 | 1 | 2.4 | 1.2 | 36 | 13 | 谷川 | | 旧長陽村。旧南郷阿蘇往還、県道河陰阿蘇線に架設 |
| | 107 | ■尻無の橋 | 阿蘇郡南阿蘇村 | | 6 | 8.2 | 5 | 1 | 3.65 | 1.6 | 36 | 17 | 谷川 | | 旧長陽村。旧南郷阿蘇往還、県道河陰阿蘇線に架設 |
| | 108 | ■鶴の谷橋 | 阿蘇郡南阿蘇村 | | 7.5 | 9.8 | 5.65 | 1 | 3.65 | 1.6 | 36 | 15 | | | 旧長陽村。旧南郷阿蘇往還、県道河陰阿蘇線に架設 |
| | 109 | ■西の谷川橋 | 阿蘇郡南阿蘇村 | | 8.7 | 6.4 | 5.1 | 1 | 2.1 | 1 | 30 | 11 | 西谷川 | | 旧長陽村 |
| | 110 | ■御宮橋 | 阿蘇郡南阿蘇村 | 1923 | 6.3 | 2.5 | 1.4 | 1 | 3.1 | 1 | 35 | 15 | 上川原井手 | | 旧久木野村。久木野神社前にある。架橋碑あり |
| | 111 | ■八坂神社祇園橋 | 阿蘇郡南阿蘇村 | | 5.03 | 2.42 | 2.8 | 1 | 3.9 | 2.35 | 40 | 22 | 小川 | | 旧白水村。高欄は流失後コンクリートで設置 |
| | 112 | □円林寺橋 | 阿蘇郡南阿蘇村 | | 8 | 2.7 | 2 | 1 | | | 40 | 15 | 明神川 | | 旧白水村。明神池橋とも。平成2年10月復元 |
| | 113 | ■倶利伽羅谷橋 | 阿蘇郡南阿蘇村 | 1900 | 18 | 6.3 | 8.5 | 1 | 7 | 2.6 | 45 | 23 | 倶利伽羅谷川 | | 旧白水村。宮崎往還筋、旧国道325号に架設 |

| 白川 | | 緑川 | | | | | | | | | |
|---|---|---|---|---|---|---|---|---|---|---|---|
| 114 | 115 | 116 | 117 | 118 | 119 | 120 | 121 | 122 | 123 | 124 | 125 |
| ■白川吉見神社橋 | ■雀堀橋 | ■船場橋 | ■下鶴橋 | ■山崎橋 | ■薩摩の渡し（目鑑橋） | ■三由橋 | ■丸林橋 | ■西馬場筋眼鏡橋 | ■柳水橋 | ■中道橋 | ■門前川目鑑橋 |
| 阿蘇郡南阿蘇村 | 阿蘇郡南阿蘇村 | 宇土市 | 宇城市豊野町 | 宇城市豊野町 | 宇城市豊野町 | 宇城市豊野町 | 宇城市豊野町 | 熊本市中央区 | 上益城郡益城町 | 上益城郡御船町 | 上益城郡御船町 |
| 1894 | 1900 | 1861 | 1848 | 1831 | | 1830 | 1857 | 1897 | | 1855 | 1808 |
| 3.2 | 6 | 13.3 | 25.5 | 26 | 16.1 | 20.95 | 15 | 3.8 | 6.4 | 3.8 | 7.4 |
| 2.35 | 6.8 | 3.6 | 上3.5<br>底4.3 | 上2.8<br>底4.3 | 3.4 | 上3<br>底3.05 | 2.3 | 2.4 | 2.42 | 2.5 | 2.7 |
| 1.3 | 5.8 | | 8.3 | | | 5.4 | | 1.85 | 2.45 | 1.3 | 4.3 |
| 1 | 1 | 1 | 1 | 1 | 1 | 1 | 1 | 1 | 1 | 1 | 1 |
| 1.8 | 2.1 | 10 | 19 | 13.55 | 9.6 | 12.6 | | 2.75 | 4.7 | 2.8 | 6.4 |
| 1 | 1.08 | 2.2 | 7.2 | 3.9 | | 4.1 | | 1 | 1.8 | 0.97 | 3.48 |
| 23 | 32 | | 79 | | | | | 28 | 35 | | 40 |
| 11 | 11 | | | 32 | | 40 | 35 | 22 | 19 | 11 | 33 |
| 白川水源池 | 高根切川 | 船場川 | 浜戸川 | 小熊野川 | 浜戸川 | 小熊野川 | 小熊野川 | 加勢川支流 | 畑中川 | 用水路 | 門前川 |
| | | | 立神邑　祐助 | | | | 今村嘉左衛門 | | | 八代種山石工：丈八、甚作 | |
| 旧白水村。親柱刻 | 旧白水村。宮崎往還筋、国道325号に架設 | 石ノ瀬目鑑橋とも | 下休目鑑橋とも | 駄渡川目鑑橋。1866（慶応2）年手すり設置 | 巣林橋とも | 鬼迫川目鑑橋とも | 丸林目鑑橋、丹道渡瀬 | 水前寺公園内反橋とも。1897年移設復元 | | | 西木倉目鑑橋とも |

| 水系 | No. | 名称 | 所在地 | 架設年 | 橋長 m | 橋幅 m | 橋高 m | 連数 | 径間 m | 拱矢 m | 環厚 cm | 輪石（列数） | 河川 | 石工 | 備考 |
|---|---|---|---|---|---|---|---|---|---|---|---|---|---|---|---|
| 緑川 | 126 | ■茶屋ノ本橋 | 上益城郡御船町 | | 2.1 | 1.7 | | 1 | 1.65 | 0.7 | 20 | | 元禄嘉永井手 | | 上野下の橋とも |
| | 127 | ■下津留橋 | 上益城郡御船町 | | 4.4 | 2.7 | 2.75 | 1 | 3.6 | 1.65 | 34 | 17 | 辺田見用水路 | | 下津留目鑑橋、小目鑑橋とも |
| | 128 | ■下梅木橋 | 上益城郡御船町 | 1930 | 18 | 5.4 | 11.4 | 1 | 12.1 | 6 | 55 | | 上梅木川 | | 親柱刻 |
| | 129 | ■下鶴（眼鏡）橋 | 上益城郡御船町 | 1883 | 24.9 | 5.65 | 12.55 | 1 | 23.55 | 10.15 | 85 | | 八勢川 | 橋本勘五郎、弥熊 | |
| | 130 | ■堀切橋 | 上益城郡御船町 | | 4.7 | 2 | | 1 | 2.45 | 1.4 | 25 | | 川内田川 | | |
| | 131 | ■長迫橋 | 上益城郡御船町 | | 3.7 | 2.5 | 3.35 | 1 | 1.70 | 0.95 | 33 | 9 | 八勢川支流 | | けかっだ橋、毛刈田橋とも |
| | 132 | ■下境目自然石橋 | 上益城郡御船町 | | 1.8 | 1.1 | 2 | 1 | 1.64 | 0.85 | 雑石 30～45 | | 小川 | | |
| | 133 | ■八勢目鑑橋 | 上益城郡御船町 | 1855 | 56 | 4.35 | 10.3 | 1 | 15.3 | 7.93 | 60 | | 八勢川 | 卯助、甚平 | |
| | 134 | ■八勢小橋 | 上益城郡御船町 | 1855 | | | | 1 | 2 | 0.94 | 35 | 7 | 東上野用水路 | | 東上野井手筋目鑑橋とも |
| | 135 | ■八勢水路橋 | 上益城郡御船町 | 1855 | 6.75 | 5.3 | 4.5 | 1 | 5.41 | 2.47 | 46 | | 八勢川支流 | | |
| | 136 | ■山中橋 | 上益城郡山都町 | 1850 | 12 | 2.25 | 6.1 | 1 | 6.37 | 2.8 | 50 | | 舟川 | | 旧矢部町。船川目鑑橋とも |

| 緑川 | | | | | | | | | | | | | |
|---|---|---|---|---|---|---|---|---|---|---|---|---|---|
| 137 | ■ 吹野(ふきの)橋 | 上益城郡御船町 | | 8 | 2.2 | | 1 | 3.5 | 1.65 | 46 | 12 | 吹野川 | | |
| 138 | □ 木鷺野(きさぎの)橋 | 上益城郡山都町 | 1842 | 3.5 | 2.1 | 1.97 | 1 | 3.2 | 1.55 | | | 御船川支流 | | 旧矢部町。１９９７年通潤橋公園内に復元 |
| 139 | ■ 瀬戸(せと)橋 | 上益城郡山都町 | | 6.9 | 1.8 | | 1 | 3.2 | 1.7 | | | 御船川支流 | | 旧矢部町 |
| 140 | ■ 滑川(なめりかわ)橋 | 上益城郡山都町 | | 7.3 | 5 | | 1 | 6.8 | | | | 御船川支流 | | 旧矢部町。親柱に年号。１９１６年下流側拡幅 |
| 141 | ■ 立野(たての)橋 | 上益城郡山都町 | 1850 | 30.3 | 2.6 | | 1 | 3.1 | | | | 御船川支流 | | 旧矢部町。福良井手水路橋とも |
| 142 | ■ 金内(かねうち)橋 | 上益城郡山都町 | 1850 | 31 | 5.5 | | 2 | 16.4 | | | | 金内川 | 宇市・丈八 | 旧矢部町。金内川目鑑橋とも |
| 143 | ■ 中島井手(なかしまいで)目鑑橋 | 上益城郡山都町 | 1850 | | | | | | | | | 福良井手 | 宇市 | |
| 144 | ■ 鹿生野(かしょうの)橋 | 上益城郡山都町 | 1852 | 16 | 6 | | 1 | 12 | 4.1 | | | 上鶴川 | | 旧矢部町。「かしょの」とも |
| 145 | ■ 夕尺(ゆうじゃく)橋 | 上益城郡山都町 | | 4.3 | 2.1 | 1.90 | 1 | 2.7 | 1.3 | 40 | 16 | 御船川支流 | | 旧矢部町。２０１５年解体 |
| 146 | ■ 簗の樋門(やなのひもん)橋 | 上益城郡甲佐町 | 1832 | 4.5 | 14.3 | 4.35 | 1 | 2.43 | 1.3 | 43 | 16 | 大井手 | | 簗場口目鑑橋とも |
| 147 | ■ 大祇神社(だいぎじんじゃ)橋 | 上益城郡甲佐町 | 天保年間 | 5.5 | 2.2 | 2.1 | 1 | 3.5 | | | 11 | 宮園川 | | |
| 148 | ■ 堂迫(どうざこ)橋 | 上益城郡甲佐町 | 天保年間 | 5.1 | 2.8 | 2.6 | 1 | 4.3 | 1.95 | 40〜55 | | 松ノ尾川 | | |

| 水系 | No. | 名称 | 所在地 | 架設年 | 橋長 m | 橋幅 m | 橋高 m | 連数 | 径間 m | 拱矢 m | 環厚 cm | 輪石(列数) | 河川 | 石工 | 備考 |
|---|---|---|---|---|---|---|---|---|---|---|---|---|---|---|---|
| 緑川 | 149 | ■尾北目鑑橋 | 上益城郡甲佐町 | 天保年間 | 13.4 | 2.43 | 6.0 | 1 | 5.1 | 2.4 | 43 | | 尾北川 | | |
| | 150 | ■安平御手洗橋 | 上益城郡甲佐町 | | 22 | 5 | | 1 | 9 | 9 | | 16 | 安平川 | | さや石垣付き、後年路面かさ上げ |
| | 151 | ■かよい橋 | 上益城郡甲佐町 | 天保年間 | | | | 1 | | | | | 一の谷 | | 橋全体コンクリート覆い |
| | 152 | ■広瀬川平橋 | 上益城郡甲佐町 | 天保年間 | | | | 1 | | | | | 黒木谷 | | |
| | 153 | ■広瀬目鑑橋 | 上益城郡甲佐町 | 天保年間 | 7 | 3.72 | | 1 | 1.7 | 1.05 | 38 | | 野中谷 | | 野中谷懸目鑑橋とも |
| | 154 | ■西ノ鶴橋 | 下益城郡美里町 | | 2 | 1.85 | 1.42 | 1 | 2 | 1.22 | | 12 | 緑川支流小川 | | 旧砥用町甲佐平 |
| | 155 | ■井竿橋 | 下益城郡美里町 | | 8 | 2.12 | | 1 | 3.86 | | | 19 | 筒川支流白岩川 | | 旧砥用町甲佐平 |
| | 156 | ■白岩橋 | 下益城郡美里町 | | 5 | 2.12 | | 1 | | | | | 緑川支流白岩川 | | 旧砥用町甲佐平 |
| | 157 | ■中岳橋 | 下益城郡美里町 | | 2.5 | 2.8 | | 1 | | 1.6 | | | 緑川支流 | | 旧砥用町甲佐平 |
| | 158 | ■樋渡水路橋 | 下益城郡美里町 | | 2.5 | 2.13 | 2.35 | 1 | 2.17 | 1.05 | 30 | 12 | 筒川支流 | | 旧砥用町 |
| | 159 | ■桑野橋 | 下益城郡美里町 | | 6 | 1.7 | 3.00 | 1 | 2.35 | 1.05 | 35 | 13 | 筒川支流 | | 旧砥用町。境ノ谷橋とも。平成15年現地修復再興 |

| 緑川 | | | | | | | | | | | |
|---|---|---|---|---|---|---|---|---|---|---|---|
| 171 | 170 | 169 | 168 | 167 | 166 | 165 | 164 | 163 | 162 | 161 | 160 |
| ■ 小岩野橋（こいわの） | ■ 年禰橋（としね） | ■ 二俣橋（ふたまた） | ■ 小筵橋（こむしろ） | □ 風呂橋（ふろ） | ■ 堅志田橋（かたしだ） | ■ 瀬峯橋（せみね） | ■ とどろ橋 | ■ 石堂橋（いしどう） | ■ 申和橋（しんわ） | ■ 松尾橋（まつお） | ■ 下用来橋（しもようらい） |
| 下益城郡美里町 | 下益城郡美里町 | 下益城郡美里町 | 下益城郡美里町 | 下益城郡美里町 | 下益城郡美里町 | 上益城郡山都町 | 上益城郡山都町 | 上益城郡山都町 | 上益城郡山都町 | 上益城郡山都町 | 下益城郡美里町 |
| 天保年間 | 1924 | 1829 | | 1819 | | 1863 | | 1859 | 1932 | | |
| 12.2 | 60 | 28 | 47 | 10 | 4.6 | 9.3 | 9 | 15.3 | 9 | 4 | 6 |
| 1.8 | 5.8 | 3.3 | 2 | 1.35 | 3.2 | 2.3 | 3.5 | 1.9 | 2.5 | 6 | 2.7 |
| | 24 | 8 | | | | | | | | | |
| 1 | 4 | 1 | 1 | 1 | 1 | 1 | 1 | 1 | 1 | 1 | 1 |
| 5.27 | | | 11 | 2.35 | | 6.7 | 7.85 | 8.6 | 6 | 3.1 | 4.4 |
| 2.55 | | | | 1.15 | | 3.7 | 4 | 5.3 | 3 | 2 | 2.95 |
| 36 | | | | | | | | | | | |
| 24 | 93 | 42 | 33 | | | 22 | 27<br>拡幅34 | 26 | 19 | | 25 |
| 釈迦院川支流 | 釈迦院川 | 釈迦院川 | 小筵川 | 風呂川 | 津留川支流 | 瀬峯川 | 瀬峰川 | 石堂川 | 筒川支流柚木川 | 松尾川 | 筒川支流金木川 |
| | | | | | | | 拡幅工事は迫（さこ）正時 | | | | |
| 旧中央町岩野。要石小型2列 | 旧中央町。国道218号。右は佐俣、左は小筵 | 旧中央町。小筵二俣目鑑橋とも。右は佐俣、左は小筵 | 旧中央町小筵。小規模鞘石垣付き | 旧中央町。萱野水路橋とも。2003年復元再興 | 旧中央町堅志田 | 旧矢部町猿渡字瀬峯 | 旧矢部町猿渡字囲。1934年拡幅 | 旧矢部町。石堂川目鑑橋とも。路面左高右低 | 旧矢部町。柚木橋とも | 旧矢部町 | 旧砥用町川越 |

| 水系 | No. | 名称 | 所在地 | 架設年 | 橋長 m | 橋幅 m | 橋高 m | 連数 | 径間 m | 拱矢 m | 環厚 cm | 輪石（列数） | 河川 | 石工 | 備考 |
|---|---|---|---|---|---|---|---|---|---|---|---|---|---|---|---|
| 緑川 | 172 | ■ 機織橋（はたおり） | 下益城郡美里町 | 1922 | 15 | 3.65 | | 1 | | | | | 釈迦院川 | | 旧中央町 |
| | 173 | ■ 妙見橋（みょうけん） | 下益城郡美里町 | | 23.4 | 4 | | 1 | 9 | | | | 白石野川 | | 旧中央町中 |
| | 174 | ■ 椿橋（つばき） | 下益城郡美里町 | 1864 | 12.1 | 1.6 | | 1 | 4 | | | | 釈迦院川 | | 旧中央町。不動岩橋とも |
| | 175 | ■ 木早川内橋（きそがわち） | 下益城郡美里町 | 1921 | 10 | 3 | | 1 | | | | | 白石野川 | | 旧中央町。現在コンクリ巻き立て。右は木早川内、左は松ノ原 |
| | 176 | ■ 古米橋（ふるよね） | 下益城郡美里町 | 1858 | 4 | 3 | | 1 | | | | 26 | 白石野川 | | 旧中央町。古米渡瀬目鑑橋とも |
| | 177 | ■ 小市野橋（こいちの） | 下益城郡美里町 | | 11 | 1.8 | | 1 | | | | 26 | 白石野川 | | 旧中央町。白市野・小市野境とも |
| | 178 | ■ 二俣福良渡（ふたまたふくらわたし）（橋） | 下益城郡美里町 | 1830 | 27 | 2.5 | 8 | 1 | | | | 53 | 津留川 | | 旧中央町。右は小筵、左は佐俣 |
| | 179 | ■ 馬門橋（まかど） | 下益城郡美里町 | 1828 | 27 | 2.97 | 9.2 | 1 | 11.9 | 5.95 | | 47 | 津留川 | 備前石工：小板勘五郎、茂吉 | 旧砥用町。馬門川目鑑橋とも。碑現存 |
| | 180 | ■ 告乗橋（つげのり） | 下益城郡美里町 | | 4.3 | 2.3 | | 1 | 3.7 | 1.8 | | 17 | 天神川 | | 旧砥用町名越谷。壁面コンクリート |
| | 181 | ■ 大窪橋（おおくぼ） | 下益城郡美里町 | 1849 | 19.3 | 2.7 | 6 | 1 | 12.32 | 6.29 | | 40 | 津留川 | 新助、久左ヱ門 | 旧砥用町大窪 |
| | 182 | □ 岩清水橋（いわしみず） | 下益城郡美里町 | | 5.3 | 2.4 | | 1 | 3.7 | | | | 内山川 | | 旧砥用町。1981年霊台橋公園西渓流筋に移設 |

| 緑川 | | | | | | | | | | | |
|---|---|---|---|---|---|---|---|---|---|---|---|
| 183 | 184 | 185 | 186 | 187 | 188 | 189 | 190 | 191 | 192 | 193 | 194 |
| ■ 舞鹿野田橋（もうかんだ） | □ 小夏橋（こなつ） | ■ 上小夏橋（かみこなつ） | ■ 平成未来橋（へいせいみらい） | ■ 耳取橋（みみとり） | □ 新鍵ノ戸橋（しんかぎのと） | ■ 鍵ノ戸橋（かぎのと） | ■ 志道原橋（しどうばる） | ■ ゆきぞの橋 | ■ 内山橋（うちやま） | ■ 霊台橋（れいたいきょう） | ■ 県橋（あがた） |
| 下益城郡美里町 | 下益城郡美里町 | 下益城郡美里町 | 下益城郡美里町 | 下益城郡美里町 | 下益城郡美里町 | 下益城郡美里町 | 下益城郡美里町 | 下益城郡美里町 | 下益城郡美里町 | 下益城郡美里町 | 下益城郡美里町 |
| | | | 2001 | | | | | 1901 | | 1847 | |
| 6.7 | 4.3 | 4.3 | 5.5 | 2 | 3.5 | 2.7 | 3.2 | 5.2 | 2.5 | 89.9 | 5.5 |
| 1.8 | 1.8 | 1.6 | 1.65 | 7 | 2.28 | 2.3 | 3 | 4.9 | 3.2 | 5.45 | 4.5 |
| | | | | | | | | 2.8 | 2.3 | 16.03 | |
| 1 | 1 | 1 | 1 | 1 | 1 | 1 | 1 | 1 | 1 | 1 | 1 |
| 4.08 | 4.3 | 3.5 | | 1 | 2.5 | | 2.54 | 3.55 | 2.08 | 28.24 | 3.6 |
| 1.3 | 0.96 | 1.2 | | 1 | 1.5 | | 1.3 | 1.6 | | 13.98 | |
| | | | 28 | | | | | 35 | | | |
| 19 | 14 | | | 11 | | | 15 | 19 | 10 | 79 | 19 |
| 小夏川 | | 小夏川 | | 早楠上井手 | | 志道原川 | 志道原川 | 内山川 | 内山川 | 緑川 | 県川 |
| | | | 後藤義行 | | | | | | | 八代種山石工：宇助、※総石工数72　宇市は川内川の架設工事中　丈八は記載なし | |
| 旧砥用町 | 旧砥用町。1977年砥用町旧国民保養センター前公園に移設、現在は離れの宿「白木」内 | 旧砥用町二和田 | 旧砥用町永富 | 旧砥用町土喰 | 旧砥用町。1983年砥用町家族旅行村に移設 | 旧砥用町。鍵ノ戸上の橋とも | 旧砥用町 | 旧砥用町。堅志田往還筋とも | 旧砥用町清水 | 旧砥用町。国指定重要文化財。橋長は親柱間 | 旧砥用町石野 |

| 水系 | No. | 名称 | 所在地 | 架設年 | 橋長 m | 橋幅 m | 橋高 m | 連数 | 径間 m | 拱矢 m | 環厚 cm | 輪石（列数） | 河川 | 石工 | 備考 |
|---|---|---|---|---|---|---|---|---|---|---|---|---|---|---|---|
| 緑川 | 195 | ■ 雄亀滝橋（おけだき） | 下益城郡美里町 | 1818 | 15.5 | 3.6 | 7.4 | 1 | 11.8 | 5.4 | | | 柏川 | 三五郎（のちに岩永姓） | 旧砥用町。水路橋 |
| 緑川 | 196 | ■ 浜町橋（はままち） | 上益城郡山都町 | 1833 | 14.4 | 3.6 | | 1 | 12.6 | 4.66 | | | 千滝川 | 岩永三五郎 | 旧矢部町。下馬尾川目鑑橋とも |
| 緑川 | 197 | ■ えのは橋 | 上益城郡山都町 | 1995 | 12 | 2.47 | 3.1 | 1 | 4.5 | 2.25 | 45 | 19 | 緑川引込水路 | | 旧矢部町。猿ヶ城橋とも。施工：尾上建設 |
| 緑川 | 198 | ■ 通潤橋（つうじゅん） | 上益城郡山都町 | 1854 | 75.6 | 6.3 | 20.2 | 1 | 27.5 | 14.4 | | | 五老ヶ滝川 | 八代種山石工：宇一、丈八、甚平他 | 旧矢部町。国指定重要文化財。吹上台目鑑橋とも |
| 緑川 | 199 | ■ 聖橋（ひじり） | 上益城郡山都町 | 1832 | 35 | 5 | | 1 | 19.9 | 8.16 | | | 笹原川 | 岩永三五郎 | 旧矢部町。男成川目鑑橋とも。右は畑、左は野尻。旧日向往還に架設。手すりは弘化4（1847） |
| 緑川 | 200 | □ 男成橋（おとこなり） | 上益城郡山都町 | | 6.0 | 4.3 | 4.5 | 1 | 2.75 | 1.3 | 35 | 17 | 男成川 | | 旧矢部町男成。1912年に旧橋流失、現橋架設年不詳 |
| 緑川 | 201 | ■ 貫原橋（ぬきはら） | 上益城郡山都町 | 1847 | 9.1 | 3.6 | 4.5 | 1 | 2.2 | 1.05 | 35 | 17 | 大矢川支流 | 白小野石工：喜兵衛 | 旧矢部町。河内村貫原橋とも |
| 緑川 | 202 | ■ 舞鶴橋（まいづる） | 上益城郡山都町 | | 4.7 | 1.87 | 1.3 | 1 | 1.8 | 0.9 | 33 | 11 | | | 旧清和村。火尻橋とも |
| 網津川 | 203 | ■ 平原橋（ひらばる） | 宇土市 | | 5.3 | 1.84 | | 1 | 4.56 | 1.94 | 35 | 23 | 平原川 | | |
| 網津川 | 204 | ■ 馬門橋（まかど） | 宇土市 | 1854 ? | 4 | 2 | | 1 | | | | | 網津川支流 | | |
| 網津川 | 205 | ■ 馬立橋（またて） | 宇土市 | | 9.3 | 3.63 | 3 | 1 | 7.9 | 2.5 | 45 | | 網津川 | | コンクリート巻き |

| 網津川 | | | 郡浦川 | | 底江川 | 大口川 | | 春ノ川 | 浦谷川 | 浦上川 | 大野川 |
|---|---|---|---|---|---|---|---|---|---|---|---|
| 206 | 207 | 208 | 209 | 210 | 211 | 212 | 213 | 214 | 215 | 216 | 217 |
| ■網引橋 | ■タカフネ橋 | ■猪白橋 | ■夏越神社橋 | ■専行寺門前橋 | ■底江若宮神社橋 | ■宮下橋 | ■宮ノ前橋 | ■松合（眼鑑）橋 | ■須ノ前橋 | ■鴨籠橋 | ■誉ヶ丘橋 |
| 宇土市 | 宇土市 | 宇土市 | 宇城市三角町 | 宇城市三角町 | 宇城市三角町 | 宇城市三角町 | 宇城市三角町 | 宇城市不知火町 | 宇城市不知火町 | 宇城市不知火町 | 宇城市豊野町 |
| | | | | | | | | 1820 | | | 1955 |
| 8.7 | 6.1 | 6.9 | 3.8 | 3.7 | | 3.2 | 3.2 | 8 | | 7 | 8.7 |
| 3.63 | 2.4 | 2.75 | 1.55 | 2.9 | 2.5 | | | 4 | | | 3.45 |
| | 3.7 | 4.5 | 1.8 | | | | | | | | 5.5 |
| 1 | 1 | 1 | 1 | 1 | 1 | 1 | 1 | 1 | 1 | 1 | 1 |
| 7.65 | 5.5 | 6.45 | 2.85 | 2.63 | 2.4 | 2.2 | 2.5 | | | | 8.1 |
| 2.45 | 1.8 | 3.2 | 1.23 | 1.13 | 1.3 | 1.2 | 1.3 | | | | 3.4 |
| 45 | 40 | 45 | 30 | 35 | | | | | | | 35 |
| | | | | 15 | | | | | | | |
| 網津川 | 網津川 | 網津川 | 河内川 | 河内川 | 底江川 | 大口川 | 大口川 | 春ノ川 | 浦谷川 | 浦上川 | 小川 |
| | | | | | | | | | | 小川海東村石工：村上要石刻 | |
| コンクリート巻き | 中原橋とも | 猪伏橋とも | | | | | | | 宮ノ前橋、大蔵宮前の橋とも。浦谷川暗渠内 | 1951年拡幅 | 鐙ヶ鼻橋とも |

| 水系 | No. | 名称 | 所在地 | 架設年 | 橋長 m | 橋幅 m | 橋高 m | 連数 | 径間 m | 拱矢 m | 環厚 cm | 輪石（列数） | 河川 | 石工 | 備考 |
|---|---|---|---|---|---|---|---|---|---|---|---|---|---|---|---|
| 大野川 | 218 | ■ 鐙ケ鼻水越橋（あぶみがはなみずこし） | 宇城市豊野町 |  | 10 | 2 |  | 1 | 3.6 |  | 42 |  | 鐙上堤 |  |  |
|  | 219 | ■ 宮小路橋（みやしょうじ） | 宇城市松橋町 |  | 5 | 1.5 |  | 1 | 4 | 1.8 |  |  | 前田川 |  |  |
|  | 220 | ■ 有馬田橋（ありまだ） | 宇城市松橋町 |  | 5.5 | 2.1 | 2.8 | 1 | 4.4 | 2.15 | 35 | 21 | 浅川支流 |  |  |
|  | 221 | ■ 内田橋（うちだ） | 宇城市松橋町 |  | 8.2 | 2.7 | 3.5 | 1 | 7 | 2.6 | 45 |  | 浅川 |  |  |
| 八枚戸川 | 222 | ■ 娑婆神上の橋（さばがみうえ） | 宇城市小川町 | 1855 | 7 | 2.45 |  | 1 | 3.95 | 1.7 | 35 |  | 八枚戸川支流 |  |  |
| 砂川 | 223 | ■ 寿太郎橋（じゅたろう） | 宇城市小川町 |  | 10 | 1.26 |  | 1 | 1.81 | 0.9 | 27 |  |  |  | 個人所有の敷地内に架設 |
|  | 224 | ■ 蟇田橋（ひきだ） | 八代郡氷川町 |  | 5.6 | 2.8 | 3.8 | 1 | 3.5 | 2.1 | 40 | 19 | 稲川の支流大野川 |  |  |
|  | 225 | ■ 本山新開橋（もとやましんかい） | 八代郡氷川町 |  | 5.6 | 2.88 |  | 1 | 3.1 | 1.6 | 38 | 19 | 稲川の支流本山川 |  | 川底敷石 |
|  | 226 | ■ 塔の瀬石橋（とうのせいし） | 宇城市小川町 |  | 7.8 | 1.9 |  | 1 |  |  |  | 27 | 砂川支流 |  |  |
|  | 227 | ■ 筒田橋（つつだ） | 宇城市小川町 | 1855 | 9.5 | 3.5 |  | 1 |  |  |  |  | 砂川支流筒田川 |  | 上流側に竜ノ鼻橋石材で拡幅 |
|  | 228 | □ 龍ノ鼻橋（たつのはな） | 宇城市小川町 | 1921 |  |  |  |  |  |  |  |  | 砂川支流筒田川 |  | 小川町、筒田橋の上流側に接合移設 |

| 氷川 | | | | | | | | | 砂川 | | |
|---|---|---|---|---|---|---|---|---|---|---|---|
| 240 | 239 | 238 | 237 | 236 | 235 | 234 | 233 | 232 | 231 | 230 | 229 |
| ■ 山口(やまぐち)橋 | ■ 今屋敷(いまやしき)橋 | ■ 岩本(いわもと)橋 | ■ 館原(やかたはら)橋 | ■ 仁田尾(にたお)橋 | ■ 松山(まつやま)橋 | □ 重見(しげみ)橋 | ■ 新開(しんかい)橋 | ■ 城ノ原(じょうのはら)橋 | ■ 新吹野(しんふきの)橋 | ■ 吹野(ふきの)橋 | ■ 三反田(さんだんだ)橋 |
| 八代市 東陽町 | 八代市 東陽町 | 八代市 東陽町 | 八代市 東陽町 | 八代市 東陽町 | 八代市 東陽町 | 八代市 東陽町 | 八代市 東陽町 | 八代郡 氷川町 | 宇城市 小川町 | 宇城市 小川町 | 宇城市 小川町 |
| 嘉永年間 | | | | | | | | 1858 | 1950 | 1857 | 大正頃 |
| 10.97 | 7.37 | 4.26 | 7.25 | 9.71 | 8.55 | 9 | 2 | 3.6<br>3.6 | 12 | 11.5 | 5.5 |
| 1.59 | 2.48 | 1.21 | 2.32 | 3.03 | 1.82 | 3.2 | 2.2 | 古3.7<br>新3.3 | 3.8 | 1.8 | 2.7 |
| | | | | | | | | 1.7<br>2.7 | 6.6 | 4.7 | |
| 1 | 1 | 1 | 1 | 1 | 1 | 1 | 1 | 1 | 1 | 1 | 1 |
| 11.68 | 6.3 | 3.01 | 5.93 | 7.43 | 6.97 | 6.5 | 1.1 | 3.5 | 11.8 | 7.75 | 4.45 |
| 2.18 | 3.44 | 1.81 | 2.26 | 3.86 | 2.15 | 3 | 0.9 | 1.8 | 5 | 2.20 | 2.27 |
| 36 | 41 | 32 | 41 | 37 | 38 | 40 | 24 | 40<br>37 | | 45 | 35 |
| 42 | 23 | 19 | 25 | 32 | 30 | 33 | 9 | | 49 | 28 | 24 |
| 美生川 | 小浦川 | 小浦川支流谷川 | 小浦川 | 小浦川 | 箱石川 | | 小浦川支流谷川 | 赤山川 | 砂川 | 砂川 | 砂川支流平原川 |
| | | | | | 川野賢造 | | | | | | |
| 壁石野面(のづら)積み | | アーチは右岸側長く（輪石11）、左岸側短い（輪石7） | | | | 1989年石橋公園内に移設、このとき手すり新設 | 新開小橋とも | 上流側は1858（安政5）年、下流側は1925年に架設 | 親柱刻 | | |

| 水系 | No. | 名称 | 所在地 | 架設年 | 橋長 m | 橋幅 m | 橋高 m | 連数 | 径間 m | 拱矢 m | 環厚 cm | 輪石（列数） | 河川 | 石工 | 備考 |
|---|---|---|---|---|---|---|---|---|---|---|---|---|---|---|---|
| 氷川 | 241 | ■鶴下村中橋（つるしもむらなか） | 八代市東陽町 | 嘉永年間 | 13.3 | 2.23 | | 1 | 9.1 | 3 | 54 | 31 | 美生川 | | |
| 氷川 | 242 | ■蓼原橋（たではら） | 八代市東陽町 | 嘉永年間 | 20.14 | 1.98 | | 1 | 11.2 | 3.82 | 35 | 45 | 美生川 | | |
| 氷川 | 243 | ■美生橋（びしょう） | 八代市東陽町 | 嘉永年間 | 8.65 | 3.52 | | 1 | 7.24 | 2.56 | 43 | 33 | 美生川 | | |
| 氷川 | 244 | ■谷川橋（たにがわ） | 八代市東陽町 | 1929 | 21.38 | 3.55 | | 1 | 14.91 | 3.57 | 56 | | 河俣川 | 種山石工：田上甚太郎生前関与、後半川野賢三 | 架設工事中及び渡り初め写真現存。1971年、負荷軽減のため鉄板で橋梁保護 |
| 氷川 | 245 | ■笠松橋（かさまつ） | 八代市東陽町 | | 22.75 | 2.75 | | 1 | 14.2 | 5 | 56 | 38 | 河俣川 | | 壁面野面積、下流側補修のため一部谷積み（大正期） |
| 氷川 | 246 | ■鹿路橋（ろくろ） | 八代市東陽町 | | 20.36 | 2.77 | | 1 | 13.65 | 4.27 | 56 | 41 | 河俣川 | | |
| 氷川 | 247 | ■鍛冶屋下橋（かじやしも） | 八代市東陽町 | | 7.03 | 2.46 | | 1 | 3.92 | 0.72 | 57 | 11 | 鍛冶屋谷西原川 | | |
| 氷川 | 248 | ■鍛冶屋中橋（かじやなか） | 八代市東陽町 | | 4.36 | 2.67 | | 1 | 2.74 | 1.42 | 31 | 14 | 鍛冶屋谷西原川 | | |
| 氷川 | 249 | ■鍛冶屋上橋（かじやかみ） | 八代市東陽町 | | 4.1 | 2.64 | | 1 | 1.27 | | | 15 | 鍛冶屋谷西原川 | | |
| 氷川 | 250 | ■大久保自然石橋（おおくぼしぜん） | 八代市東陽町 | | | | | 1 | | | | | 鍛冶屋谷西原川 | | |
| 氷川 | 251 | ■五反田水路橋（ごたんだすいろきょう） | 八代市東陽町 | | 2 | 10 | | 1 | | | | | | 橋本弥熊 | |

氷川

| | | | | | | | | | | | | | | |
|---|---|---|---|---|---|---|---|---|---|---|---|---|---|---|
| 252 | ■琵琶の古閑橋（びわのこが） | 宇城市小川町 | | 4.9 | 2.2 | 2.5 | 1 | 3.5 | 1.7 | 34 | 19 | 白谷川 | | 柿迫や下岳の住民の小川町への通路 |
| 253 | ■椎屋橋（しいや） | 八代市東陽町 | | 7.04 | 3.98 | | 1 | 3.66 | 1.87 | 29 | 21 | 椎屋谷蕨野川（わらびの） | | |
| 254 | ■平山橋（ひらやま） | 八代市東陽町 | | 1.8 | 1.8 | | 1 | 1.3 | 1 | 28 | | 氷川支流平山川 | | |
| 255 | ■塩平橋（しおたいら） | 八代市泉町 | 大正初 | 5.5 | 3.9 | 3.7 | 1 | 3.6 | 1.8 | 30 | 21 | 氷川支流塩平川 | | |
| 256 | ■本屋敷橋（もとやしき） | 八代市泉町 | | 5 | 2.2 | | 1 | 2.76 | 1.2 | 38 | 14 | 氷川支流 | | 柿迫や下岳の住民の小川町への通路 |
| 257 | ■小谷橋（こたに） | 八代市泉町 | | 7.8 | 2.75 | | 1 | 5.66 | 2.45 | 37 | 26 | 肥賀志川 | | 旧柿迫小川線 |
| 258 | ■中尻橋（なかじり） | 八代市泉町 | 大正末 | 5 | 5 | | 1 | 3.6 | 1.8 | 39 | | 氷川支流 | | |
| 259 | ■古閑橋（こが） | 八代市泉町 | | 25.8 | 3.3 | | 1 | 19.9 | 8 | | | 氷川 | | 松の原橋とも。コンクリート塗装（1968年の碑） |
| 260 | ■広瀬橋（ひろせ） | 八代市泉町 | | 13.1 | 3.1 | | 1 | 10.4 | 3.5 | 48 | 31 | 水無谷川 | | |
| 261 | ■沢無田橋（さわむた） | 八代市泉町 | | 20.4 | 3.5 | | 1 | 18.3 | 6.5 | 61 | | 氷川 | | |
| 262 | ■土生谷川橋（つちばえたにがわ） | 八代市泉町 | | | | | 1 | | | | | 鳴谷川 | | つちはえ谷川橋とも。コンクリート塗装 |
| 263 | ■糸原橋（いとばる） | 八代市泉町 | 江戸末期 | 6.8 | 2.1 | | 1 | 4.12 | 2.58 | 40 | 21 | 糸原川 | | 橋本橋とも |

| 水系 | No. | 名称 | 所在地 | 架設年 | 橋長 m | 橋幅 m | 橋高 m | 連数 | 径間 m | 拱矢 m | 環厚 cm | 輪石（列数） | 河川 | 石工 | 備考 |
|---|---|---|---|---|---|---|---|---|---|---|---|---|---|---|---|
| 氷川 | 264 | ■ 落合橋 | 八代市泉町 | 1847 | 20 | 4.6 | | 1 | 15 | 10 | | | 氷川 | | 地元の野添石使用 |
| | 265 | ■ たけのこ橋 | 八代市泉町 | | 18.4 | 3.2 | 7.7 | 1 | 12.4 | 6.4 | 47 | 49 | 栗木川 | | 地元の野添石使用 |
| | 266 | ■ 高原橋 | 八代市泉町 | 1902 | 15 | 2.15 | 5 | 1 | 11.9 | 4 | 60 | | 栗木川 | 八代種山石工：田上甚太郎 | 架橋碑あり。野添石使用 |
| 鏡川 | 267 | ■ 鑑内橋 | 八代市鏡町 | | 6.45 | 2.8 | 2.6 | 1 | 5.5 | 2 | | 23 | 鏡川 | | 鏡町 町田太鼓橋。平成6年修理 |
| | 268 | □ 郡代御詰所目鑑橋 | 八代郡氷川町 | 天保年間 | 12.5 | 2.67 | 3.5 | 1 | 6.5 | 2.8 | 40 | 35 | 一の井手 | | 宮原町 昭和45年4月移設 |
| | 269 | ■ 明神社目鑑橋 | 八代郡氷川町 | | 7 | 2.5 | 2.9 | 1 | 6 | 2.4 | 40 | 20 | 一の井手 | 不明 | 宮原町東上宮 |
| 球磨川 | 270 | ■ 下深水上橋 | 八代市坂本町 | | 3.9 | 1.7 | 1.9 | 1 | 3.3 | 1.5 | 30 | 18 | 田ノ本川 | | 坂本町深水 |
| | 271 | ■ 小崎眼鏡橋 | 八代市坂本町 | 1849 | 9.2 | 3.4 | 6.4 | 1 | 7 | 4.3 | 50 | 31 | 中谷川 | 恵八他 | 坂本町中谷 |
| | 272 | ■ 藤本天満宮橋 | 八代市坂本町 | | 2.6 | 1.9 | 1.68 | 1 | 1.8 | 1.1 | 35 | 13 | 塩合川 | | 坂本町藤本 |
| | 273 | ■ 橋詰橋 | 球磨郡球磨村 | 1955 | 21 | 3.9 | 7.5 | 1 | 19 | 6.8 | 55 | 60 | 芋川 | | 親柱刻。球磨村一勝地 |
| | 274 | ■ 石水寺門前眼鏡橋 | 人吉市下原田町 | 1854 | 21.4 | 2.8 | 6.8 | 1 | 12 | 6.15 | 40 | 43 | 馬氷川 | 太次郎 | 架設碑あり |

球磨川

| | | | | | | | | | | | | | | |
|---|---|---|---|---|---|---|---|---|---|---|---|---|---|---|
| 275 | ■堤谷上の橋 | 球磨郡球磨村 | 1934 | 2.4 | 3.25 | | 1 | 1.72 | 0.6 | 30 | | 馬氷川支流 | 江口寅次、信国ゆう八 | 1985年～1991年、圃場整備の際に上下の橋をコンクリートで直結 |
| 276 | ■堤谷下の橋 | 球磨郡球磨村 | 1934 | 1.7 | 3.25 | | 1 | 1.72 | 0.6 | 30 | | 馬氷川支流 | 江口寅次、信国ゆう八 | |
| 277 | ■矢黒神社橋 | 人吉市矢黒町 | 1957 | 6.9 | 1.95 | 5.2 | 1 | 6.45 | 3.2 | 30 | 25 | 矢黒川 | 早坂棟蔵、親柱刻 | |
| 278 | ■禊橋 | 人吉市上青井町 | 1921 | 22.3 | 3.8 | 3.7 | 3 | 大6.2 小5.7 | 2.3 1.0 | 47 | 大21 小17 | | | アーチのみ石材、壁はコンクリート製 |
| 279 | ■城本橋 | 人吉市瓦屋町 | | 4 | 2 | | 1 | 3.2 | 0.85 | 22～27 | 13 | 御溝川 | | |
| 280 | ■義人橋 | 人吉市古仏頂 | 1936 | 10 | 2.46 | 4 | 1 | 4.8 | 1.63 | 36 | 19 | 寒川 | 人吉石工：中村義人 | 古仏頂橋とも |
| 281 | ■桂橋 | 人吉市古仏頂 | 1925 | | | | 1 | 4.5 | 2.6 | 34 | | 寒川 | | 形態は斜橋 |
| 282 | ■西目林道第1号橋 | 人吉市 | | | 3.75 | | 1 | 3.4 | 1.6 | 33 | | | | 私有地内に架設 |
| 283 | ■西目林道第2号橋 | 人吉市 | | | 4.5 | | 1 | 3.7 | 1.8 | 36 | | | | 私有地内に架設 |
| 284 | ■西目林道第3号橋 | 人吉市 | | | 4.8 | | 1 | 2.25 | 1.1 | 36 | | | | 私有地内に架設 |
| 285 | ■西目林道第4号橋 | 人吉市 | | | 4.3 | | 1 | 2.1 | 1.1 | 38 | | | | 私有地内に架設 |
| 286 | ■西目林道第5号橋 | 人吉市 | | | 4.65 | | 1 | 2.2 | 1.1 | 36 | | | | 私有地内に架設 |

| 水系 | No. | 名称 | 所在地 | 架設年 | 橋長 m | 橋幅 m | 橋高 m | 連数 | 径間 m | 拱矢 m | 環厚 cm | 輪石（列数） | 河川 | 石工 | 備考 |
|---|---|---|---|---|---|---|---|---|---|---|---|---|---|---|---|
| 球磨川 | 287 | ■谷ノ平橋（たにのひら） | 人吉市東大塚町 | 1925 | 8.5 | 4.8 | | 1 | 6.15 | 3 | 50 | 29 | 豪音谷川 | | 人吉街道筋 |
| 球磨川 | 288 | ■大塚高橋（おおつかたか） | 人吉市西大塚 | 1935 | 9.1 | 3.6 | 5.4 | 1 | 10.4 | 3.8 | 40 | 37 | 高仁田川 | | 人吉市。右は東大塚、左は西大塚 |
| 球磨川 | 289 | ■森下橋（もりのした） | 球磨郡山江村 | 1941 | 4.55 | 3.5 | 3.5 | 1 | 2.5 | 1.25 | 35 | 15 | 西川内川の支流 | 西川内の山口峯蔵 | 山江村山田「毛里（もり）のした者（は）し」 |
| 球磨川 | 290 | ■柴笠の眼鏡橋（しばかさ） | 人吉市大畑町 | 1899 | 19 | 4.1 | 8.1 | 1 | 11.6 | 5.3 | 65 | 41 | 鳩胸川 | | 宮崎往還筋に架設。袖石垣を両岸上下流に設置 |
| 球磨川 | 291 | □橋谷橋（はしたに） | 球磨郡相良村 | 明治末期 | 9.5 | 2.8 | 2.5 | 1 | 3.9 | 1.9 | 37 | 19 | 橋谷川？ | 石本豊吉 | 役場敷地に移設復元 |
| 球磨川 | 292 | ■柳田下橋（やなぎだしも） | 人吉市下田代町 | | 2.8 | 2.75 | 1.6 | 1 | 2.2 | 1.1 | 30 | 11 | 柳田川 | | 下田代橋とも |
| 球磨川 | 293 | ■立岩貫眼鏡橋（たていわぬき） | 球磨郡あさぎり町 | 1923 | 6.8 | 5.4 | 4.3 | 1 | 3.72 | 1.85 | 39 | 17 | 木上用水路 | | 深田村の県道人吉水上線、旧江代往還筋に架設 |
| 球磨川 | 294 | ■大正橋（たいしょう） | 球磨郡あさぎり町 | 1913 | 21 | 4.2 | | 1 | 6.3 | 3.5 | 55 | 23 | 銅山川 | 八代種山石工：石本豊吉 | あさぎり町鷺巣。旧四浦往還に架設 |
| 球磨川 | 295 | ■岳の堂橋（たけのどう） | 球磨郡あさぎり町 | 2001 | 4 | 1.5 | | 1 | 1.4 | 0.8 | 33 | | 荒茂川 | 哲工業 | |
| 球磨川 | 296 | ■昭和橋（しょうわ） | 球磨郡多良木町 | 1927 | 8.6 | 5.3 | 2.7 | 1 | 5.5 | 2 | 39 | 15 | 幸野溝 | | 親柱刻「志よ宇者はし」 |
| 球磨川 | 297 | ■古町橋（ふるまち） | 球磨郡湯前町 | 1927 | 13 | 4.4 | | 1 | 11 | 5.6 | 40 | 49 | 都川 | | |

| | | | | | | | | | | | | | | | |
|---|---|---|---|---|---|---|---|---|---|---|---|---|---|---|---|
| 球磨川 | 298 | ■ | 下町橋 | 球磨郡湯前町 | 1906 | 17 | 3.4 | 7.8 | 1 | 11 | 5.6 | 40 | 39 | 都川 | | 親柱刻「志多ま知者し」。通称権現橋 |
| | 299 | ■ | 汗の原親水公園西の橋 | 球磨郡水上村 | 1995 | 2 | 2.8 | | 1 | 1.4 | 0.55 | 23 | 9 | 谷川 | | 水上村湯山 |
| | 300 | ■ | 汗の原親水公園東の橋 | 球磨郡水上村 | 1995 | 2 | 2.75 | | 1 | 1.5 | 0.55 | 23 | 9 | 谷川 | | |
| 流藻川 | 301 | ■ | 敷川内橋 | 八代市敷川内町 | | 5.18 | 7.54 | 3.9 | 1 | 1.76 | 0.64 | 33 | | 敷川内川 | | |
| | 302 | □ | 茶碗焼橋 | 八代市豊原下町 | | 4 | 1.95 | 1.1 | 1 | 2.3 | 0.9 | 36 | | | | 1994年豊原下町公園に移設 |
| 二見川 | 303 | ■ | 床並めがね橋 | 八代市 | | 9.68 | 2.3 | | 1 | 7.29 | 3.48 | 35 | 33 | 下大野川 | | |
| | 304 | ■ | 新免目鑑橋 | 八代市 | 1853 | 11.93 | 3.42 | 4.6 | 1 | 10.14 | 3.56 | 47 | | 二見川 | | |
| | 305 | ■ | 赤松第一号眼鏡橋 | 八代市 | | 12.32 | 3.12 | 4.7 | 1 | 8.15 | 3.46 | 33 | 31 | 二見川 | | 高欄束柱の彫刻丁寧 |
| | 306 | ■ | 大平古橋 | 八代市 | 1852 | 4.98 | 2.47 | 3.7 | 1 | 2.92 | 1.99 | 28 | 16 | | | 上積み部分は昭和40年代初期に施工 |
| | 307 | ■ | 大平新橋 | 八代市 | 1905 | 24.57 | 5.3 | | 1 | 9.07 | 4.66 | 55 | 35 | 二見川 | | 大牟田実業家、圓佛七蔵貢献 架橋碑あり |
| | 308 | ■ | 小薮目鑑橋 | 八代市 | 1852 | 13.45 | 3.75 | | 1 | 7.13 | 3.92 | 46 | | 二見川 | | 旧薩摩街道、国道3号整備時にコンクリート補強 |
| | 309 | ■ | 須田目鑑橋 | 八代市 | 1849 | 11.84 | 3 | 3.6 | 1 | 8.37 | 2.78 | 44 | 31 | 二見川 | | |

| 水系 | No. | 名称 | 所在地 | 架設年 | 橋長 m | 橋幅 m | 橋高 m | 連数 | 径間 m | 拱矢 m | 環厚 cm | 輪石（列数） | 河川 | 石工 | 備考 |
|---|---|---|---|---|---|---|---|---|---|---|---|---|---|---|---|
| 田浦川 | 310 | ■ 橋本眼鏡橋 | 葦北郡芦北町 |  | 10 | 3.7 | 4 | 1 | 9.22 | 3.54 | 46 |  | 田浦川 |  | 旧田浦町 |
|  | 311 | ■ 門口眼鏡橋 | 葦北郡芦北町 |  | 9.4 | 3.62 | 4.7 | 1 | 8.42 | 4.2 | 44 | 33 | 田浦川 |  | 旧田浦町 |
|  | 312 | ■ 門口小橋 | 葦北郡芦北町 |  |  | 3.5 | 2.85 | 1 | 1.45 | 1.16 | 28～26 | 8 | 支流谷川 |  | 旧田浦町。門口橋左岸下流側に付設 |
| 宮ノ浦川 | 313 | □ 塩屋眼鏡橋 | 葦北郡芦北町 | 1854 | 5.27 | 3.6 | 1.8 | 1 | 4 |  |  |  | 宮ノ浦川 現在は八幡川 |  | 旧田浦町。昭和61年移設。旧薩摩街道にある |
| 小田浦川 | 314 | ■ 野添眼鏡橋 | 葦北郡芦北町 |  | 3.8 | 3.35 | 1.9 | 1 | 3.22 | 0.96 | 33 | 11 | 小田浦川 |  | 旧田浦町。平成20年修復 |
| 佐敷川 | 315 | ■ 山本家門前橋 | 葦北郡芦北町 |  | 3 | 1.78 | 1.6 | 1 | 2.1 | 1.2 | 28 | 13 | 道川内川 |  |  |
|  | 316 | ■ 清瀧神社橋 | 葦北郡芦北町 |  | 2.5 | 2.5 | 1.7 | 1 | 1.8 | 1.3 | 33 | 12 | 谷川 | 杉本院内 |  |
|  | 317 | ■ 瀬戸橋 | 葦北郡芦北町 | 1920 | 13.6 | 3.3 |  | 1 |  | 4.1 |  |  | 田川川 | 佐敷町：田中三作（天草出身） | 架橋碑あり |
|  | 318 | ■ 梅木鶴橋 | 葦北郡芦北町 | 1918 | 11.3 | 3.6 |  | 1 |  |  |  | 38 | 田川川 | 佐敷町：田中三作（天草出身） | 架橋碑あり |
|  | 319 | ■ 中園橋 | 葦北郡芦北町 |  | 5.6 | 1.6 |  | 1 | 3.8 | 1.7 |  |  | 中園川 |  | 旧水路橋 |
| 湯浦町 | 320 | ■ 橋本橋 | 葦北郡芦北町 | 1888 | 4.84 | 1.88 | 2.4 | 1 | 3.55 | 1.87 | 38 | 18 | 橋本川 | 水俣石工：小山惣一 | 高欄縁石に刻み |

| | 津奈木川 | | | | | | | | 小津奈木川 | | | |
|---|---|---|---|---|---|---|---|---|---|---|---|---|
| | 321 | 322 | 323 | 324 | 325 | 326 | 327 | 328 | 329 | 330 | 331 | 332 |
| | ■ 新村(しんむら)眼鏡橋 | ■ 浜(はま)眼鏡橋 | ■ 中村(なかむら)眼鏡橋 | ■ 寺前(てらまえ)眼鏡橋 | ■ 内野(うちの)眼鏡橋 | ■ 重磐岩(ちょうはんがん)眼鏡橋 | ■ 中尾(なかお)眼鏡橋 | ■ 金山(かなやま)眼鏡橋 | ■ 大迫下(おおさこしも)の竹本(たけもと)家入口(けいりぐち)橋 | ■ 上原(うえはら)めがね橋 | ■ 瀬戸(せと)眼鏡橋 | □ 隈迫(くまさこ)めがね橋 |
| | 葦北郡津奈木町 | 葦北郡津奈木町 | 葦北郡津奈木町 | 葦北郡津奈木町 | 葦北郡津奈木町 | 葦北郡津奈木町 | 葦北郡津奈木町 | 葦北郡津奈木町 | 水俣市大迫 | 水俣市小津奈木 | 葦北郡津奈木町 | 水俣市 |
| | | | | | | 1849（推定） | | | | | | |
| | 2.5 | 5 | 13.4 | 旧7.3 現13.5 | 5.5 | 16.85 | 9.9 | 7.55 | 2.8 | 9 | 10.4 | 4.8 |
| | 1.4 | 1.78 | 2.72 | 3.6 6.18 | 1.85 | 4.26 | 1.85 | 2.2 | 1.43 | 4.04 | 3.4 | 2.7 |
| | | | 4.2 | | 3.6 | 7.46 | | 3.75 | | 3.5 | 3.9 | 2.7 |
| | 1 | 1 | 1 | 1 | 1 | 1 | 1 | 1 | 1 | 1 | 1 | 1 |
| | 1.62 | 3.6 | 10.25 | 5.1 | 3.9 | 16.53 | 7.95 | 6.88 | 1.83 | 7.36 | 7.2 | 3.92 |
| | 1.2 | 1.78 | 3.1 | 2.2 | 1.5 | 5.45 | 3.22 | 3.05 | 1.16 | 2.96 | 3.5 | 2.33 |
| | 30～35 | 32 | 52 | 48～50 | 40 | 68 | 42 | 上43 下40 | 32 | 52 | 40 | 37 |
| | 11 | 17 | 29 | 18 | 16 | 44 | 27 | 27 | 12 | 26 | 35 | 20 |
| | 谷川 | 古川 | 千代川 | 千代川 | 内野川 | 津奈木川 | 津奈木川 | 津奈木川 | 大迫川支流元村川 | 小津奈木川 | 小津奈木川 | 初野川 |
| | | | | | | 蓑田大作・神社水盤の作者 | | | 金子（天草出身） | | | |
| | | 浜村下目鑑橋とも | | 薩摩往還筋に架設 | 薩摩往還筋に架設 | 薩摩往還筋に架設 | | | 金子橋とも | 薩摩往還筋に架設。上原眼鏡橋とも | 前田めがね橋とも。薩摩往還筋に架設 | 薩摩往還筋に移設復元 |

| 水系 | No. | 名称 | 所在地 | 架設年 | 橋長 m | 橋幅 m | 橋高 m | 連数 | 径間 m | 拱矢 m | 環厚 cm | 輪石（列数） | 河川 | 石工 | 備考 |
| --- | --- | --- | --- | --- | --- | --- | --- | --- | --- | --- | --- | --- | --- | --- | --- |
| 水俣川 | 333 | ■ 陣内橋（じんない） | 水俣市 | 1824 | 4.35 | 右3.05<br>左3.20 | 1.89 | 1 | 3.5 | 1.57 | 32 | 19 | 用水路 | | 新町目鑑橋とも。薩摩往還筋に架設。やや斜橋 |
| 坂口川 | 334 | □ 坂口橋（さかぐち） | 水俣市 | 1850 | 5.3 | 2.83 | | 1 | 4.22 | 1.9 | 38 | 19 | 坂口川 | | 薩摩往還筋に架設。前平橋、樫川内目鑑橋とも。1990年移設 |
| 袋川 | 335 | ■ 冷水橋（ひやすじ） | 水俣市袋 | 嘉永年間 | 8.2 | 3.45 | 3.70 | 1 | 5 | 2.3 | 38〜45 | 不揃 | | | 薩摩往還筋に架設 |
| 境川 | 336 | ■ 境橋（さかい） | 水俣市袋 | 1883 | 13.3 | 4.95 | 4.50 | 1 | 11.7 | 2.9 | 53 | 33 | 境川 | | 薩摩往還筋に架設。薩摩と肥後の境 |
| 広瀬川 | 337 | ■ 市ノ瀬橋（いちのせ） | 天草市 | 創1882<br>再？ | 22.2 | 4.65 | | 1 | | | | | 広瀬川 | 下浦石工：大塚光治他3名 | 旧本渡市。架橋碑あり |
| 町山口川 | 338 | ■ 山口の施無畏橋（やまぐちのせむい） | 天草市 | 1882 | 22 | 3.15 | | 1 | | | | | 町山口川 | 下浦石工：大塚光治他2名 | 旧本渡市。山口橋とも |
| 亀川 | 339 | ■ 志安橋（しあん） | 天草市 | 1882 | 8.8 | 3 | | 1 | 7.1 | | | | 宇土川 | 下浦石工：大塚光治他4名 | 旧本渡市。食場橋とも |
| | 340 | ■ 蓮河橋（れんがわ） | 天草市 | 1901<br>？ | 15 | 7 | | 1 | | | | | 亀川支流 | | 旧本渡市。長平越橋とも。鞘石垣付 |
| 方原川 | 341 | ■ 楠浦の眼鏡橋（くすうら） | 天草市 | 1878 | 16.3 | 3 | | 1 | | | | | 方原川 | 下浦村の松次、内田村の紋次 | 旧本渡市。諏訪ノ前橋とも |
| | 342 | ■ 平尾橋（ひらお） | 天草市楠浦町 | 1910 | 13 | 4.2 | | 1 | | | 39 | | 方原川 | | 楠浦町。方原橋とも。県道宮地岳本渡線 |
| 一町田川 | 343 | ■ 轟橋（とどろ） | 天草市河浦町 | 1914 | 12.5 | 5.05 | 6.1 | 1 | 9.25 | | | | 今田川 | 天草瀬戸石工：伝 江崎仁吉ほか5名 | 今村下橋とも。県道牛深天草線に架設 |

| | | | | | | | | | | | | | | | |
|---|---|---|---|---|---|---|---|---|---|---|---|---|---|---|---|
| 一町田川 | 344 | ■芦刈橋 | 天草市河浦町 | 1914 | 10 | 5.2 | | 1 | | | | | 今田川 | | 今村上橋とも。県道今田宮地岳線に架設 |
| 久玉川 | 345 | ■無量寺橋 | 天草市 | | 8.15 | 2.85 | 2.8 | 1 | 8.2 | | 38 | | 久玉川 | | 旧牛深市久玉町。1893年修復 |
| その他 | ※① | ■遊水橋 | 上益城郡山都町 | 2011 | | 1.8 | | 1 | 4 | 0.5 | 20 | | | 棟梁　竹部光春 | 「石橋の構築・修復技術に関する後継者講座」卒業製作。谷川 |
| | ② | ■踊水橋 | 上益城郡山都町 | 2012 | | 1.5 | | 1 | 2.32 | | 30 | 15 | | 棟梁　竹部光春 | 谷川 |
| | ③ | ■花蓮橋 | 上益城郡山都町 | 2015 | | | | 1 | 4 | | 28～30 | 23 | | 棟梁　竹部光春 | 谷川 |
| | ④ | 白髪山天然石橋 | 八代市東陽町 | | | | | | | | | | | | |

# 熊本の目鑑橋　架設年表（上塚尚孝作成）

※（　）内は架設工事関係文献等　要＝要石の刻字　親＝親柱の刻字　輪＝輪石の刻字　縁石＝縁石の刻字　銘＝銘板
勾＝勾欄の刻字　碑＝架設記念碑の刻文字　砕＝「砕玉談」山鹿市菊鹿町元庄屋、原口五一郎の記録　山郡＝「山鹿郡誌」明治8年刊
町＝永青文庫「町在」　松合＝「松合文庫」宇城市不知火町　丸＝「丸山家文書」宇城市豊野　長＝「長洲町史」昭和62年刊
布＝「布田家文書」熊本市　茂＝「茂見家文書」美里町　年合＝永青文庫「年々覚合類頭書」　城＝「城南町史」　嶋＝「嶋屋日記」
年覚＝永青文庫「年々覚頭書」　絵＝絵図　四＝「四谷見附橋物語」四谷見附橋研究会　竜峰＝「竜峰村史」　渡＝「渡辺家文書」菊池市
目＝「……目論見帳」　鹿北＝鹿北町史　天＝「天草建設文化史」昭和53年刊　垂＝垂玉温泉「山口旅館のあゆみ」　産＝「産山村史」
道＝「国県道路調査一件」明治36年～44年（農政資料）　深＝「深田村史」　須＝「須恵村史」　新＝「新続跡覧」

| 西暦 | 和暦（元号）（年） | 干支 | 県北部（関川～白川） | 県中央部（緑川～砂川） | 県南部（八間川～境川） | 人吉球磨（球磨川流域） | 天草 | 県外 |
|---|---|---|---|---|---|---|---|---|
| 1774 | 安永3 | 甲午 | 山鹿／洞口橋（山郡・砕） | | | | | |
| 1782 | 天明2 | 壬寅 | 南阿蘇／黒川橋＝現橋場橋（山郡） | | | | | |
| 1802 | 享和2 | 壬戌 | 植木／豊岡橋（要） | | | | | |
| 1808 | 文化5 | 戊辰 | | 御船／門前川橋（町） | | | | |
| 1814 | 11 | 甲戌 | 山鹿／湯町橋（要） | | | | | |
| 1815 | 12 | 乙亥 | 大津／光尊寺橋（親） | | | | | |
| 1817 | 14 | 丁丑 | 大津／井手上橋＝塔之迫橋（要） | | | | | |
| 1818 | 文化15 文政元 | 戊寅 | | 美里／雄亀滝橋（町） | | | | |

| 西暦 | 和暦(元号)(年) | 干支 | 県北部(関川～白川) | 県中央部(緑川～砂川) | 県南部(八間川～境川) | 人吉球磨(球磨川流域) | 天草 | 県外 |
|---|---|---|---|---|---|---|---|---|
| 1819 | 文政2 | 己卯 | | 美里／風呂橋(町) | | | | |
| 1820 | 3 | 庚辰 | | 宇城／松合橋(松合) | | | | |
| 1822 | 5 | 壬午 | | | | | | 久住／田町橋 |
| 1823 | 6 | 癸未 | 菊池／長山橋(町)＝永山橋(嶋) | | | | | 久住／神馬橋 |
| 1824 | 7 | 甲申 | 南関／田町川橋(町)、竹之牧橋 | | 水俣／陣内橋(町) | | | |
| 1825 | 8 | 乙酉 | 菊池／五斗橋＝現岩下橋(町・嶋) | | | | | |
| 1826 | 9 | 丙戌 | 産山／大利橋(町)、菊池／東迫間入口橋(嶋)＝綿打橋、合志／後川辺橋 | | 八代／馬之神谷橋(町)、六地蔵谷橋(町)、松之本橋(町) | | | 久住／米加橋(町) |
| 1827 | 10 | 丁亥 | | 美里／馬門橋(碑) | | | | |
| 1828 | 11 | 戊子 | 玉名／行末橋(要) | 美里／馬門橋(町) | | | | 久住／七里川橋(町) |
| 1829 | 12 | 己丑 | 菊池／迫間橋(碑・嶋) | 宇城／下糸石橋(丸)、柳塘橋(町)、美里／二俣橋(町・丸) | | | | |
| 1830 | 文政13 天保元 | 庚寅 | 和水／平野川橋(町)、植木／宗像橋(碑) | 美里／二俣福良渡橋(町)、宇城／三由橋 | | | | |

| 西暦 | 和暦 | 干支 | | | | | | |
|---|---|---|---|---|---|---|---|---|
| 1831 | 天保2 | 辛卯 | | 宇城／山崎橋（町）、美里／目磨橋（年合） | | | | |
| 1832 | 3 | 壬辰 | 長洲／塩屋塘橋（長）、玉名／秋丸橋（輪） | 山都／男成川橋＝現聖橋（布）、甲佐／簗の樋門橋 | | | | |
| 1833 | 4 | 癸巳 | | 山都／下馬尾河橋＝現浜町橋（布）、宇城／松葉川橋（町） | | | | |
| 1835 | 6 | 乙未 | 菊池／宝来橋（親） | 山都／下番橋 | | | | |
| 1836 | 7 | 丙申 | | 山都／三河橋（町） | 八代／松ノ本橋＝現銭巻橋（町） | | | |
| 1838 | 9 | 戊戌 | 菊陽／旧津久礼橋（碑）、古閑原橋（要） | | | | | |
| 1840 | 11 | 庚子 | | 甲佐／坂谷橋（年合） | | | | 高千穂／尾谷橋（碑）浅右衛門 |
| 1841 | 12 | 辛丑 | | 甲佐／松ケ崎橋（町） | | | | |
| 1842 | 13 | 壬寅 | | 山都／木鷺野橋 | | | | |
| 1843 | 14 | 癸卯 | | 美里／下鶴橋（碑）、拵橋（碑） | | | | |
| 1844 | 天保15 弘化元 | 甲辰 | 合志／宮橋（輪） | | | | | |
| 1845 | 弘化2 | 乙巳 | 大津／弘化橋 | | 八代／新開橋（町・碑） | | | 鹿児島／新上橋（要）岩永三五郎 |

| 西暦 | 和暦(元号)(年) | 干支 | 県北部(関川~白川) | 県中央部(緑川~砂川) | 県南部(八間川~境川) | 人吉球磨(球磨川流域) | 天草 | 県外 |
|---|---|---|---|---|---|---|---|---|
| 1846 | 弘化3 | 丙午 | 熊本河内／払川＝現鮎帰橋(町)、河内橋＝大橋(町) | 美里／霊台橋(碑)、山都／女夫石橋 | 八代／岡中橋(町) | | | 鹿児島／西田橋(要)岩永三五郎 |
| 1847 | 4 | 丁未 | 阿蘇一の宮／天神橋(碑) | 美里／霊台橋(茂)、山都／川内川橋(布)、貫原橋(布)、轟川橋(布) | 氷川／溝口橋(町)、八代／落合橋(町)、白岩戸橋(町)、星ヶ谷橋(町) | | | 鹿児島／高麗橋(要)岩永三五郎 |
| 1848 | 弘化5 嘉永元 | 戊申 | 玉名／高瀬橋(碑)、山鹿／熊入橋(碑) | 御船／御船川橋(碑)、宇城／下休＝現下安見橋(碑)＝下鶴橋 | | | | 鹿児島／武之橋(要)岩永三五郎 |
| 1849 | 嘉永2 | 己酉 | 熊本／秋鯰橋(町) | 山都／田吉橋(布)、大窪橋(碑) | 八代／小崎橋(碑)、須田橋、津奈木／重盤岩橋 | | | 鹿児島／玉江橋(要)岩永三五郎、日田／小月橋(碑)岩永大蔵、歌詠橋(絵)岩永大蔵 |
| 1850 | 3 | 庚戌 | 菊池／虎口橋(碑)、熊本／三十六の橋 | 山都／金内橋(布)、舟川橋＝現山中橋(布)、立野橋、中島井手橋 | 八代／須田橋(町)、君ヶ渕橋(町)、水俣／坂口橋 | | | |
| 1851 | 4 | 辛亥 | 菊池／藤田川橋(嶋) | | 津奈木／浜橋(年合) | | | |
| 1852 | 5 | 壬子 | 荒尾／栃原橋(町)、菊池／本俣橋、相生橋(町) | 山都／鹿生野橋 | 八代／小藪橋(年合)、赤松第一号線、大平古橋 | | | 和歌山／不老橋(新)岩永三五郎・大蔵 |
| 1853 | 6 | 癸丑 | | 美里／用来橋・小筵橋(年合)、宇城／前越井樋橋(年合) | 八代／新免橋(年合) | | | |

| | | | | | | | | |
|---|---|---|---|---|---|---|---|---|
| 1854 | 嘉永7<br>安政元 | 甲寅 | | 山都／通潤橋（布）、宇土／馬門橋 | 芦北／塩屋橋（年覚） | 人吉／石水寺門前橋（碑） | | |
| 1855 | 安政2 | 乙卯 | | 山都／瀬戸坂下橋、御船／中道橋（要）、八勢橋（碑）、宇城／西海東橋（町）、娑婆神橋（町）、南小野橋（町）、三軒屋橋（町）、筒田橋（町）、財間渡し橋（町） | 八代／渕之本橋（竜峰） | | | |
| 1856 | 3 | 丙辰 | 植木／正院橋（要） | 宇城網田／旭橋（碑）、萩尾橋（町） | | | | |
| 1857 | 4 | 丁巳 | 山鹿／杉稲荷神社橋（親） | 宇城／丸林橋（丸）、蜂の瀬戸橋（町）、吹野古橋（町） | | | | |
| 1858 | 5 | 戊午 | 山鹿／化巌矼＝現田中橋（碑） | 美里／鶴木野橋（碑・町）、古米橋（町） | 八代／城ノ原橋（竜峰） | | | |
| 1859 | 6 | 己未 | 山鹿／鍋田之橋（碑）、上納橋＝城野橋（碑） | 山都／石堂橋（布） | | | | |
| 1860 | 安政7<br>万延元 | 庚申 | 玉名／万延橋（碑）、菊池／立門橋（親） | | | | | |
| 1861 | 文久元 | 辛酉 | 山鹿／平山橋 | 宇土／船場橋 | | | | |
| 1862 | 2 | 壬戌 | 山鹿／厳島神社橋（勾） | 城南／隈庄二の町口橋（城） | | | | |
| 1863 | 3 | 癸亥 | 荒尾／岩本橋（町） | 宇城三角／里の浦橋（碑）、山都／瀬峯橋 | | | | |
| 1864 | 文久4<br>元治元 | 甲子 | | 美里／椿橋 | | | | |

| 西暦 | 和暦（元号）（年） | 干支 | 県北部（関川～白川） | 県中央部（緑川～砂川） | 県南部（八間川～境川） | 人吉球磨（球磨川流域） | 天草 | 県外 |
|---|---|---|---|---|---|---|---|---|
| 1865 | 元治2<br>慶応元 | 乙丑 | 山鹿／駒返橋（碑）、大坪橋 | 美里／不動岩橋＝現椿橋（町） | | | | |
| 1866 | 慶応2 | 丙寅 | | 美里／萱野橋（丸） | | | | |
| 1867 | 3 | 丁卯 | | 宇城／須ノ前橋（町） | | | | |
| 1868 | 慶応4<br>明治元 | 戊辰 | 菊陽／津久礼橋（碑） | | | | | |
| 1871 | 4 | 辛未 | 山鹿／確巌矼（碑） | | | | | |
| 1872 | 5 | 壬申 | 山鹿／萬歳矼（碑）、菊池／岩下橋（菊） | | | | | |
| 1873 | 6 | 癸酉 | | | | | | 東京／神田筋違橋＝万世橋（四） |
| 1874 | 7 | 甲戌 | | | | | | 東京／浅草橋（四）橋本勘五郎 |
| 1875 | 8 | 乙亥 | 熊本／明八橋（橋） | | | | | |
| 1877 | 10 | 丁丑 | 熊本／明十橋（橋） | | | | | |
| 1878 | 11 | 戊寅 | 菊池／永山橋（渡） | | | | 天草／楠浦橋（天） | |
| 1880 | 13 | 庚辰 | 熊本／観音坂橋（目） | | | | | |

| 1881 | 明治14 | 辛巳 | 山鹿／高井川橋（親）、栗瀬橋（道）、丸山橋（道）、弁天橋 | | | | | |
|---|---|---|---|---|---|---|---|---|
| 1882 | 15 | 壬午 | 山鹿／釘之鼻橋（橋）、植木／高爪橋（要）、熊本／秋原橋 | | 水俣／市ノ瀬橋 | | 天草／山口の施無畏橋（碑）、志安橋（親） | |
| 1883 | 16 | 癸未 | | 御船／下鶴橋（道） | 水俣／境橋（親） | | | |
| 1884 | 17 | 甲申 | 山鹿／弁天橋（道）、梅木渡瀬橋（道）、方保田橋、大津／不動谷橋 | | | | 天草／清涼橋（碑） | |
| 1885 | 18 | 乙酉 | | 御船／下鶴橋（碑） | | | | |
| 1888 | 21 | 戊子 | | | 芦北／橋本橋（縁） | | | |
| 1889 | 22 | 己丑 | 菊池／龍門橋（碑）、産山橋／湊橋（碑） | 宇土／開化橋（碑） | | | | |
| 1891 | 24 | 辛卯 | 熊本／円台寺鉄道橋 | | | | 天草／市之瀬橋（碑） | |
| 1892 | 25 | 壬辰 | 小国／蓬来橋（碑） | | | | | 竹田／崎津留橋（親）橋本助八 |
| 1893 | 26 | 癸巳 | | | | | | 福岡上陽／洗玉橋（親）橋本勘五郎・弥熊 |
| 1894 | 27 | 甲午 | 南阿蘇／白川吉見神社橋（親） | | | | | |
| 1895 | 28 | 乙未 | 高森／県界橋（道）、玉名／天神橋（道） | | | | | |

| 西暦 | 和暦(元号)(年) | 干支 | 県北部(関川～白川) | 県中央部(緑川～砂川) | 県南部(八間川～境川) | 人吉球磨(球磨川流域) | 天草 | 県外 |
|---|---|---|---|---|---|---|---|---|
| 1896 | 明治29 | 丙申 | | 宇城／吐合橋(碑) | | | | |
| 1897 | 30 | 丁酉 | | 熊本／西馬場筋橋＝水前寺公園内の反橋(県) | | | | |
| 1899 | 32 | 己亥 | 産山／栃の木橋 | | | 人吉／日操橋＝柴笠橋(道) | | |
| 1900 | 33 | 庚子 | 南阿蘇／黒川橋(親)、尾道橋(道)、倶利伽羅谷橋(道)、雀堀橋(道)、松畑橋 | | | あさぎり／銅川橋(親) | | |
| 1901 | 34 | 辛丑 | 産山／家壁水路橋(産)、南阿蘇／仮屋橋(道)、保手ヶ谷橋(道) | 美里／ゆきぞの橋 | | あさぎり／城橋(碑) | 天草／蓮河橋 | |
| 1902 | 35 | 壬寅 | | | 八代／高原橋(碑) | | | |
| 1903 | 36 | 癸卯 | 菊池／雪野橋(菊) | | | | | |
| 1905 | 38 | 乙巳 | | | 八代／大平新橋(碑) | | | |
| 1906 | 39 | 丙午 | 菊池／鳳来橋(碑)、高森／小崎橋(道)、鳥越橋(道)、熊本／三橋(親)、高森／木郷橋 | | | 湯前／下町橋(親) | | |
| 1907 | 40 | 丁未 | 山鹿／西栗瀬橋(鹿北) | | | | | |

| 西暦 | 和暦 | 干支 | | | | | | |
|---|---|---|---|---|---|---|---|---|
| 1909 | 明治42 | 己酉 | 山鹿／板曲橋（鹿北） | | | | | |
| 1910 | 43 | 庚戌 | 菊池／長野橋（菊） | | | | 天草／平尾橋（天） | |
| 1911 | 44 | 辛亥 | 荒尾／八幡橋（親） | | 八代／加志ろう橋（親） | | | |
| 1912 | 明治45 大正元 | 壬子 | 小国／秋原川橋（親）、産山／椿ノ塔橋 | | | 多良木／土屋橋（碑） | | |
| 1913 | 大正2 | 癸丑 | 菊池／白木橋（菊） | | | あさぎり／大正橋（現） | | |
| 1914 | 3 | 甲寅 | 菊池／白木橋（碑）、仲好橋、山鹿／女田橋（鹿北）、湯山橋 | | | | 天草／轟橋（碑）、芦刈橋 | |
| 1915 | 4 | 乙卯 | 高森／木郷水路橋、和水／福田橋＝現六四郎橋（親）、山鹿／坂田川橋 | | 八代／白木平橋（碑） | | | |
| 1916 | 5 | 丙辰 | 産山／小園橋、和水／鬼丸橋（親） | 山都／滑川橋（親）、宇城／大五橋（要） | | | | |
| 1917 | 6 | 丁巳 | 山鹿／山内橋（碑） | | | | | |
| 1918 | 7 | 戊午 | 南阿蘇／濁川橋（親）、銭瓶橋（親）＝床瀬川橋、和水／久米野橋 | | 芦北／梅木鶴橋（現） | | | |
| 1919 | 8 | 己未 | | | | | | 竹田／明正井路第一拱橋（銘）平林松造 |
| 1920 | 9 | 庚申 | | | | 芦北／瀬戸橋 | | |

| 西暦 | 和暦（元号）（年） | 干支 | 県北部（関川〜白川） | 県中央部（緑川〜砂川） | 県南部（八間川〜境川） | 人吉球磨（球磨川流域） | 天草 | 県外 |
|---|---|---|---|---|---|---|---|---|
| 1921 | 大正10 | 辛酉 | 和水／竈橋(親)、東深倉橋(親)、山鹿／山鹿温泉鉄道橋 | 美里／木早川内橋(親)、宇城／大十橋(親)、龍ノ鼻橋(親)、山ノ神橋(親) | | 人吉／禊橋(碑) | | |
| 1922 | 11 | 壬戌 | 産山／小園橋(産)、小国／通潤橋 | 美里／機織橋(親) | | | | |
| 1923 | 12 | 癸亥 | 産山／石尾野橋(産)、南阿蘇／御宮橋 | | | 球磨／岩戸橋(親)、あさぎり／立岩貫橋 | | 竹田／住吉橋(碑)平林松造 |
| 1924 | 13 | 甲子 | 南阿蘇／御宮橋(碑) | 美里／年禰橋(親) | | 球磨／一勝地橋(碑) | | 久住／米賀橋(碑)野田虎造、竹田／松尾橋(碑)平林松造、久住／東稲葉橋(親)野田虎造 |
| 1925 | 14 | 乙丑 | 山鹿／桑原橋(親) | | | あさぎり／松馬場橋(須)、人吉／谷ノ平橋(親)、桂橋 | | |
| 1926 | 大正15 昭和元 | 丙寅 | 小国／鯛之田橋 | | | | | |
| 1927 | 昭和2 | 丁卯 | 阿蘇／産土橋《うぶすなばし》(碑) | | 八代／たけのこ橋 | 多良木／昭和橋(親)、人吉／蟹作橋《がんつくりばし》(人)、人我胸橋《ひとがむねばし》(人)、湯前／古町橋(人) | | |
| 1928 | 3 | 戊辰 | | | | あさぎり／鷺巣橋(碑) | | |
| 1929 | 4 | 己巳 | 産山／川久保橋(産) | | 八代／谷川橋(親) | | | |

| | | | | | | | | |
|---|---|---|---|---|---|---|---|---|
| 1930 | 昭和5 | 庚午 | | 御船／下梅木橋（親） | | 人吉／丸目橋（人） | | |
| 1932 | 7 | 壬申 | 南阿蘇／金龍橋（垂） | 山都／柚木橋（親）、申和橋 | | | | |
| 1933 | 8 | 癸酉 | | | | | | 久住／下芋迫橋（親）野田虎造、久住／西畑橋（碑）野田虎造 |
| 1934 | 9 | 甲戌 | 合志／竹迫橋（親） | | | 球磨／堤谷上の橋、下の橋 | | |
| 1935 | 10 | 乙亥 | 熊本北部／山口橋（親）、産山／川久保橋、熊本／谷の橋 | 美里／白石野橋（碑） | | 人吉／大塚高橋（親）、あさぎり／宮之前橋（碑） | | |
| 1936 | 11 | 丙子 | | | | 人吉／義人橋 | | |
| 1937 | 12 | 丁丑 | | | | あさぎり／池王橋（碑） | | |
| 1939 | 14 | 己卯 | 熊本北部／西浦橋（碑） | | | | | |
| 1940 | 15 | 庚辰 | | | | あさぎり／内野々橋（深） | | |
| 1941 | 16 | 辛巳 | | | | 山江／森下橋（親） | | |
| 1950 | 25 | 庚寅 | | 宇城／新吹野橋（親） | | | | |
| 1955 | 30 | 乙未 | | 宇城／誉ヶ丘橋 | | 球磨／橋詰橋（親） | | |
| 1957 | 32 | 丁酉 | | | | 人吉／矢黒神社橋（親） | | |

| 西暦 | 和暦（元号）（年） | 干支 | 県北部（関川～白川） | 県中央部（緑川～砂川） | 県南部（八間川～境川） | 人吉球磨（球磨川流域） | 天草 | 県外 |
|---|---|---|---|---|---|---|---|---|
| 1995 | 平成7 | 乙亥 | | 山都／えのは橋 | | 水上／汗の原親水公園西の橋、東の橋 | | |
| 2001 | 13 | 辛巳 | | 美里／平成未来橋 | | あさぎり／岳の堂橋 | | |
| 2011 | 23 | 辛卯 | | 山都／遊水橋 | | | | |
| 2012 | 24 | 壬辰 | | 山都／踊水橋 | | | | |

**上塚 尚孝**（うえつか なおたか）
昭和10（1935）年、熊本県下益城郡松橋町（現宇城市）生まれ。昭和30（1955）年に霊台橋を見て感激し、石造めがね橋の調査研究を始める。平成7（1995）年熊本県公立学校教員定年退職。同11（1999）年12月から八代郡東陽村石匠館（現八代市東陽石匠館）の館長・名誉館長を16年にわたり務めた。NHK テレビ「くまもとの石橋」に制作協力、出演したほか、同「美の壺」など出演多数。講演依頼も多く、機会をとらえて石橋の魅力を広く紹介している。著書に『目鑑橋礼讃』(1999年、私家版)、『種山石工列伝』(2004年、同)。熊本市南区城南町在住。

**上塚 寿朗**（うえつか としろう）
昭和44（1969）年、熊本県下益城郡城南町（現熊本市南区）生まれ。幼少時より父尚孝のめがね橋調査に同行。

熊本の目鑑橋345

平成28（2016）年7月15日　第一刷発行

著　者　上塚尚孝

写　真　上塚寿朗

発　行　熊本日日新聞社

制　作
発　売　熊日出版（熊日サービス開発株式会社出版部）
〒860-0832　熊本市中央区世安町172
電話　096(361)3274

装　丁　中川哲子デザイン室

印　刷　株式会社城野印刷所

定価はカバーに表示してあります。

落丁本、乱丁本はお取り替えいたします。


ISBN978-4-87755-526-9 C0051